基于深度学习的遥感图像目标检测

李志亮　吴止锾　毛宇星　等 著

U0334688

国防工业出版社

·北京·

内 容 简 介

遥感图像目标检测是遥感图像解译的重要内容,其任务是对遥感图像中感兴趣目标进行分类和定位。近年来,人工智能和大数据分析技术快速发展,为遥感图像目标检测提供了新的方法和途径,促进遥感图像目标检测向自动化、智能化方向迈进。

本书系统介绍遥感图像目标检测的理论、方法和应用,主要内容包括三部分:一是遥感图像目标检测理论和方法,主要阐述遥感图像目标检测的基本内涵、基于卷积神经网络的目标检测方法;二是光学遥感图像目标检测,主要针对类别非均衡、目标尺度和旋转不变性问题,分别设计了语义分割模型、尺度相关模型和旋转卷积集成模型;三是星载 SAR 图像舰船目标检测,阐述了面向舰船目标检测的 SAR 图像预处理问题,重点针对检测精度低、边框偏移和参数冗余问题,设计了无锚框检测模型、评分图模型和知识蒸馏模型。

本书内容翔实、衔接有序、体系完备,既有助于读者从专业方向上理解遥感图像目标检测的理论、方法和应用,又有助于读者对于遥感图像目标检测的系统认识。本书可作为遥感图像目标检测领域科学工作者、工程技术人员的参考书。

图书在版编目(CIP)数据

基于深度学习的遥感图像目标检测/李志亮等著
. —北京:国防工业出版社,2024.1
ISBN 978 – 7 – 118 – 13087 – 4

Ⅰ.①基… Ⅱ.①李… Ⅲ.①遥感图像—图像处理—目标检测—研究 Ⅳ.①TP751

中国国家版本馆 CIP 数据核字(2024)第 007287 号

※

国防工业出版社出版发行

(北京市海淀区紫竹院南路23号 邮政编码100048)
北京龙世杰印刷有限公司印刷
新华书店经售

*

开本710×1000 1/16 插页6 印张14¾ 字数272千字
2024 年 1 月第 1 版第 1 次印刷 印数1—1400 册 定价99.00 元

(本书如有印装错误,我社负责调换)

国防书店:(010)88540777   书店传真:(010)88540776
发行业务:(010)88540717   发行传真:(010)88540762

前　　言

　　1858 年,法国摄影师利用系留气球拍摄了法国巴黎的鸟瞰相片。1903 年,莱特兄弟发明了飞机,为航空摄影创造了条件。此后,航空遥感得到快速发展,并在第一次世界大战中发挥了重要作用。1957 年,世界上第一颗人造地球卫星“斯普特尼克”1 号(Sputnik - 1)发射成功。1972 年,美国地球资源遥感卫星 Landsat - 1发射成功,卫星遥感成为人类认识自己家园的重要途径。进入 21 世纪以来,多种高分辨率遥感卫星的发射和应用开启了遥感的新篇章,人类初步实现了综合性、全方位的对地观测。目前,遥感已广泛应用于资源勘探、环境监测、农业林业、测绘制图、城市规划、军事侦察等领域,成为经济建设、信息服务和国家安全等方面不可或缺的重要手段。

　　遥感图像包含地物目标的几何尺寸、纹理结构和空间布局等信息,为解译和应用提供了良好的基础。遥感图像解译是对遥感图像进行分析、判读和解释,进而定性和定量描述地物目标特征、识别地物目标的过程。遥感图像目标检测是遥感图像解译的重要内容,其任务是对遥感图像中感兴趣目标进行分类和定位。最初,遥感图像目标检测主要依靠传统的人工设计特征加浅层分类器的方案,计算机和模式识别技术的发展推动了遥感图像目标检测技术的进步,显著提高了检测效率。近年来,大数据分析和人工智能技术快速发展,为遥感图像目标检测提供了新的方法和途径,促进遥感图像目标检测向自动化、智能化方向迈进。

　　本书系统介绍遥感图像目标检测的理论、方法和应用,主要内容包括三部分。

　　一是遥感图像目标检测理论和方法,主要阐述遥感的基本过程、遥感图像类型及特点,遥感图像目标检测的基本内涵、研究现状和面临的挑战,深度学习的发展和应用、卷积神经网络、基于卷积神经网络的目标检测方法、遥感图像目标检测常用数据集和评价指标,包括第 1 章概述、第 2 章基于深度学习的遥感图像目标检测基础理论和方法。

　　二是光学遥感图像目标检测,主要针对样本数据类别非均衡问题、目标尺度变引起的领域偏移问题和舰船目标检测模型的旋转不变性问题,分别设计了基于改进 U 形网络的语义分割模型、尺度相关的改进型 YOLOv3 模型和旋转卷积集成的改进型 YOLOv3 模型,包括第 3 章基于全卷积网络的光学遥感图像均衡语义分割方法、第 4 章尺度相关的光学遥感图像边界框回归检测方法、第 5 章旋转卷积集成的光学遥感图像倾斜边界框回归检测方法。

三是星载 SAR 图像舰船目标检测,阐述了面向舰船目标检测的 SAR 图像相干斑抑制和海陆分割两个预处理问题,重点针对无锚框轻量化模型检测精度降低问题、边框偏移量度量问题和目标检测模型参数冗余问题,设计了基于全卷积网络的无锚框检测模型、基于评分图的改进型 U－Net 模型、基于知识蒸馏的模型轻量化压缩方法,包括第 6 章面向舰船目标检测的 SAR 图像预处理、第 7 章基于全卷积网络的 SAR 图像舰船目标检测、第 8 章基于评分图的 SAR 图像舰船目标检测、第 9 章基于知识蒸馏的 SAR 图像舰船目标检测模型轻量化压缩。

本书最后从深度学习理论与遥感领域知识的融合、基于多源数据融合的遥感图像目标检测、遥感图像细粒度目标检测等方面对遥感图像目标检测的新领域进行了分析和展望,见第 10 章。

本书由李志亮负责策划和全书统稿,由多名长期工作在一线的航天遥感学者共同完成,主要作者包括吴止镍、毛宇星、陈世媛、陈向宁、李小将。在本书编写过程中,得到国防工业出版社的大力支持和帮助,周志鑫院士、詹明研究员、杨桄教授、陈兴峰副研究员也给予了大力指导,在此一并表示感谢!

由于编写时间仓促,加之作者水平有限,本书难免存在不足之处,恳请读者批评指正。

作 者
2023 年 3 月

目　　录

理论方法篇

光学图像篇

SAR 图像篇

理论方法篇

本篇主要阐述遥感的基本过程、遥感图像类型及特点，遥感图像目标检测的基本内涵、研究现状和面临的挑战，深度学习的发展和应用、卷积神经网络、基于卷积神经网络的目标检测方法、遥感图像目标检测常用数据集和评价指标，包括第1章概述、第2章基于深度学习的遥感图像目标检测基础理论和方法。

第1章 概　　述

遥感(Remote Sensing, RS)即远距离感知,是通过传感器技术不直接接触物体表面实现远距离探测与分析的综合性空间信息科学技术,是获取地物信息的重要数据来源。遥感图像解译是对遥感图像进行分析、判读和解释,进而定性和定量描述地物目标特征、识别地物目标的过程[1]。遥感图像目标检测是遥感图像解译的重要内容,计算机技术、模式识别和人工智能等技术的发展推动了遥感图像目标检测技术水平快速提高。从最初的主要依靠传统的人工设计特征加浅层分类器的方案,到基于人工智能的技术方案,遥感图像目标检测的自动化程度、精准度和时效性得到了显著提高。本章主要阐述遥感的基本过程、遥感图像类型及特点、遥感图像目标检测的基本内涵、研究现状和面临的挑战。

1.1　遥感的基本过程

遥感的基本过程包括了太阳辐射、大气传输、电磁波与地表的相互作用、遥感数据获取、遥感数据处理、数据产品应用等,如图1-1所示。

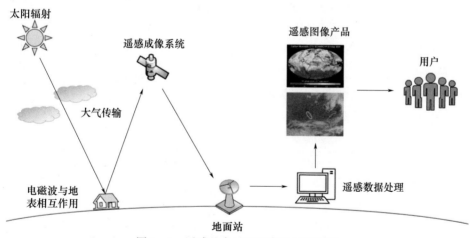

图1-1　遥感基本过程示意图(见彩图)

1. 太阳辐射

地球上的能量来源主要是太阳,太阳辐射是被动遥感最主要的辐射源。太阳辐射包括 X 射线、γ 射线、紫外线、可见光、红外线、微波等,覆盖了整个电磁波波谱范围,其中,从近紫外到中远红外这一波段区间能量最集中而且相对稳定。就遥感而言,被动遥感主要利用可见光、红外线等波段的稳定辐射。

2. 大气传输

太阳辐射通过大气层时,部分被大气中的微粒吸收或散射,使得能量衰减。这种衰减效应随波长、时间、地点变化而变化。大气散射方面,当微粒的直径比辐射波长小得多时,发生瑞利散射,其对可见光的影响较大,对红外辐射的影响很小,对微波的影响可以不计。例如,蓝光散射较强,红光散射较弱,因此晴朗的天空呈蓝色。当微粒的直径与辐射波长差不多时,发生米氏散射,云、雾的粒子大小与红外线的波长接近,所以云雾对红外线的影响不可忽视。当微粒的直径比辐射波长大得多时,发生无选择性散射,符合无选择性散射条件的波段中,任何波段的散射强度相同,水滴、雾、尘埃、烟等气溶胶常常产生非选择性散射。

在大气吸收方面,主要影响因素为大气中的氧气、臭氧、水、二氧化碳等。氧气和臭氧在紫外波段吸收率高;水的主要吸收带处在红外线和可见光的红光部分,因此水对红外遥感影响很大;二氧化碳量少,吸收作用主要在红外线波段范围内。大气吸收作用较弱、透过率较高的波段称为大气窗口。研究和选择大气窗口有利于最大限度地接收地物辐射信息。

3. 电磁波与地表的相互作用

遥感之所以能够根据收集到的电磁波判断地物目标和自然现象,是因为一切物体,由于其种类、特征和环境条件的不同,而具有不同的电磁波反射或辐射特征。因此,遥感是建立在地物反射或发射电磁波的原理之上。

电磁波是在真空或介质中通过电磁场的震动而传输能量的波,它是空间传播的交变电磁场,是能量传递的一种动态形式。不同的电磁波由不同的波源产生,γ射线、X 射线、紫外线、可见光、红外线、微波、无线电波等都属于电磁波。按照电磁波在真空中传播的波长或频率排列,就能得到电磁波谱,电磁波谱区间的界限是渐变的,一般按产生电磁波的方法或测量电磁波的方法划分。遥感采用的电磁波波段可以从紫外一直到微波波段[2],见表 1-1。

表 1-1 遥感中常用的电磁波波段范围

波段	波长范围	
紫外线	$0.001 \sim 0.38 \mu m$	
可见光	$0.38 \sim 0.76 \mu m$	紫 $0.38 \sim 0.43 \mu m$
		蓝 $0.43 \sim 0.47 \mu m$
		青 $0.47 \sim 0.50 \mu m$
		绿 $0.50 \sim 0.56 \mu m$
		黄 $0.56 \sim 0.59 \mu m$
		橙 $0.59 \sim 0.62 \mu m$
		红 $0.62 \sim 0.76 \mu m$

续表

波段	波长范围	
红外线	0.76 ~ 1000μm	近红外 0.76 ~ 3μm
		中红外 3 ~ 6μm
		远红外 6 ~ 15μm
		超远红外 15 ~ 1000μm
微波	1mm ~ 1m	毫米波 1 ~ 10mm
		厘米波 1 ~ 10cm
		分米波 10cm ~ 1m

电磁波与地物的相互作用,其基本物理过程包括反射、吸收和透射,以及散射。

反射是当电磁波到达地物表面时,入射能量部分或全部返回的现象,表现为镜面反射、漫反射和方向反射三种形式。反射特征可以用反射率表示,影响物体光谱反射率的因素除了波长外,还包括物体类别、组成、结构、入射角、物体的电学性质及其表面特征等。反射波谱是某种物体的反射率随波长变化的规律,各种物体,由于其结构和组成成分不同,反射波谱特性是不同的,即各种物体的反射特性曲线的形状是不一样的。即便是在某个波段相似,甚至一样,但是在另外的波段还是有很大的区别。在遥感中,反射特性常用于可见光和近红外波段。

透射是当电磁波到达地物表面时,部分入射能量穿越地物表面的现象。透射的能量穿越物体时,往往部分被物体吸收并转换成物体的内能,并以长波形式向外发射。根据基尔霍夫定律,在热平衡条件下,物体的光谱发射率等于它的光谱吸收率。虽然绝对的热平衡状态并不存在,但是"局部热平衡"却普遍存在。所谓"局部热平衡"是指瞬时热交换非常缓慢,以至物体中的内能分布变化均匀,物体向外辐射的能量基本等于外界吸收的能量,此时物体处于热平衡状态[3]。因此,在实践中,可以用物体的发射率代替光谱吸收率。在遥感中,发射特性常用于中远红外波段。

地物的微波特性与它们对可见光和红外线的反射、发射特性无直接关系,一般来说,微波特性使人们从一个完全不同于光和热的角度去观察世界。微波与地物的相互作用常表现为散射和透射。其中,散射又表现为表面散射和体散射。表面散射是指在物体表面发生的散射,影响表面散射的因素有介电常数和表面粗糙度;体散射是指在物体内部产生的散射,是经过多次散射后产生的总有效散射,影响体散射的因素有物体的表面粗糙度、物体的平均介电常数及物体内的不连续性与波长的关系。微波的透射是在微波入射到物体表面,有部分微波能量会浸入物体内部的现象,也就是说微波除了能穿云透雾外,对一些物体,如土壤、植被、冰层等,有一定深度的穿透能力。在遥感应用中,可以根据地物的波谱特性,选择适当的传感器探测获取感兴趣地物的信息。

4. 遥感数据获取

遥感数据是通过遥感成像系统获取的,遥感成像系统通常由传感器和遥感平台组成。

为满足不同的成像需求,多种不同类型的传感器应运而生。按照探测波段的不同,传感器主要分为可见光/近红外、热红外、微波、高光谱等类型。按照工作方式的不同,传感器可分为被动传感器和主动传感器。其中,被动传感器又称无源遥感,即传感器本身不带有辐射源,在成像时,被动传感器获取和记录目标自身发射或是反射来自自然辐射源(如太阳)的电磁波信息,常见的被动传感器有星载相机、摄影机、多光谱扫描仪等;主动传感器又称有源遥感,是指传感器主动向目标发射一定形式的电磁波,再由传感器接收和记录目标散射的电磁辐射信号,主动传感器有自己的能量来源,不依赖于外界光照条件,常见的主动传感器有成像雷达、激光雷达等。

遥感平台是装载某种传感器的运载工具,目前,技术较为成熟且能够服务于综合应用的主要有航空遥感平台和航天遥感平台。航空遥感平台的实现需要不同类型飞机的支持,飞机的高度和飞行姿态会对比例尺和获取的图像产生影响。在航空摄影测量中,图像主要记录在硬拷贝材质或数码相机中,对于数字传感器,获取的数据可以存储在磁带上和其他的海量存储设备里,或者直接传输到接收站[4]。航天遥感平台主要是指航天飞机、空间站和卫星,其中卫星遥感平台是应用最广泛的一类航天遥感平台,卫星的轨道高度、姿态、稳定性以及轨道参数等对相应遥感数据的几何特性、辐射特性及其处理方法有着直接而显著的影响。通常,卫星传感器需要将遥感图像数据发送到地面进行处理和分析,进而为多个应用领域提供服务。

5. 遥感数据处理

利用遥感成像系统获取的图像数据,经过预处理、增强处理和解译处理等过程,转换为有用的信息。遥感数据处理的基本过程如图1-2所示。

1)遥感图像预处理

原始遥感图像数据并不能直接应用,常常需要对其进行多波段合成、辐射校正、大气校正、几何校正、拼接、剪裁等处理,这些都称为遥感图像预处理。

(1)遥感图像的输入/输出与多波段合成。获得遥感数据之后,首先需要把各种格式的原始遥感数据输入计算机中,转换为各种遥感图像处理软件能够识别的格式,才能进行下一步的应用,这就需要对原始数据进行输入/输出并转换为所需要的格式。

(2)遥感图像的校正。由于遥感成像过程中受一些因素影响,生成的遥感图像质量衰减。为了获取地物的准确几何与物理信息,需要对原始遥感图像进行处理,以消除成像过程中的误差,实现对遥感图像的校正。造成遥感图像质量衰减的因素有辐射度失真、大气消光和几何畸变等,遥感图像校正的目的正是消除这些因素。遥感图像质量衰减的原因不同,因此针对不同的衰减需采用不同的校正方法进行处理。遥感图像的校正一般分为辐射校正、大气校正和几何校正。辐射校正是指针对遥感图像辐射失真或辐射畸变进行的图像校正。大气校正主要是消除由大气的吸收、散射等引起的失真。几何校正的目的是校正遥感图像成像过程中的各种几何畸变。

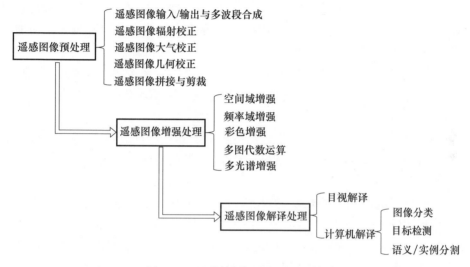

图 1-2　遥感数据处理的基本过程

（3）遥感图像拼接与剪裁。在遥感图像的应用中,常常需要把若干经校正的单幅遥感图像拼接起来。在遥感图像拼接过程中,首先需要根据任务要求挑选合适的遥感图像,尽可能选择成像条件相近的遥感图像,成像时间相近的图像色调基本一致,可以很大程度上减少误差与损失。在处理遥感图像时,经常需要从很大范围的整景遥感图像中取较小范围的图像进行研究与分析,此时就需要遥感图像的剪裁操作,其包括规则范围和不规则范围的裁切。目前,主要的遥感软件中都包含了遥感图像裁切的功能。

2）遥感图像增强处理

遥感图像在实际应用过程中有时会出现较差的目视效果,如对比度差、图像模糊、地物边缘部分不够突出等。有些图像波段多,数据量大,甚至出现数据冗余等情况,难以处理。针对上述问题,通常通过图像增强技术来改善图像质量或压缩图像数据量,更好地服务于图像解译、分析与应用。遥感图像增强的主要内容有空间域增强、频率域增强、彩色增强、多图代数运算、多光谱增强等。

（1）空间域增强。即根据不同任务突出图像上的某些特征,也可以有目的地抑制图像上传输过程中所产生的噪声。

（2）频率域增强。像元的灰度值随位置变化的频繁程度可以用频率来表示。频率域增强方法主要包括平滑和锐化处理,平滑主要是抑制图像的高频率部分而保留低频率部分;锐化则刚好相反,即弱化图像的低频率部分而增强高频率部分。

（3）彩色增强。彩色增强是指将灰度图像变为彩色图像,或者对红、绿、蓝（RGB）图像进行彩色变换,可以提升图像的可视性。彩色增强主要有伪彩色增强、假彩色增强和彩色变换三种方法。

（4）多图代数运算。遥感多光谱图像和经过配准的两幅或多幅单波段遥感图像可以进行一系列的代数运算,达到图像增强的目的。常见的代数运算包括加法运算、差值运算、比值运算、图像复合等。

（5）多光谱增强。多光谱增强采用对多光谱图像进行线性变换的方法,减少各波段信息之间的冗余,压缩数据量,保留对遥感解译更有用的波段数据。

3）遥感图像解译处理

遥感图像解译的基本方法通常包括目视解译和计算机解译。此外,人机交互解译是目视解译和计算机解译的有机结合,人工智能解译是人工智能技术在计算机解译中的应用。

目视解译,也称人工解译或人工判读,是指专业人员通过直接观察或借助辅助仪器,依据解译标志,如形状、大小、色调、位置、阴影、活动等,结合解译者的知识和经验,从遥感图像上获取地表信息的方法。目视解译是使用最早的遥感图像解译方法。例如,通过对相关领域的遥感图像进行判读,地学研究者能够获得山地、水体、植被、地貌等信息,农业学者能够掌握农作物的生长情况、病虫灾害情况等信息,城市规划人员能够掌握城市土地使用情况,考古学家能够获得古迹及其可能存在位置的信息,军事人员能够发现感兴趣目标的状态和活动信息。目视解译是判读人员和遥感图像相互作用的复杂过程,涉及人的主观认知、经验知识等多方面内容。所以,专业的判读人员除了在培训上需要长期甚至终生学习,还需要通过大量的工作实践,通过不断的知识更新提高判读能力水平。

计算机解译,是指在计算机系统的支持下,综合运用数理统计等多种数学方法,以及模式识别与人工智能技术,根据遥感图像中目标地物的各种图像特征,来自动识别和提取各类信息,其基本目标是将人工目视解译发展为计算机支持下的遥感图像理解。利用计算机进行遥感数字图像处理,快速获取地表不同专题信息,并将这些专题信息应用于不同领域,这是实现遥感图像智能化应用的重要内容,具有重要的理论意义和应用前景。

人机交互解译,其现实需求是目视解译难以满足实时处理大量信息的要求,需利用计算机辅助目视解译,这就需要在遥感图像信息提取和解译过程中,一方面使图像解译人员能充分运用他们的解译经验,同时又能发挥计算机处理图像信息的优势。实现这个目的的途径之一是为遥感图像人机交互解译方法提供较好的技术环境,确切地说是为图像解译提供所需要的各种操作。

人工智能解译,主要是利用深度学习技术实现遥感图像的智能化信息提取。深度学习也称深度神经网络,本质上是多层神经网络的复兴,是在大数据、强大的计算能力和优良的算法设计等条件下发展起来的。深度学习通过多层神经网络逐层提取图像特征,并输出高层抽象信息,具有优异的学习能力,卷积神经网络(Convolutional Neural Network,CNN)是典型的深度学习模型。近年来,深度学习技术在图像识别领域广泛应用并取得较好效果。

6. 遥感图像产品应用

遥感图像产品包括各种图形、图像、专题图、表格、地学参数、数据库文件、整编资料等,这些产品广泛应用于资源调查、环境监测、农业林业、气象水文、海洋环境、区域规划、全球研究等领域。遥感的最终目的是应用,而遥感数据成功应用的关键在于人,只有了解遥感数据的产生和特点,以及遥感图像处理、分析和解译的方法,才能将遥感成像系统获取的数据转换为有用的信息,应用于人的辅助决策过程。

1.2 遥感图像类型及特点

遥感中所使用的传感器类型主要有可见光、红外、高光谱和微波,其探测波段范围覆盖了可见光、红外、微波波段。遥感图像的类型可根据所采用的传感器及其探测波段划分,主要包括以下四类。

1. 可见光和反射红外范围的遥感图像

在可见光和反射红外波段范围,电磁波和地表的相互作用以反射为主。由于反射太阳光,这部分红外线通常也称"反射红外"。可见光和反射红外区域合称为"光学波长",绝大多数现代光学遥感仪器在可见光和反射红外波段范围工作,其获取的图像通常也称"光学图像"。其中,全色图像中的全色波段一般指使用0.5~0.75μm的单波段,即从绿色往后的可见光波段(为防止大气散射对图像质量的影响,大多将蓝色光滤去),由于全色图像是单波段,因此在图上显示是灰度图像。多光谱图像是指对地物辐射中多个单波段进行提取,得到的图像数据中会有多个波段的光谱信息,常用的波段包括蓝波段、绿波段、红波段和反射红外波段。全色遥感图像一般空间分辨率较高,但无法显示地物色彩。通过多波段遥感图像可以得到地物的色彩信息,但是空间分辨率较低。实际操作中,经常将这两种图像融合处理,得到既有全色图像的高分辨率,又有多波段图像的彩色信息的图像。可见光和反射红外范围的"光学图像"具有如下特点。

(1)高空间分辨率。由于空间分辨率和光谱分辨率是相互矛盾制约的,遥感图像在空间分辨率、光谱分辨率方面存在的差异是光学系统设计在空间分辨率、光谱分辨率上折中的结果。全色和多光谱传感器接收入射光的光谱范围较宽,获取的地物辐射能量较多,相应的空间分辨率较高。因此,全色和多光谱图像是典型的高空间分辨率图像。

(2)符合人眼视觉习惯。多光谱图像、全色与多光谱融合图像包含了多个波段的光谱信息,对各个不同的波段分别赋予 RGB 颜色将得到彩色图像,其波段和显示均符合人眼视觉习惯,能够把人眼可以看见的景物真实地再现出来,具有直观、清晰、易于判读的优点。

2. 高光谱遥感图像

高光谱遥感使用成像光谱仪能够获取整个可见光、近红外、中红外、远红外波段的多且窄的连续光谱波段。波段数多至几十甚至数百个,波段间隔在纳米级内,一般为 5~20nm,个别达到 2.5nm,因为称之为高光谱。高光谱遥感图像的特点如下。

(1)高光谱分辨率。对于高光谱成像相机而言,光谱分辨率越高,表示两个相邻波段之间的距离越短,光谱曲线就越精密。因此,光谱分辨率越高,就越容易分辨出地物的光谱信息,更容易识别出目标。

(2)图谱合一。图谱合一就是高光谱图像的二维图像信息和光谱维度信息合在一起,形成一个高光谱立方体数据,这是高光谱图像非常重要的特点之一。

(3)光谱通道多,可以在区间光谱内成像。传统遥感图像的波段数少,在可见光和反射红外区,其光谱分辨率通常在百纳米量级。高光谱图像能够获取地物在一定范围内连续的、精细的光谱曲线,这些光谱信号可以转化成光谱反射率曲线的有限态射,或称为反射光谱。

3. 热红外遥感图像

热红外遥感是利用星载或机载热红外遥感器远距离探测、接收、记录地物热红外辐射通量信息,通过地物反射或辐射的红外特性差异,识别地物和反演地表参数(温度、湿度、热惯量等),对信息进行处理分析,以确定地物性质、状态和变化规律。根据大气窗口,热红外遥感常用的波段范围是 3~5μm 中红外和 8~14μm 热红外两个波段。波长 3~5μm 的中红外谱段内,热辐射与太阳辐射的反射部分须同时考虑;波长 8~14μm 的热红外谱段内,以热辐射为主,反射部分往往可以忽略不计。

热红外遥感图像是记录目标物发射的热辐射能而形成的图像,描述地物辐射温度分布情况,图像的色调与色差是温度与温差的显示与反映。对于热红外遥感图像,其在色调、分辨率和变形等方面具有以下特点。

1)色调

热红外遥感图像是灰度图像,其色调的深浅是由目标的辐射能力决定的。地物发射电磁波的功率与地物发射率成正比,与地物温度的四次方成反比,因此图像上的色调也与这两个因素有关。一般来说,辐射红外线越强的物体色调越浅,辐射红外线越弱的物体色调越深。因此,热红外图像上的色调不仅表现了地物温度变化的情况,而且还能提供目标活动特性、所处状态等信息。

2)分辨率

热红外遥感图像的分辨率与普通可见光照片相比较低,这是因为其和扫描装置的瞬时视场、噪声等效温差、目标和背景温度的差别、电子系统的性能,以及运载平台的运动情况等诸多因素有关。其中,瞬时视场和噪声等效温差是影响分辨率最重要的因素,它们分别反映了热红外扫描成像系统的空间分辨能力和温度分辨能力。

3)变形

热红外扫描成像系统具有成像距离较远、视场较大的特点,因此遥感图像在投影及其变形方面与画幅式相机所获得的图像具有较大的区别。扫描镜旋转速度变化,飞行姿态的滚动、倾斜,使图像弯曲变形或比例尺变化等都能引起热红外遥感图像几何畸变。

此外,由于热扩散作用的影响,热红外图像中反映目标的信息往往偏大,且边界不十分清晰。并且由于大气中的一些影响因素会导致热红外图像在成像时出现一些"热"的假象,使得热红外遥感图像具有不规则性,这种不规则性可以是由多种因素引起的。例如,天气条件(云、雨、风等)的干扰,电子异常噪声、无线电干扰产生的噪声条带和波状纹理,后处理的影响等,消除噪声的干扰获取真正的信息十分重要。

4. 微波遥感图像

微波遥感使用 $1mm \sim 1m$ 范围的电磁波,收集与记录目标物发射或反射的微波能量。合成孔径雷达(Synthetic Aperture Radar,SAR)是一种主动式微波遥感[5],其通过测量地物目标的后向散射特性来获取目标的相关信息。SAR 成像具有以下特点:①SAR 属于主动式遥感,可以实现对地物目标的全天时成像;②由于微波受大气衰减影响较小,SAR 信号能够穿透云雾,实现对地物目标的全天候成像;③微波对部分地物目标具有一定的穿透性,可以获得地下浅层目标和隐蔽目标的散射信息;④微波与地物目标之间特殊的作用机理使得 SAR 能够获取与可见光和反射红外线、高光谱、热红外遥感不同的信息。正因成像原理的不同,SAR 图像具有不同的特点[1]。

1)色调

SAR 图像大多以灰度图像的形式来表现,其色调的变化很大程度上取决于地物目标的后向散射特性。地物的水分含量、表面粗糙度、形状等在 SAR 图像色调上反映明显。在水分含量方面,随着水分含量的变化,物体的介电常数变化明显,使雷达后向回波出现 $20 \sim 80dB$ 的显著变化,因此,SAR 图像突出水体信息,并对土壤水分、地表湿度、物质的含水量等反映明显。在表面粗糙度方面,由于以地表形态结构为特征的表面粗糙度对雷达回波强度的影响很大,松散沉积物的不同物质组成往往构成对微波波长不同的表面粗糙度,造成雷达回波强度的明显差异。在地物形状方面,地物形状对微波的反射方向和强度产生显著的影响。居民点中建筑物的墙、堤坝的壁等与地面构成二面或多面角反射体(相互垂直的光滑表面),产生角反射效应,造成雷达波束双向或多次角反射,且反射方向相同或相交,使回波大大增强。同时,建筑物等含金属结构,使物质的介电常数增大,产生强烈的雷达后向散射。因而在 SAR 图像上,居民点多呈明显亮斑,易于识别。

2)几何

SAR 图像的几何特征主要有透视收缩、叠掩、阴影等。透视收缩是指 SAR 图像上面向雷达波束的坡面(地面斜坡)被明显压缩的现象。由于雷达按时间序列记录回波信号,因而入射角与地面坡角的不同组合,使其出现不同程度的透视收缩现象。叠掩是 SAR 图像中透视收缩的一种极端情况,雷达是一个测距系统,发射雷达脉冲的曲率使近目标(高目标的顶部)回波先到达,远目标(高目标的底部)回波后到达,因而顶部先成像,并向近距点方向位移,在图像的距离方向,形成顶底倒置。这种雷达回波的超前现象称为"叠掩"或"顶底位移"。与光学成像中阴影源自光源的微弱照射不同,SAR 图像中的阴影是指雷达波束对一地面倾斜照射,在山脉、高大目标的背面因接收不到雷达信号,而产生雷达阴影,在图像上呈暗区。SAR 图像上适当的阴影所出现的明暗效应能增强图像的立体感,对地形、地貌及地质构造等信息有较强的表现力和较好的探测效果。

3)噪声

SAR 成像中,当遥感器接收到从地表某一给定位置返回的微波信号时,该信号是许多散射点的回波(包含幅度和相位)矢量相加后得到的总回波,即各个散射点回波的相干叠加。每一散射点回波的相位同遥感器与该点之间的距离有关,因此,当遥感器稍有移动时,所有的相位都要发生变化,从而引起合成的幅度发生变化,该点的回波信号也会发生变化。同样的,相邻两个同质观测单元回波信号也会不同,像元间会出现亮度变化,则在 SAR 图像上出现许多看似随机、呈颗粒状散布的亮、暗斑点。由此可见,SAR 图像的斑点是由于雷达波的相关干涉产生的,是 SAR 图像固有的特征。相干噪声是一种与信号有关的噪声,对 SAR 图像的解译影响很大,不仅限制了辐射分辨率,影响到对不同信号强度的分辨能力,而且降低了对地面目标、结构的识别能力,并对专题特征而提取和分类造成障碍。因此,在 SAR 图像解译和分析之前需要先进行光斑噪声去除。

上述四种常见的遥感图像都有其特点和优势,本书的研究对象是光学遥感图像(可见光和反射红外线范围的遥感图像)和星载 SAR 图像。

1.3　遥感图像目标检测基本内涵

遥感图像目标检测主要关注如何从遥感图像中提取出感兴趣地物目标的类别和位置信息,其研究内容与计算机视觉、模式识别、人工智能等领域内容有交叉和关联。

1. 遥感图像目标检测的研究内容

遥感图像目标检测是对遥感图像中的感兴趣目标进行分类和定位,获取有价值的信息,以支持用户决策。遥感图像理解包括四大类任务[6]:一是分类,主要解决"是什么"问题;二是定位,主要解决"在哪里"问题;三是检测,主要解决"是什么"和"在哪里"问题;四是分割,又分为语义分割和实例分割,主要解决"每一个像素属于哪一类或哪个实例"的问题。从遥感图像理解的任务可以看出,遥感图像目标检测的任务是找出图像中感兴趣的目标,并确定其类别和位置,主要解决"是什么"和"在哪里"问题。此外,由于分割的任务是确定图像的每一个像素属于哪一类或哪个实例,而每个像素在图像中都有其位置。因此,分割同样完成分类和定位的任务,研究人员也把语义/实例分割和目标检测视为同一类任务。

早期的遥感图像目标检测主要依靠传统的人工设计特征加浅层分类器的方案,由于特征提取、样本数据、计算能力的限制,传统目标检测的精度有限。近年来,大数据分析和人工智能技术快速发展,为遥感图像目标检测提供了新的方法和途径,促进遥感图像目标检测向自动化、智能化方向迈进,遥感图像目标检测精度和效率显著提高。

2. 遥感图像目标检测与相关领域的关系

遥感图像目标检测作为一个基础应用学科问题,与计算机视觉、模式识别、人工智能等理论和方法有着密切的联系。

计算机视觉(Computer Vision,CV)[7]是一门研究如何使机器"看"的科学,即使用各种成像系统代替人眼对物体进行观察,由计算机代替大脑完成处理和解释,最终目标就是使计算机能像人那样通过视觉观察和理解世界,具有自主适应环境的能力。计算机视觉是一门交叉学科,其基础知识涉及广泛,包括数字信号处理、数字图像处理、模式识别、机器学习、计算机图形学、认知科学、统计学、优化论等知识。计算机视觉领域的目标检测理论和方法同样适用于遥感图像目标检测,近年来,在大数据、人工智能的发展背景下,计算机视觉迅速发展,同样促进了遥感图像目标检测的快速发展。

模式识别(Pattern Recognition,PR)[8]问题就是用计算的方法根据样本的特征将样本划分为一定的类别。根据样本类别是否已知,模式识别问题分为监督模式识别和非监督模式识别。如果已知要划分的类别,并且能够获得一定数量的类别已知的训练样本,这种情况下建立分类器的问题属于监督学习问题,称作监督模式识别。在人们认知客观世界的过程中,面对未知对象时我们事先不知道要划分的是什么类别,更没有类别已知的样本用作训练,我们要做的是根据样本特征将样本聚成几个类,使属于同一类的样本在一定意义上是相似的,而不同类之间的样本则有较大差异,这种学习过程称作非监督模式识别。模式识别的主要方法可归纳为基于知识的方法和基于数据的方法。其中,基于知识的方法主要是指以专家系统为代表的方法,一般归在人工智能的范畴中,其基本思想是根据人们已知的关于研究对象的知识,整理出若干描述特征与类别间关系的准则,建立一定的计算机推理系统,对未知样本通过这些知识推理决策其类别;基于数据方法是模式识别最重要的方法,其基础是统计模式识别,即依据统计的原理来建立分类器,如经典人工神经网络、支持向量机和深度神经网络等。遥感图像目标检测是一类模式识别问题,模式识别中基于数据的方法广泛应用于遥感图像目标检测问题中。

人工智能(Artificial Intelligence,AI)[9]最早由 McCarthy 提出,经过几十年的发展,人工智能已取得长足的进步。从近期目标的角度,人工智能主要研究如何使计算机去做那些靠人的智力才能做的工作;从最终目标的角度,人工智能主要研究智能形成的基本机理,以及如何利用自动机模拟人的思维过程。人工智能的研究领域可以划分为四类:一是符号智能,主要包括符号学习、自动推理、不确定性推理、知识工程等;二是计算智能,主要包括进化计算、群体智能计算、免疫计算等;三是机器学习,主要包括统计学习、归纳学习、深度学习等;四是机器感知,主要包括计算机视觉、自然语言处理、图像识别、语音识别等。人工智能中的机器学习方法,尤其是深度学习方法,在遥感图像目标检测中发挥了重要的作用。

3. 遥感图像目标检测的发展和应用

正如陈述彭先生所言,我国的航天遥感存在着"重上天,轻应用"的问题,现有的卫星数据利用率较低[10]。在目前遥感卫星迅速发展、信息源的获取和信息流的畅通能力得到极大提升的情况下,重视信息深加工这一瓶颈环节是十分必要的。《管子·地图篇》中写道:"凡兵主者必先审知地图""名山、通谷、经川、陵陆、丘阜之所在,苴草、林木、蒲苇之所茂,道里之远近,城郭之大小,名邑、废邑、困殖之地必尽知之。"[11]最早论述了指挥员必须了解环境相关的各种信息,对地物的描述也十分详细。人类数千年的战争中以"遥感"的方式获取信息都是支撑指挥官决策的重要信息来源,远古时代人们就从山上观察,拿破仑时代法国人开始使用热气球空中观察,第一次世界大战期间飞机和飞艇被用来作为航空摄影平台来获取有价值信息,第二次世界大战期间还将这种技术用于评估对目标的破坏程度,为进行的后续轰炸行动提供决策支持。卫星的出现使得从太空观察地面活动成为可能,遥感迎来了卫星时代,各航天强国都把发展空间遥感技术与应用放在国家发展的重要战略位置。目前,全球多个国家发射了数百颗成像卫星用于收集有关国家安全的重要地面目标和活动信息。各国航天机构均将最高分辨率遥感技术应用于成像卫星上,如美国的"Keyhole"系列卫星最新的 KH – 12 分辨率可达 0.1m。同时,民用商业遥感卫星的大范围应用极大丰富了遥感数据资源,并服务于军事应用,如美国军方大量采购 IKONOS 和 Quickbird 数据,在 21 世纪的几场战争中也大量征用了商业遥感卫星用于侦察和评估,发挥了重要的作用。

2010 年美军提出"第三代地理空间情报"(GEOINT3.0)概念[12],地理空间情报以遥感图像资源为基础,以高度综合的信息描述形式和数据库资源配发的方式,向未来任务提供在战争准备和进行期间所能够搜集到的最大限度信息。GEOINT3.0 将图像、图像情报和地理空间信息融合为一体,并以可视化方式呈现和表达情报,主要包括以高分辨率图像为基础,从全局的角度所提供的战场域所有的设施与武器目标的直观图像、图示化信息和易于查询的多媒体信息在内的综合描述;还包括以不同分辨率图像为基础,按不同比例尺层次给出的,关于对象战场地理环境准确描述信息。通过这些信息支持用户全面认知并把握其所关心的目标与空间环境的状况,为执行任务赢得"认知战场"的信息优势,如图 1 – 3 所示。

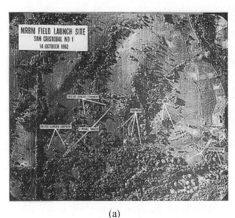
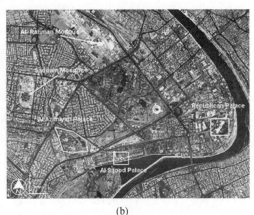

(a)   (b)

图 1 – 3　遥感图像解译

(a)U – 2 侦察机拍摄古巴;(b)Quickbird 2 卫星拍摄伊拉克首都巴格达。

随着遥感技术的不断发展,世界主要航天大国发射了大量高分辨率光学遥感卫星,如美国的 Landsat 系列、Keyhole 系列、WorldView 系列卫星等,我国的"高分"系列、"吉林"一号、"高景"一号等。目前,先进的高分辨率遥感卫星图像空间分辨率可达分米级,卫星重访周期已大幅缩短至天,产生了海量的遥感数据。各组织和商业机构也不断加大遥感数据共享力度,美国地质调查局(The United States Geological Survey,USGS)、Google 地球、橡树岭国家实验室(Oak Ridge National Laboratory,ORNL)、国防创新单元实验室(Defense Innovation Unit Experimental,DIUx)等均开放了大量的遥感数据。国内外研究机构以这些数据作为基础广泛开展了智能目标检测方法的研究。随着遥感图像数据资源的不断丰富,目标检测效率已成为制约遥感图像处理应用的重要瓶颈。在海湾战争、阿富汗战争中美军各类成像卫星所获取图像数据经过通信卫星实时地传送到美国本土华盛顿国家图像判读中心进行处理。由于信息处理设备速度不高(一帧原始图像经过信息中心各个环节制成产品约需 1.5h)与信息量大的制约,每天由成像卫星传递的图像只有 40% 能够处理完,有近 60% 的信息浪费。在现代战争中遗失所需的有价值信息,不仅贻误战机问题,更有可能失掉战争的主动权。美国战略司令部 2011 年底公布的报告显示,美国成像卫星等平台获得的数据量 5 年间增长了 15 倍,而同期美军处理、分发和应用数据的能力仅提高了约 30%[13]。

在遥感数据处理系统中,图像判读解译难以进行自动化处理,人工完成需要消耗大量时间。数据处理面临错失恐慌问题,迫切需要 AI 进行高效自动处理。提高数据处理效率亟须软硬件技术水平的提高和创新性理论的发展。目前全球多个研究机构针对遥感图像智能检测识别任务开展了大量关于深度学习算法的研究。美国笛卡尔实验室将深度学习用于自动分析卫星图像的商业应用,如预测美国玉米和大豆丰收情况,用传统方法 10% 的时间即可得到 80% 的结果[14]。密苏里大学的 Scort 等学者[15]提出了一种在我国主要国土面积上精确检测地对空导弹发射场的方法,该算法仅耗时 42min 即可完成传统人工分析 60h 的工作量。2017 年美国情报先进研究计划署(Intelligence Advanced Research Projects Activity,IARPA)举办 Functional Map of the World Challenge(FMoW)[16],探索能够更准确和高速地分析卫星遥感图像数据的算法,全球的研究人员基于其提供的卫星遥感图像数据集(包含 100 万幅图像,数据由 DigitalGlobe 提供)研究机器学习算法。美国国家地理空间情报局(National Geospatial – Intelligence Agence,NGA)局长 Robert Cardillo 要求人工分析卫星图像工作量的 75% 要实现自动化[17]。DigitalGlobe 公司将深度学习、空间大数据和云计算结合用于自动建筑物检测与矢量提取,3 天内完成 5300km²,20 万个建筑物的识别。英国国防科学技术实验室(The Defence Science and Technology Laboratory,DSTL)举办了卫星图像特征检测竞赛[18],旨在探索遥感图像分类智能算法。

我国在遥感图像解译方面同样存在数据使用率和信息提取时效性低的问题。传统的"卫星数据获取 – 地面站接收 – 数据处理分发 – 专业应用"的模式无法满足未来信息服务的时效性要求,需要将数据快速转换为有价值的信息并实时或准实时地发送到最终用户。2005 年,武汉大学李德仁院士就对未来智能地球观测卫星的关键技术进行了分析,2017 年还提出了"对地观测脑"的概念[19],设想在对地观测脑中,遥感、导航卫星星座作为对地观测脑的视觉功能,通信卫星星座作为对地观测脑的听觉功能,同时这些卫星还充当对地观测脑中大脑的分析节点(脑细胞),对获取的观测数据处理分析获取用户需求的数据信息。近年来,国内多个研究机构如武汉大学、西北工业大学、中国科学院大学、北京航空航天大学、华中科技大学、国防科技大学、哈尔滨工业大学、西安电子科技大学、北京大学、清华大学等开展了遥感图像目标检测相关研究,从公开发表的文献来看,取得了一定的研究成果。但是目前研究仍侧重于实验验证,距离复杂场景实际应用还有一定的距离,对这项工作开展进一步的研究仍然具有十分重要的意义。

1.4 遥感图像目标检测研究现状

本书的研究对象是光学遥感图像和星载 SAR 图像,本节分别针对这两类遥感图像目标检测研究现状进行总结和分析。

1.4.1 光学遥感图像目标检测

目标检测在光学遥感图像地物信息提取中有着十分重要的应用价值。"目标"通常指人造目标,如建筑、车辆、飞机、舰船等拥有独立于背景环境的边界,以及作为背景环境一部分的地物信息。早期光学遥感卫星图像空间分辨率较低(如 Landsat 系列),像元大小通常接近甚至大于分析对象的大小,因而分析方法多基于逐像元分析或亚像元分析,难以检测独立的小目标,研究多关注于从图像中提取区域属性。高分辨率遥感卫星(如 WorldView 系列)的快速发展提供了包含更详细的空间和纹理信息的遥感图像,也使得更大范围的人造目标检测成为可能。从 20 世纪 80 年代开始,光学遥感图像目标检测相关研究就不断扩展,提出了大量的方法[20]。根据发展历程,光学遥感图像目标检测方法可分为五类:基于模板匹配的方法、基于知识的方法、基于像元分类的方法、基于候选区域分类的方法和基于深度学习的方法。

1. 基于模板匹配的方法

模板匹配方法是目标检测研究早期的重要方法。图 1-4 所示为该方法的流程,该类方法一般构造一个线性滤波器,检测时对图像或特征进行一次滤波,将置信度高的认为是目标。模板匹配中有两个重要的步骤:模板生成和相似度计算。对每个感兴趣的目标类型,通过人工或从训练数据集中学习得到模板。相似度计算是对于给定图像,用预存的模板在每个可能的位置进行图像匹配,根据最小误差和最大相关原则,同时考虑各种可能的旋转和尺度变换。经典的相似度计算算法有绝对误差和算法、误差平方和算法、归一化积相关算法等[21]。

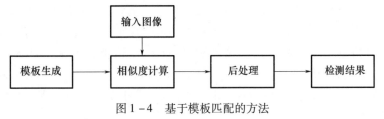

图 1-4 基于模板匹配的方法

2. 基于知识的方法

基于知识的方法将目标检测问题变为一个特定知识和规则下的假设检验问题。图1-5所示为基于知识的方法流程。知识和规则的建立是其中最重要的环节。研究主要围绕几何信息和环境信息两类。

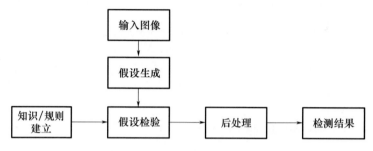

图1-5 基于知识的方法流程

几何信息是重要的图像目标先验信息,将几何参数和几何形状作为先验知识进行检测,在道路、建筑检测中用途广泛,如Radon变换提取线特征,Hough变换提取圆特征进行检测。吴其昌等学者[22]采用提取直线作为图像基元,对直线段进行编组,形成符号描述,最后完成目标的识别和定位。韩现伟[23]采用直线特征提取、直线结构提取、圆形特征提取和区域几何形状特征提取的方法进行机场、港口等线型目标,以及油库、飞机等团块目标的识别。

环境信息主要是指目标和背景的空间约束和关系,如将阴影作为检测建筑物的重要依据。刘德连等学者[24]提出一种背景高斯化的目标检测方法,假设单一地表遥感图像灰度起伏符合马尔可夫模型,将遥感图像进行高斯化处理,将其作为近似理想背景,然后将原图像与高斯化背景做差得到残差图,进而得到目标检测结果。李晓琪[25]建立了高分辨率海洋遥感图像背景的大范围曲面高斯分布模型,结合模糊C均值聚类法提取非纯海洋图像子块的算法实现舰船目标检测。

基于知识的方法的核心问题是如何有效地将目标物体自身隐含的知识转化为明确的规则定义,且规则定义的严格程度直接影响目标检测性能,松散规则可能导致高误检率,严格的规则可能出现高漏检率。

3. 基于像元分类的方法

基于像元分类的遥感图像目标检测方法以图像像元亮度值为依据提取光谱、纹理、形状统计等特征进行分类。这些方法通过使用统计学习算法通过选取领域窗口提取特征,独立地分析每个像元的光谱信息。例如,K近邻(K - Nearest Neighbor,KNN),支持向量机(Support Vector Machine,SVM)、最大似然分类(Maximum Likelihood Classification,MLC)、决策树和K - means 聚类。理论上认为相同条件下,同种地物具有相同或者相似的光谱特征和空间特征,不同地物具有不同的光谱和空间特征。但是,遥感图像中存在的"同质异谱"和"同谱异质"现象导致分类过程复杂,降低了分类精度。由于未曾考虑图像中丰富的空间和上下文信息,简单分类法常常会出现错分、漏分等现象,导致分类精度不高,因此主要针对中、低分辨率卫星图像。

基于像元分类的方法可分为监督分类和非监督分类两类。监督分类显著特点是在分类前需要某些样区的类别属性的先验知识,即先从图像中选取所要分区的各类地物样本用于训练分类器(建立判别函数)。一般在图像中选取有代表性的区域,通过样本获取每个类别的特征统计信息,建立判别函数,完成待分类区域的预测。选用的方法通常有平行多面体法、线性判别法、最小距离法、最大似然法和马氏距离法。非监督分类法在没有先验知识的情况下,按照特征矢量在特征空间中的类别自建群的特点进行分类。分类理论是不同类别具有不同特征,划分为不同类别,采用聚类算法实现。按照相似性将像素划分类别,距离越小的邻近像素归为同类,距离大的像素归为不同类。例如,分级集群法、迭代自组织数据分析(Iterative Self–Organizing Data Analysis Techniques Algorithm,ISODATA)和 K–means 聚类算法。

4. 基于候选区域分类的方法

随着机器学习方法特别是特征提取和分类方法的发展,在计算机视觉领域,研究人员将目标检测问题转化为一个对候选区域的分类问题进行研究取得了重大突破。图 1–6 所示为典型的基于候选区域分类的目标检测方法实现流程。训练过程从训练数据集中以监督、半监督或弱监督方式学习一个分类器。预测阶段使用候选区域提取算法提取一系列区域图像块,经特征提取算法提取特征向量作为分类器输入,得到对应的预测类别标注(如二元分类输出是否为感兴趣目标),通常检测结果还需经后处理操作进行边框的修正和优化。研究人员基于该框架提出了多种创新方法,主要有以下四种。

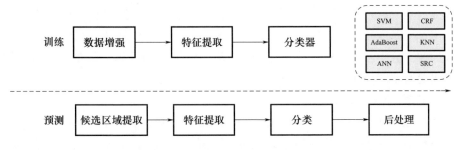

图 1–6　候选区域分类的目标检测框架

(1)候选区域提取。早期的候选区域提取采用滑动窗口在二维空间和尺度空间进行暴力枚举,窗口数量为 10^5 量级。随后超像素分割、EdgeBox、SelectSearch、Bing 等[26]候选窗口生成方法通过找到有可能包含目标的边框,将窗口数量降低至 $10^2 \sim 10^3$ 量级。

（2）特征提取算法。主要有方向梯度直方图（Histogram of Oriented Gradient，HOG）、视觉词袋（Bag of View Word，BoVW）、纹理特征、稀疏表示特征、Haar 特征、可变形组件模型（Deformable Part Model，DPM）[27]和神经网络方法等。

（3）分类器。主要有 SVM、AdaBoost、KNN、条件随机场（Conditional Random Field，CRF），稀疏表示分类（Sparse Representation based Classification，SRC）和人工神经网络（Artificial Neural Network，ANN）等。

（4）后处理。候选区域分类后得到大量的检测结果，后处理方法对其进行进一步的消减和结果修正，典型的后处理方法有非极大值抑制（Non - Maximum Suppression，NMS）、边框融合、边框回归等算法[28]。

5. 基于深度学习的方法

特征是目标检测的核心，理想的特征能够唯一标识感兴趣目标。传统特征学习方法包括手工编码特征和无监督学习特征。手工编码特征主要基于空间、光谱、纹理、形态学等特征，其中比较经典的特征有 Gabor 特征、HOG 特征、尺度不变特征变换（Scale Invariant Feature Transform，SIFT）、颜色直方图，局部二值模式（Local Binary Patterns，LBP）等。无监督特征提取方法主要有 K - means 聚类、稀疏编码（Sparse Coding，SC）等[29]。传统特征学习方法在计算机视觉任务中获得较好的成果，但是还存在几个显著问题：①需要高水平的专业知识和领域特定的知识来手工创建特征；②解决方案的泛化能力不足，在一个任务数据中使用的方法不一定适用于另一个任务；③可能需要复杂的方法来处理的决策问题；④浅层系统难以学习分层特征。相比之下，深度学习方法从数据中学习特征，降低特征工程的专业需求和工作量，且在多个领域表现出优于人工编码和浅层学习方法的性能。深度学习的深层结构允许模型学习高度抽象的特征提取器，学习到的特征能够显著提高分类性能，是目前应用最为广泛的有监督深度学习特征提取方法，深度学习具有强大的特征提取能力，在计算机视觉分类和检测任务中的表现优于大多数传统特征学习算法[30]。目前，多数目标检测中的深度学习方法是基于 CNN 及其衍生模型展开。传统的像元分类和候选区域分类方法与 CNN 相结合，涌现出大量的研究成果，这些成果对遥感图像的目标检测的研究起到了重要作用。

1）基于 CNN 的语义分割方法

遥感图像的像元分类（Pixelwise Classification）和计算机视觉中的语义分割（Semantic Segmentation）研究的问题相似。在不同文献中，通常语义分割、场景标注（Scene Labeling）、像元标注（Pixel Labeling）、像元分类（Pixelwise Classification）和目标检测表示相似的任务。传统的图像分割将图像分为多个内部相关的区域（相关多指低层因素如颜色、纹理和边缘等），但是不包含理解每部分所蕴含的信息。语义分割的目的是将图像分割为多个有明确语义的部分，将每部分标注为预先定义的明确的类型。

2）基于 CNN 的图像块分类

典型的 CNN 模型是一种"图像 – 标记"模型,输出的是不同类别的概率分布,语义分割任务需要的不仅仅是对整幅图像的一个分类,而是要获得像素级分类结果。逐像素分类存在效率低的问题,为此研究人员提出了基于图像块分类的方法。该方法在每个像素点附近取一个邻域图像块作为输入,使用传统的分类 CNN 模型进行训练和预测。Mnih 等学者[31]提出了基于 CNN 的图像块分类算法,实现了对固定尺寸遥感图像像素级的训练和预测。夏梦等学者[32]取每个像元周围 16×16 邻域图像块,除光谱信息外,还增加了平均值、标准差、一致性和熵等四个纹理信息组成 $16 \times 16 \times 7$ 的张量作为 CNN 的输入,提高了分类精度。

3）基于 FCN 的语义分割方法

针对图像块分类算法存在的冗余计算和感受野较低的问题,Long 等学者[33]将全卷积网络(Fully Convolutional Networks,FCN)模型用于图像分割。FCN 将传统分类网络进行"卷积化",即将其中的用于输出分类标记的全连接层改为卷积层,实现了输入和输出都是图像的端到端场景分割。经池化操作降低分辨率的特征图,通过"反卷积"层学习一个用于上采样的滤波器提高特征图的分辨率。FCN 中较浅的高分辨率层用来解决像素定位问题,较深的层用来解决像素分类问题。近年来,研究人员提出了多个 FCN 模型用于图像语义分割,如 SegNet、RefineNet、Deep-Lab 等模型,并通过引入无量级卷积,空间金字塔池化,条件随机场等方式进一步提高分割性能。

近年来 CNN 技术也推动了遥感图像像元分类方法的进步,基于 CNN 的方法已占据主导地位且取得了最佳性能,越来越多的研究开始关注设计和应用 FCN 模型完成遥感语义分割任务。Wei[34]基于 FCN 对 MASS Road 和 MASS Building 数据集进行道路和建筑物的检测和提取。此外,多项研究关注于开发基于 FCN 的模型和后处理方法来改善分割结果。

4）基于 CNN 的边界框检测方法

边界框检测方法通过提取目标的包围框实现目标检测。在 CNN 出现之前,DPM 是优秀的基于候选区域分类的目标检测方法,它的基本思想是先提取 DPM 人工特征,再用 latentSVM 分类[35]。这种特征提取方式计算复杂效率低,且采用的人工特征对于旋转、拉伸、视角变化的泛化效果差,很大程度上限制了其应用场景。以国际计算机视觉挑战赛(Pattern Analysis Statical Modeling and Computational Learning Visual Object Classes,PASCAL VOC)为例,早期的获奖队伍主要采用词袋模型提取特征,而目前性能较好的算法均采用 CNN 进行特征提取。计算机视觉领域经典的区域卷积神经网络(Region – based Convolutional Neural Network,R – CNN)模型在经典机器学习物体检测框架基础上采用 Selective Search 算法进行候选区域提取,CNN 进行特征提取,SVM 分类,边界框回归进行精确定位,该框架成为众多基于深度学习的目标检测模型研究的基础。当前基于深度学习的遥感图像目标检测的研究主要可分为五个方面。

(1)基于经典框架采用 CNN 作为特征提取器设计目标检测系统。Wu 等学者[36]采用 Bing 作为候选区域提取，采用基于形状的算法进行结果修正。Cao 等学者[28]采用 Selective Search 和 Softmax 分类器，提出了 Box – fusion 算法进行结果修正，比 NMS 算法更接近目标真实区域。

(2)解决遥感图像目标多样性的问题，Chen 等学者[37]提出了一个混合 CNN 模型，将特征图分为多个块采用不同的感受野和池化大小提取多尺度特征。西北工业大学的 Cheng 等学者[38]提出了一种旋转不变 HOG 特征学习方法，将学习到的特征用 softmax 分类器进行分类得到实现目标检测的旋转不变性，在 10 类目标数据集 NWPU VHR – 10 上取得了良好的性能。

(3)解决数据集不足问题。Zhang 等学者[39]提出由候选区域提取网络和定位网络组成的耦合 CNN 的弱监督学习方法进行飞机检测，迭代弱监督框架从原始数据中自动挖掘和扩充训练数据集，大大减少了人工工作量。Sevo 等学者[40]将在 ImageNet 数据集预训练的 GoogLeNet 模型在 UC Merced 数据集上进行微调，结合滑动窗口进行目标检测。

(4)基于强化学习的方法。基于强化学习的方法[41]将目标检测的过程抽象为时序的、不断产生决策动作的 Markov 过程，通过定位智能体不断地做出动作决策，迭代地定位到待检测目标。智能体不断地调整观察窗口的大小/横纵比、移动观察窗口，最终定位到目标所在区域。该目标检测框架为候选区提取 + 目标精细化定位/分类的流程，由于独立的预提取方法会消耗较多时间，整体运行效率有待提高。

(5)提高特征共享程度与检测速度。针对经典的 RCNN 模型效率低的缺点，Ross B. Girshick 等先后提出了 Fast R – CNN 和 Faster R – CNN，Fast R – CNN[42]将区域提取转移到 Feature Map 之后减少重复计算，Faster R – CNN[43]使用区域候选网络(Region Proposal Network，RPN)完成区域提取功能。Han X 等学者[44]在 Faster R – CNN 的基础上提出了 R – P – Faster R – CNN，实现了对高分辨率遥感图像的高效目标检测。单视多框检测(Single Shot MultiBox Detector，SSD)[45]和只看一次(You Only Look Once，YOLO)[46]等算法的提出将深度学习目标检测算法分为两阶段和单阶段模型。区别于 R – CNN 系列的两阶段检测算法，SSD 和 YOLO 中去掉了候选框提取分支，将特征提取、候选框回归和分类在同一个无分支的卷积网络中完成，直接回归边界框的位置和所属类别。这类方法使得网络结构变得简洁，检测速度较 Faster R – CNN 有巨大提升。

1.4.2　星载 SAR 图像目标检测

随着星载 SAR 成像技术的快速发展，大量高分辨率、宽幅 SAR 图像涌现出来，利用人工目视解译方式对感兴趣的目标进行检测和识别的工作量越来越大,亟须发展 SAR 自动目标识别(Automatic Target Recognition, ATR)技术。SAR ATR 旨在应用计算机技术代替人工作业从海量的 SAR 图像背景中检测识别出那些人们关注的目标,如海上舰船目标。美国麻省理工学院(Massachusetts Institute of Technology, MIT)林肯实验室率先对 SAR ATR 技术开展研究,并于提出了 SAR ATR 三级处理流程[47],包括检测、鉴别、分类,如图 1 - 7 所示。

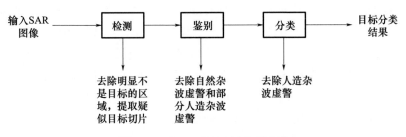

图 1 - 7 SAR ATR 三级处理流程

SAR ATR 的实现过程是:首先,在检测阶段,也称为预筛选阶段,对输入的 SAR 图像进行检测,去除明显不是目标的区域,并提取出疑似目标切片;然后,在鉴别阶段对检测阶段提取出的疑似目标切片进行分类鉴别,以剔除虚警,即自然杂波虚警和人造杂波虚警,得到感兴趣区域(Region of Interest, RoI)切片;最后,在分类阶段对 RoI 切片进行分类,判断其类别。上述流程采用了分层注意机制,在图像处理过程中,所用图像处理算法的计算复杂程度不断增大,对应的所需处理的数据量却不断减小。该流程能够有效提高系统的运行效率,已发展成为 SAR ATR 的通用流程。

基于 SAR ATR 三级处理流程,国内外研究机构提出了许多较为完善的星载 SAR 图像目标检测处理流程[48],主要包括三个步骤:SAR 图像预处理、目标预筛选和目标鉴别。其中,预处理指的是实施 SAR 图像目标检测的准备工作,旨在提取含有舰船目标的海洋区域,避免陆地目标对检测产生的影响,并尽可能抑制成像过程产生的相干斑,增大舰船目标与海洋杂波的对比度,因此主要工作有相干斑抑制和海陆分割。目标预筛选是根据舰船目标与海洋背景对雷达反射信号的差异,筛选出疑似舰船目标,该目标中可能含有虚警。目标鉴别是舰船目标检测的最后一步,其目的是对预筛选获得的疑似舰船目标切片进行鉴别特征提取,并根据所提特征对待鉴别切片进行最终的判断,剔除杂波虚警。目标预筛选和目标鉴别存在逻辑上的递进关系,在检测过程中首先进行目标预筛选,然后依据预筛选的结果进行目标鉴别。

近年来,人工智能和深度学习技术的研究得到广泛关注,以深度学习为基础开展 SAR 图像目标检测成为研究人员竞相研究的热点。基于深度学习的目标检测方法实现了端到端的检测,相比于传统的 SAR ATR 方法,基于深度学习的 SAR 图像目标检测将目标预筛选、鉴别和分类融合在一个流程中。下面从 SAR 图像预处理、SAR 图像目标预筛选和目标鉴别、基于深度学习的 SAR 图像目标检测三个方面阐述 SAR 图像目标检测的研究现状。

1.4.2.1　SAR 图像预处理研究现状

SAR 图像预处理是实现目标检测的基础工作,其处理结果的优劣直接影响接下来的目标预筛选和目标鉴别。图像预处理通常包含图像校正、相干斑抑制、海陆分割等。图像校正主要包括辐射校正和几何校正,通常由系统自动化完成。相干斑抑制能够消除相干斑噪声,增大舰船目标和海洋杂波的对比度,从而有利于目标检测。海陆分割旨在掩盖 SAR 图像中的陆地部分,保证后续预筛选舰船目标时不受到陆地区域的影响。因此,从相干斑抑制和海陆分割两方面对 SAR 图像预处理方法的相关研究进行综述。

1. 相干斑抑制方法研究现状

SAR 采用的相干成像机理使得所获得的 SAR 图像中含有大量的相干斑噪声,这些相干斑噪声严重干扰了 SAR 图像解译[49]。经过研究人员的不懈努力,大量优秀的科研成果涌现出来。根据相干斑去噪时机,SAR 图像降斑方法可以分为成像前和成像后处理两种方法,在成像前利用多视处理进行降斑的方法操作简单,去除相干斑噪声的效果非常明显,但会降低图像分辨率,破坏图像的边缘和纹理等细节。因此,研究人员主要研究在成像后对 SAR 图像进行降斑的方法,依据降斑原理的不同,成像后处理的方法可分为四种。

1）SAR 图像空域降斑方法

在空域中对 SAR 图像进行相干斑抑制主要利用了发展较为成熟的估计理论。对于空域滤波方法的出现,最早可追溯到 20 世纪 90 年代。通过对相干斑噪声与图像背景的统计分布模型进行分析,专家们相继提出了许多较为经典的空域滤波算法,如 Lee 滤波、Kuan 滤波和 Forst 滤波。以上述经典滤波算法为基础,为实现高分辨率 SAR 图像相干斑去噪,Gamma MAP 滤波和改进 Lee 滤波相继被提出。以上空域滤波方法是基于局部统计特性来进行相干斑噪声抑制的,该类方法在去除相干斑噪声的同时,也容易导致图像边缘和微小目标变得模糊。

为了克服上述缺陷,Buades 等学者[50]提出了针对加性白噪声的非局部均值（Non-Local Means, NLM）算法,并取得了不错的成果。与以往算法利用单个像素点之间的相似性计算滤波权重的处理方式不同,该算法利用图像的结构冗余,在整个图像内寻找与目标图像块相似的图像块,并依据图像块之间的相似性计算滤波权重,再加权平均求得目标图像块中心像素的滤波值。由于非局部均值算法能够更好地保持图像的边缘、纹理等特征,越来越多的研究人员开始研究基于非局部均值的相干斑抑制方法,并取得了一定的成果。

2）SAR 图像频域降斑方法

频域降斑利用了多方向、多尺度分析方法,最初有利用傅里叶变换进行相干斑抑制的算法。之后研究人员提出利用小波变换进行 SAR 图像降斑[51]。该类降斑方法通过对 SAR 图像进行小波变换,在小波域对小尺度图像完成降斑后,再重构 SAR 图像。随着新的多尺度分析工具的不断提出,多种去噪算法发展起来。

3）SAR 图像各向异性扩散降斑方法

Yu 率先把各向异性扩散应用到 SAR 图像去噪领域,提出了一种扩散降斑算法 SRAD[52]。SRAD 是一种迭代的 Lee 滤波,由瞬时变差系数对迭代的次数进行控制。在这之后,研究人员又相继提出了 DPAD 降斑算法和 OSRAD 降斑算法。近年来,Shahram 等学者[53]联合平稳小波变换、双边滤波和贝叶斯估计,对各向异性扩散进行改进,实验结果表明该算法在保持图像边缘和结构的同时能够取得较好的去噪效果。

4）基于深度学习的降斑方法

Chierchia 等学者[54]首先将 SAR 图像乘性噪声转化为加性噪声,然后应用残差学习策略提出了 SAR – CNN 用来进行 SAR 图像降斑。通过改进 SAR – CNN,Wang 等学者[55]提出了一种 ID – CNN 降斑算法,与 SAR – CNN 相比,取得了更优的降斑结果。Gu 等学者[56]提出一种新的两步深度学习网络模型,通过构造纹理估计网络和噪声去除网络,对 SAR 图像进行降斑。该降斑模型在人眼主观评价和定量分析方面均取得了较好的成绩。

总体而言,SAR 图像相干斑抑制主要采用在成像后进行降斑的方法。空域降斑方法应用成熟的信号估计理论,可以根据不同 SAR 图像的统计特性建立对应的滤波模型,去噪效果较好,研究前景十分广阔,但是仍存在图像纹理细节保持效果不好的问题;频域降斑方法不需要 SAR 图像有良好的平稳性,适合对非平稳 SAR 图像进行降斑,但存在算法计算复杂度大的问题;各向异性扩散降斑方法能够借助偏微分方程完善的数值求解理论来进行计算处理,但滤波效果易受迭代次数的影响;基于深度学习的降斑方法依赖海量 SAR 图像训练网络模型参数,训练好的网络模型对同类 SAR 图像去噪效果较好,难以对不同类型的 SAR 图像进行去噪。

2. 海陆分割方法研究现状

陆地表面复杂,对雷达发射的电磁波散射强度较大,会影响舰船目标预筛选的准确率。因此,对包含陆地区域的 SAR 图像实施海陆分割是十分必要的。同时,依据海陆分割结果能够提取出海岸线信息,该信息可应用于地图绘制、沿海环境保护等诸多方面。根据是否利用先验信息,海陆分割方式主要有两种[57]:利用已有的海岸线空间数据库实施分割和基于海岸线检测的分割。前者利用已有的海岸线空间数据库实施分割,处理速度较快,多应用于早期的海陆分割中。然而,由于人类活动和潮汐作用等的影响,海岸线不断发生变化,海岸线空间数据库中的信息难以及时更新,导致真实的海岸线与海岸线空间数据库中的信息存在差异,无法准确地进行分割。该类方法不适合对高分辨率 SAR 图像实施海陆分割。自 1980 年以来,研究机构和学者相继提出了多种海陆分割方法,其中具有代表性的是阈值分割法和基于区域合并的分割法。

1) 阈值分割法

阈值分割法实现较为简单,计算效率高,广泛应用于 SAR 图像海陆分割。Otsu 法[58]是经典的阈值分割算法,由日本人大津在 1979 年提出。该算法首先统计图像的一维灰度直方图;然后计算目标和背景之间的最小类内方差或最大类间方差,并将其作为分割的阈值。Otsu 法仅考虑图像灰度,对质量较优的 SAR 图像去噪效果良好,但对含有大量噪声的 SAR 图像降斑效果不好。针对一维 Otsu 算法存在的问题,研究人员相继设计了二维 Otsu 法[59]及其改进算法。陈祥等学者[60]提出了一种基于两步阈值的海陆分割算法,首先利用基于图像方差信息的改进 Otsu 法求得 SAR 图像的粗阈值;然后通过分析 SAR 图像海面杂波的统计特性分布,推导得到精确分割阈值,实现海陆分割,实验表明算法具有较好的分割精度和较快的处理速度。上述算法简单直观,操作性好,但存在易受噪声影响、提取的海岸线不连续的问题。

2) 基于区域合并的分割法

宽幅 SAR 图像具有较宽的覆盖范围,更为复杂的图像内容,给海陆分割带来了更加严峻挑战。为解决上述问题,研究人员将低水平与高水平的图像分割算法相结合来实施海陆分割,提出了许多基于区域合并的分割法。李智等学者[61]先利用精致 Lee 滤波对 SAR 图像进行相干斑抑制,之后利用简单线性迭代聚类(Simple Linear Iterative Clustering,SLIC)算法对图像实施预分割,再计算超像素的显著值并进行聚类,该算法具有很高的处理精度和速度。在利用改进 SLIC 算法对图像进行超像素分割的基础上,朱鸣等学者[62]应用分层区域合并的策略将超像素合并,区分海洋区域和陆地区域;庞英等学者[63]提取超像素的融合灰度和纹理特征,利用 SVM 分类器判断超像素的类别,以完成超像素合并,实验表明该算法能够取得较为准确的分割结果。上述海陆分割算法的思想是先对图像进行预分割,得到待合并的区域,然后采取一定手段将区域合并,生成海洋区域和陆地区域,有些分割算法还在算法初始增加利用滤波算法去除相干斑噪声的步骤。然而上述算法生成图像待合并区域的精度有待提高,区域合并的策略稍加复杂,导致算法的准确率和效率仍有待进一步提高。

综上所述,海陆分割方面,以 Otsu 法及其改进算法为代表的阈值分割法因其良好的直观性,应用十分广泛,但存在易受相干斑噪声影响的问题。基于区域合并的分割法可以获得比较准确的分割结果,但算法复杂度大。宽幅 SAR 图像内容复杂,存在海洋与陆地对比度较小的区域,并且较大的幅宽对算法的运行效率提出了更高的要求。因此,针对宽幅 SAR 图像的海陆分割,亟须设计分割更为准确、运行效率更高的海陆分割算法。

1.4.2.2　SAR 图像目标预筛选和鉴别

1. SAR 图像目标预筛选

舰船目标预筛选是海上舰船目标检测的核心内容,也是最关键的内容。在进行单极化 SAR 图像中的舰船目标预筛选时,主要依靠舰船目标与海洋杂波所表征的灰度特性差异进行检测。按照不同的筛选原理,现有的舰船目标预筛选可分成四类:恒虚警率(Constant False Alarm Rate, CFAR)预筛选、似然比预筛选、基于分割的预筛选和基于深度学习的预筛选。下面分别对上述四种预筛选的研究现状进行总结。

1)CFAR 预筛选

CFAR 预筛选能够较好地控制筛选的准确率和虚警率,一经提出就得到了研究者的高度关注,是目前应用广泛的预筛选方法[64]。CFAR 预筛选通过估计背景杂波分布来自适应地确定筛选的阈值,因此杂波分布模型的确定是 CFAR 预筛选的重点。Novak 等假设海洋背景杂波服从高斯分布,提出了一种双参数 CFAR(Two – Parameter CFAR, 2P – CFAR)算法[65],通过估计背景杂波的均值和方差,推导得到最终的筛选阈值。随后,研究人员认为海洋杂波服从对数正态分布、韦布尔分布、K 分布和 G^0 分布等,发展了相应的预筛选算法。Oliver 等学者[66]假设杂波服从 Gamma 分布,通过计算杂波平均功率得到筛选阈值,提出了单元平均 CFAR(Cell – Averaging CFAR, CA – CFAR)预筛选方法。然而,当海洋杂波呈现非均匀特性或相干斑噪声较大时,2P – CFAR 算法和 CA – CFAR 算法的检测效果会受到极大干扰,导致漏检掉某些舰船目标。针对上述问题,研究者提出了许多改进算法,如 SO – CFAR(Smaller Of CFAR)、GO – CFAR(Great Of CFAR)、OS – CFAR(Order Statistic CFAR)[67]。

然而上述预筛选都只利用了 SAR 图像像素强度的差异实施检测,Brusch[68]指出 SAR 图像中存在更多有用的信息能被用来筛选舰船目标。随着 TerraSAR – X 和 Sentinel – 1 等先进 SAR 传感器的不断发射,所获取的 SAR 图像分辨率也在逐渐增大,图像像素之间的空间特征也愈加清晰。将 SAR 图像的空间特征应用于海上舰船目标预筛选,研究人员设计了多种预筛选方法。Leng 等学者[69]将像素空间特征用于筛选过程中,先利用核密度估计提取图像的空间信息,然后联合像素的灰度特征和空间特征提出一种双边 CFAR 预筛选。Wang 等学者[70]提出一种亮度 – 空间(Intensity – Space, IS)域的 CFAR 预筛选方法,首先将图像映射到 IS 域;然后利用 2P – CFAR 在 IS 域中检测出舰船目标。该方法允分利用了高分辨率 SAR 图像的空间特征,在杂波与舰船目标对比度较低时取得了较好的检测结果。

2）似然比预筛选

从理论上分析,似然比预筛选(Likelyhood Ratio Test,LRT)同时利用舰船目标与海洋杂波的灰度统计特性进行目标预筛选,是一种较优的预筛选方法。相比而言,CFAR 预筛选只利用海洋背景杂波的分布模型确定筛选的阈值,并不是一种最优的预筛选。

在满足二元假设检验的情境下,若海洋杂波与舰船目标同时符合如下约束时,则认为待检测像素 x 为舰船目标,即

$$\frac{p(x|T)}{p(x|B)} > \lambda \tag{1-1}$$

式中:$p(x|T)$ 为舰船目标条件下 x 的概率;$p(x|B)$ 为海洋杂波条件下 x 的概率;λ 为在一定虚警率条件下计算得出的阈值。

在实际检测海上的舰船目标时,由于不同的海上舰船在大小、类型、形状等方面存在着较大的差异,构建准确的 SAR 图像舰船目标模型用以描述其统计分布的特点是十分困难的。这导致似然比预筛选的应用范围较为有限。Sciotti 等学者[71]提出了一个简单的舰船后向散射模型,Dragosevic 等学者[72]进一步利用该模型设计了广义似然比检测器用于进行舰船目标预筛选。该模型中舰船目标像素是相互独立并且服从高斯分布的,然而并没有可靠的理论或者实验表明舰船目标和海洋杂波都服从高斯分布。Iervolino 等学者[73]将标准舰船体简化为平行六面体,构建了标准舰船体的后向散射截面模型,并验证了 Gamma 分布能准确表征共极化通道的舰船统计分布,韦布尔分布能准确表征交叉极化通道的舰船统计特性,然后以此为前提设计了舰船目标预筛选方法,实验取得了比相同分布下的 CFAR 预筛选更好的筛选效果。

3）基于分割的预筛选

基于分割的预筛选将图像分割的思想用于实现目标预筛选,是舰船目标预筛选当中另一类重要的预筛选方法。Li 等学者[74]利用加权信息熵来反映超像素的特点,对 SAR 图像进行全局检测来选择疑似目标超像素,然后利用局部 CFAR 预筛选从中选出真实的目标超像素。随后 Li 等学者[75]理论证明了超像素之间的差异性,提出了适用于检测岸岛背景下的舰船目标的预筛选方法。Pappas 等学者[76]采用截断韦布尔分布实施图像分割,提出了一种 CFAR 舰船目标预筛选,取得了较好的筛选效果。

综上所述,传统目标预筛选通过寻找能够表征舰船目标与海洋杂波在雷达散射回波强度的差异性度量,并依据差异性度量检测舰船目标。利用该方法能够实现可靠稳定的检测,但提取能够有效表征目标与杂波的物理特征的差异性度量仍存在许多较难突破的瓶颈问题。

2. SAR 图像目标鉴别

目标鉴别是舰船目标检测的最后一步,旨在对预筛选得到的疑似目标进行鉴别,剔除虚假目标。目标鉴别从根本上来说是一个二分类问题,即判断疑似目标是真实的舰船目标,还是虚假目标。目标鉴别的能力对目标检测系统的检测能力有着直接影响,其研究最早开始于20世纪80年代,由美国麻省理工学院的林肯实验室提出概念并进行研究。经过近40年的发展,SAR图像目标鉴别研究取得较大的进展,涌现出了众多优秀的研究成果。依据鉴别的机理,已有研究可大致分成三类:①基于特征提取的目标鉴别;②基于知识的目标鉴别;③基于目标和杂波的散射特性差异的目标鉴别。其中,基于特征提取的目标鉴别具有算法直观、操作性好等优点,是研究最深入、应用范围最广的一类目标鉴别方法。本文重点研究基于特征提取的目标鉴别方法。该类方法的思想是提取能够反映目标与背景杂波差异性的鉴别特征,然后设计鉴别器对图像特征进行学习,判断图像类别,剔除虚警。

特征提取是通过研究目标与虚警的不同特点,提取能够有效描述其差异性的特征。研究人员提出许多鉴别特征,经典的鉴别特征见表1-2。

表1-2　经典目标鉴别特征

研究机构	特征类型	计算特征所需数据源
林肯实验室[77]	标准偏差、分形维数、加权填充比等纹理特征	潜在目标原始图像切片
密歇根环境研究所[78]	目标面积、目标直径、归一化转动惯量;均值CFAR、峰值CFAR、百分比高度CFAR等极化特征	潜在目标原始图像切片、二值化数据
加利福尼亚大学[79]	水平投影、垂直投影、最大对角线投影、最小对角线投影;最小距离、最大距离、平均距离等矩特征	潜在目标原始图像切片、二值化数据
国防科技大学[80]	均值信噪比、峰值信噪比和强点百分比等对比特征	潜在目标原始图像切片、二值化数据

根据所提特征的类型,又可分为几何特征、对比度特征和纹理特征。几何特征主要包括舰船面积、长宽比、矩形度等;对比度特征包括均值信噪比、峰值信噪比等;纹理特征包括标准偏差、分形维数、加权填充比等。几何特征和对比度特征较为直观形象,但容易受目标分割预处理效果的影响,纹理特征相对比较稳定,但鉴别虚警率较高。针对上述鉴别特征存在的问题,Gao等学者[81]综合考虑被选择特征个数、总错误率和漏警率三个因素,重新设计了适应度函数,对特征进行了更加全面的评价,实现了更准确的鉴别。张小强等学者[82]利用变化检测技术构建似然比变化检测量,然后进行阈值分割,提取一种目标像素聚集度特征判断目标是否为真实目标,该特征计算简单、稳定性好、鉴别能力强。然而,上述鉴别特征仅粗略地

对目标进行描述,故只能在均匀海洋杂波背景下区分舰船目标和自然杂波。随着SAR 图像分辨率的不断提高,图像的局部细节和纹理愈发清晰,提取能够表征图像纹理细节的鉴别特征,成为复杂海洋杂波背景下的舰船目标鉴别所要研究的重点内容。词袋(Bag of Words,BoW)模型[83]视图像为若干特征的集合,能将图像的局部特征编码为全局特征,所提特征对图像局部纹理具有较好的表达效果,近年来被用于实现 SAR 图像目标鉴别。SIFT 可以很好地体现出图像局部区域的梯度方向和幅值,并且对其进行旋转、尺度和光照操作,特征值不发生变化[84],故 BoW 模型通常在提取局部特征时使用该特征。为应对 SAR 图像中的大量相干斑噪声,提取鲁棒性好的目标鉴别特征,研究人员提出了一种 SAR – SIFT 特征[85],并将其用于基于 BoW 模型的目标鉴别中。Wang 等学者[86]提出了一种基于多卷积神经网络的目标鉴别框架,通过联合使用图像强度和边缘信息生成两种不同的特征,之后再对两种特征进行特征融合,生成最后的目标鉴别特征。

早期设计的鉴别特征之间大多是相互独立的,有对应的物理含义,但是特征之间是非正交的,使用多种特征进行目标鉴别时,会产生特征冗余。针对这一现象,研究者提出进行特征选择,从众多特征中选取出鉴别能力较强的特征。当前已有的特征选择算法主要包括搜索法、特征排序法、特征选择与分类器学习相结合的算法。以遗传算法为基础的特征选择算法是搜索法的代表。然而,在复杂场景下所提鉴别特征维数较多,特征之间并不是相互独立的,此时应用特征选择所生成的特征组合的可分性并不比原来的特征好,无法提升目标鉴别的性能。因此特征选择对于基于特征提取的鉴别算法设计来说,不是一个必不可少的环节,可依据实际情况判断是否进行特征选择。

鉴别器设计是目标鉴别阶段的最后环节,通常和特征选择联系紧密,通过学习训练样本的特征获得鉴别阈值。经典的鉴别器有二次距离鉴别器和二次多项式鉴别器。SVM 分类器具有较好的分类性能,近年来也被应用于 SAR 图像目标鉴别领域,用来对提取的特征进行鉴别,剔除虚警[87]。

总的来说,当前实施舰船目标鉴别的关键在于提取可分性好的鉴别特征,传统鉴别特征仅能对目标和杂波进行较为粗糙的描述,基于 BoW 模型的鉴别方法所提特征能较好地反映图像的形状和梯度信息,但对高分辨率 SAR 图像的纹理信息和空间特征缺乏有效描述,所提鉴别特征的可分性有待增强,在复杂海况条件下的鉴别性能仍需进一步提高。

1.4.2.3　基于深度学习的 SAR 图像目标检测

基于深度学习的 SAR 图像舰船目标检测研究起步较晚,其中一个重要原因是专用数据集的匮乏。从 2017 年开始,一系列 SAR 图像舰船目标检测数据集制作完成并发布,基于深度学习的方法研究开始涌现并成为解决 SAR 图像舰船目标检测问题的主要方法。当前,领域内的研究成果大多在经典深度学习模型基础上针对这一特定任务进行改进,根据现有研究的改进方向可以归纳为以下几个方面。

1. 骨干网络

Chang 等学者[88]对 YOLOv2 的骨干网络进行了改进,去除了一些重复的卷积层,剪层后的 YOLOv2 – reduce 相比原始 YOLOv2 的参数量下降了 10.9%,在 SAR 图像舰船目标检测数据集上的性能下降不明显。Zhang 等学者[89]使用了 MobileNet 作为骨干网络。MobileNet 是专门设计用于移动设备的轻量级骨干网络,使用了大量的深度可分离卷积。由于使用了轻量化的骨干网络,模型的推断速度大大加快。Chen 等学者[90]使用 Inception – ResNet 模块作为骨干网络的基本组件,并探索了感受野在 SAR 图像舰船目标检测中的影响。更大的感受野可以捕获更多的上下文信息,有利于在复杂背景下舰船目标的检出,但过大的感受野容易导致小尺寸目标漏检。Wei 等学者[91]使用 HRNet 作为 Cascade R – CNN 的骨干网络,提高模型对高分辨率 SAR 图像中舰船目标的检测能力。

2. 特征融合

Jiao 等学者[92]在特征金字塔网络(Feature Pyramid Network,FPN)中加入了类似 DenseNet 的遍历过程,提出了密集端到端网络,这个遍历过程将每个尺度的特征图都从上到下地与其他尺度的特征图连接起来以强化特征融合。对特征图密集连接可以更强地融合多尺度特征,但是会导致模型的计算量增加,运行速度下降。Gui 等学者[93]设计了一个简单的上下文特征模块。具体地,模型采用了基于区域候选的整体框架,但是在第一阶段的 RoI 生成之后,添加了一个上下文特征分支,通过设定放大系数,扩大 RoI 的区域,以获取更多的上下文特征。这样的设计对参数量和计算开销的增加不明显,但是额外引入了一个超参数(放大系数)。最优的放大系数可以经过充分的实验确定,但是对于 SAR 图像舰船目标检测这一对尺度敏感的场景,人工设置的放大系数可以在特定数据集上收效,但在实际应用中反而可能造成泛化性能的下降。Fu 等学者[94]在无锚框模型框架上,使用了类似于平衡特征金字塔的特征融合模块,在语义上平衡不同层次的多个特征,增强在复杂场景中小型舰船的检测性能。

3. 注意力机制

Zhao 等学者[95]考虑到通用目标检测模型主要提取 SAR 图像的空间域特征,而忽视了 SAR 图像特有的频域特征,提出了基于脉冲余弦变换的频域注意力模块。Zhang 等学者[96]在 SSD 的每一层特征图与检测头之间分别加入了注意力模块,Cui 等学者[97]使用了密集注意金字塔网络(Dense Attention Pyramid Network,DAPN)。虽然 Cui 等学者使用的注意力模块与 Wang 等学者类似,但是 Cui 等学者将注意力模块从上到下地集成到不同尺度的特征图之间,直接在各个尺度的特征图上增强显著性信息,由于注意力模块是直接集成到骨干网络中的,更有利于进行端到端的训练。针对在骨干网络中堆叠注意力模块有可能导致网络层数过多带来网络性能退化,Chen 等学者[90]采用了类似 DAPN 的网络结构,加入了残差注意力模块(Residual Attention Module,RAM)以解决上述问题。

4. 前处理与后处理

Kang 等学者[98]把由 Faster R – CNN 生成的 RoI 用于 CFAR 检测器的滑动窗口输入,以此提高小尺寸目标的召回率,并且降低虚警。Ai 等学者[99]使用基于自适应阈值的 CFAR 检测器作为目标预筛选,去除 CNN 之前的高强度异常值。Ding[100]将深度学习应用于 SAR 视频中的目标检测,对 Faster R – CNN 在每个视频帧中检出的目标使用改进的基于密度的聚类算法进行滤波,以减少虚警。Zhao[95]在后处理中使用了数字高程模型数据对陆地上的舰船虚警进行剔除。上述将以 CFAR 为代表的传统算法与深度学习模型相结合的方法都存在难以进行端到端优化的问题。Mao[101]使用了软非极大值抑制(soft Non – Maximum Suppression,soft – NMS)在后处理中抑制低质量预测框的数量。

5. 训练策略

数据增强是深度学习中常用的训练策略。常用的数据增强方法包括将图像水平、上下翻转以增加样本数量,加入噪声以防止模型过拟合,增强泛化能力等。Wang[102]使用了旋转边框来代替传统的水平边框,如图 1 – 8 所示。

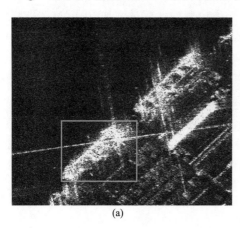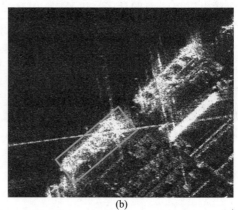

(a)   (b)

图 1 – 8 传统边框与旋转边框的对比

(a)传统边框;(b)旋转边框。

旋转边框相比于水平边框可以减少边框所纳入的背景像素的数量,属于减少样本标注噪声,提高样本标注质量的数据增强方法。减少样本标注的噪声,在通常情况下都可以提高模型的精度,但是提高样本标注的质量往往需要更多的人力物力。Qian 等学者[103]使用 Mask R – CNN 直接对数据集进行弱监督训练,尽管缺乏语义标注,但得益于 CNN 强大的表达能力,模型最终还是输出了较为粗糙的多边形包围框。相比于旋转边框,多边形包围框进一步减少了纳入的背景像素,尽管该研究并未对模型做出改进,但是其对 SAR 图像样本所进行的弱监督训练的尝试。

迁移学习在模型训练中被广泛使用。加载在 ImageNet 等大型自然场景图像上预训练好的分类网络作为骨干网络,再在 SAR 图像舰船目标检测数据集上微调是当前普遍采用的范式。其目的是使网络获得先验知识,让模型更快地收敛。何恺明等学者[104]研究表明,对于医学图像、遥感图像来说,由于与自然场景图像在成像机理和表现上的显著差异,预训练并不是必要的。

1.5   遥感图像目标检测面临的挑战

从光学和 SAR 图像目标检测的研究现状可以看出,当前遥感图像目标检测已取得了很大进步,同时,我们也注意到面临的挑战。

1. 光学遥感图像目标检测面临的挑战

随着遥感图像数据资源特别是标注数据集不断丰富,基于 CNN 的方法开始应用到遥感图像处理领域,国内外多个研究机构在公开基准数据集的研究取得了显著成果。但光学遥感图像数据具有其特殊性,CNN 模型从实验阶段到实际应用还面临诸多问题和挑战。

光学遥感图像与计算机视觉研究中广泛使用的自然物体图像相比,其数据固有特点和新的分析应用需求给研究带来了新的问题和挑战,如图 1-9 所示。

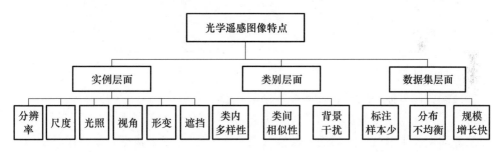

图 1-9   光学遥感卫星的特点

在实例层面,同类目标视觉特征具有多样性,包括尺度、遮挡、背景杂波、光照、阴影等;常规物体图像多为地面水平视角,遥感图像的高空俯视角使得目标的方向多样化;和常规物体图像相比,遥感图像中的目标相对较小,而遥感图像覆盖范围很大,因此,遥感图像目标检测具有小目标检测的特点。

在类别层面,识别的目标类别多样,包括形状特征和边界相对固定的目标(如飞机,舰船、车辆等),形状特征和边界不固定的目标(如建筑、道路、水体等环境信息);分辨率的提高显著增加了遥感图像的类内多样性和类间相似性;图像可能包含各种复杂背景,给信息提取造成了极大干扰。

在数据集层面,标注样本数据集规模较小,与 ImageNet、COCO 等样本规模在百万级以上的数据集相比,遥感图像领域的数据集规模较小;且不同类别样本数据集分布不均衡;同时遥感图像数量和质量(空间分辨率、光谱分辨率)处于快速增长中。

通过分析光学遥感图像的特点,本节总结了光学遥感图像目标检测面临的挑战,主要包括:目标视觉特征多样(如视点变化、遮挡、背景杂波、光照、阴影等),遥感图像质量和规模的快速增长,大量新领域的应用需求。

1)目标特性的多样性

遥感图像中感兴趣目标存在多个方面的属性,如空间分布、波谱反射特征、时相变化。按照目标在遥感图像中的特点,传统检测方法将目标分为区域目标、线状目标、点目标、结构目标等四类[105],并根据各类目标特点分别设计特征提取和目标检测算法,见表1-3。

表1-3 传统光学遥感图像目标检测方法及其适用场景

目标类别	检测方法	适用场景
区域目标	基于像元分类的方法	自然环境及人工地物检测
线状目标	辐射、纹理、尺寸、梯度等特征,采用活动模板、平行线检测、区域边界检测方法	道路、河流、海岸线检测
点状目标	根据形状、光谱、轨迹、纹理等特征分窗口在特定区域进行检测	飞机、车辆、舰船目标检测
结构目标	代表性的局部简单目标和上层专家知识结合	机场检测

2)训练数据类别非均衡问题

遥感图像目标的偏斜分布导致数据集存在显著的类别非均衡问题,影响了目标检测的性能。训练数据分布情况对 CNN 模型性能产生很大影响。一是模型难以从非均衡类别中获得足够的有效信息用于训练;二是度量指标容易产生偏差,以二元分类为例,设两个类 A 和 B 中 A 类占数据集的90%,B 类占10%,简单地每次预测 A 类来就可以达到90%的预测精度。这些问题导致 CNN 模型难以实现高效分类,平衡的训练集是更优的,数据的不平衡会导致模型性能降低。

3)图像的尺寸问题

现有的目标检测方法所研究的对象多为小尺寸自然物体图像,如 ImageNet 数据集中图像尺寸 256 像素 ×256 像素,Pascal VOC 中约为 500 像素 ×375 像素;而遥感图像的目标检测需处理大幅宽图像,如"高分"二号拼接后的图像尺寸可达到20000 像素 ×20000 像素,"吉林"一号卫星视频每帧尺寸在 3840 像素 ×2160 像素,见表1-4。卫星图像这一特点需要算法能够满足在大空间范围内快速提取目标信息的需求,对算法的预测效率提出了更高的要求。

表1-4 各类数据尺寸比较

数据	尺寸/像素×像素
ImageNet 图像分类数据集	256×256
Pascal VOC 目标检测数据集	约500×375
"高分"二号拼接图像数据	20000×20000
"吉林"一号视频星	3840×2160

4）目标的尺度问题

CNN 具有较好的平移不变性,但卷积核的局部感受野特性决定了模型受尺度影响,基于 CNN 的模型难以考虑到尺度的不变性。即使在数据相对充足的情况下,CNN 仍然难以用于所有尺度的物体,检测不同尺度目标的原理是利用模型的容量强行记忆不同尺度目标的表达,对模型的能力也是一种浪费。计算机视觉的研究在分析图像时,通常认为无法预知其中目标物体的尺度,而遥感图像目标尺度和卫星载荷成像分辨率紧密相关,载荷空间分辨率一定程度上决定了目标在图像中的尺度范围,如图1-10所示(图像为1:1显示)。这一特性减少了目标外观可能的变化,因此研究分析各类别目标尺度分布,以及适应于特定尺度范围目标的深度学习方法,有助于模型最大程度用于学习语义信息。

(a)   (b)

图1-10 不同尺度下飞机目标(见彩图)
(a)机场全景;(b)飞机目标。

5）小目标和密集排列目标问题

目标的大小极大地影响了检测算法的性能。ImageNet 数据集尺度中位数占原图像尺度的55.6%,而 COCO 数据集尺度中位数仅为10.6%,这意味着 COCO 数据集中大部分目标占原图像不到1%的面积。大量的小目标也是 ImageNet 中分类精度已经达到98%以上的 CNN 模型在 COCO 数据集中检测精度仅达到约50%的原因之一。小目标检测是 CNN 模型应用中面临的关键难点之一。由于小目标在图像中信息较少,CNN 多轮下采样后容易造成信息丢失。例如,YOLO 模型的输出特征图下采样 32 倍,也就意味着小于 32 像素的目标在特征图中尺寸不到 1 像素。目前,易获取的高分辨率卫星遥感图像分辨率最高约为 0.3m,其中车辆目标仅占约 10 个像素,小目标问题尤为突出。

而目标密集相邻时容易出现干扰,如 32 倍下采样后中心距离小于 32 像素的相邻目标,可能落到同一个网格中而难以区分。相邻目标的标注信息容易存在因重叠度较高而导致难以区分的问题。特别是对于近岸港口停靠的舰船目标,密集分布现象较为常见,给检测算法的应用带来挑战。

6)先验信息的有效利用

直接将基于 CNN 的模型用于遥感图像的目标检测时通常对网络的输入/输出建模,网络学习到的是一种隐式的输入输出结构,没有利用显式的先验信息。对于遥感图像来说,同一型号卫星传感器到物体的距离相对恒定(如常见的 400km、290km 轨道等),目标在图像中的大小和其物理尺寸相关。因此确定空间分辨率范围的图像可认为目标的尺度分布固定。同时,遥感图像的俯视角使得目标在图像中朝向较自然物体图像更加多样化,(如在自然图像的行人检测数据集中目标主要为竖直方向)对检测算法的旋转不变性要求较高。

7)样本规模

目前,应用较广的大规模图像数据集主要是自然物体图像。例如,图像分类领域的 ImageNet,目标检测和语义分割领域的 PASCAL VOC 和 COCO 等。这些数据集规模较大,与规模可达百万量级的自然物体图像数据集相比,遥感图像数据集规模目前相对较小,可能使得模型无法真正了解整个数据的真实分布,深度学习模型的训练容易出现过拟合的问题。

2. 星载 SAR 图像目标检测面临的挑战

SAR 成像系统与地物目标之间特殊的作用机理使得 SAR 图像具有不同于光学遥感图像的特性。在色调上,SAR 呈现为灰度图像,图像上色调变化主要取决于地物目标的后向散射特性;在几何上,根据雷达波束入射角和地面坡角的不同情况,SAR 图像会出现透视收缩、叠掩、阴影等现象;在噪声上,SAR 传感器接收到的信号是许多散射点回波的相关叠加。因此,SAR 图像上会出现噪声斑点。通过分析 SAR 图像的特点,本节总结了 SAR 图像目标检测面临的一些挑战。

(1)SAR 图像预处理的效果有待进一步加强。SAR 图像预处理的目标是去除图像中含有的相干斑噪声和陆地区域,为后续实施舰船目标预筛选和鉴别提供质量较优的 SAR 图像。已有的相干斑抑制方法没有充分考虑图像不同区域统计特性的差异性,使得去噪后的 SAR 图像的纹理细节保持效果不好。已有海陆分割方法在处理宽幅较大的星载 SAR 图像时,分割的准确率和效率有待进一步提升。

(2)对于检测模型性能的把握,现有研究大多只计算了部分交并比阈值下的平均准确率,也往往没有对模型在大、中、小尺寸目标上的检测性能进行充分描述,评价指标不够完善,难以对模型性能形成全盘把握,并进行针对性的改进。此外,现有 SAR 数据集缺乏全面、准确的模型性能基准,广大研究者无法获得充分的参考,不利于领域内研究的快速推进,不利于大量研究成果在统一的实验设置下进行公平的横向比较,也不利于在开展研究伊始验证研究思路的正确性并形成可靠的理论和技术路线。

(3)对于检测模型的设计,在模型框架方面,现有研究大多采用基于锚框的模型框架,锚框机制所存在的对超参数敏感、增加计算开销和加剧正负样本失衡等弊端已经在 1.4 节详细阐述,应当重点研究无锚框的端到端模型框架;在算法具体实现方面,现有研究大多使用适用于通用目标检测的经典骨干网络,部分研究还加入了密集连接、级联检测等进一步增加模型复杂度的机制,模型的大小甚至超过了700MB。从原理出发,与通用目标检测相比,SAR 图像为单通道灰度图,所包含的信息只有自然场景 RGB 图像的 1/3,且只需检测一类目标;从应用出发,模型在精度上的小幅差异(如 ±0.02AP)并不会对最终的检测效果造成决定性影响,而模型复杂度则会直接制约模型从实验室走向应用部署。因此,在保证模型具备可靠精度的前提下,做"减法"比"加法"更具挑战,应当将模型的大幅轻量化作为算法实现中的总体原则。

(4)对于检测模型的轻量化压缩方法,模型的人工设计和优化固然是一个重要的研究方向。但是,模型的人工设计和优化一方面需要大量的先验知识,却往往产生次优的性能;另一方面模型的人工设计和调优也需要大量的实验时间成本开销,不利于深度学习的理论和技术在 SAR 图像舰船目标检测上的快速转化、落地应用。因此,除了对 SAR 图像舰船目标检测进行针对性的模型改进优化、重新设计,还应当在轻量化实现的总体原则下,采用有限空间内的神经网络结构搜索思路,研究可解释性强、普适性强的模型压缩方法,在节省系统产出的成本开销的同时,加快深度学习的理论和技术成果在 SAR 图像舰船目标检测中的转化应用。

第 2 章　基于深度学习的遥感图像目标检测基础理论和方法

　　从 20 世纪 80 年代开始,遥感图像目标检测相关研究开始发展,出现了大量的方法,这些方法统称为传统的人工设计特征加浅层分类器的方案。以 2012 年 AlexNet 在 ImageNet 图像识别竞赛中获得了冠军并开启深度学习研究热潮为起点,遥感图像目标检测开始了基于深度学习的发展阶段。

　　深度学习的实质是通过构建具有很多隐层的神经网络模型和海量的训练数据,来学习更有用的特征,从而最终提升分类识别的准确性。因此,"深度模型"是手段,"特征学习"是目的。与传统的浅层学习不同,深度学习的特点在于:一是强调了模型结构的深度,通常有 5 层、6 层,甚至 10 多层的隐层节点;二是明确突出了特征学习的重要性,也就是说,通过逐层特征变换,将样本在原空间的特征表示变换到一个新特征空间,从而使分类识别更加容易。与人工构造特征的方法相比,利用大数据来自动学习特征,更能够刻画数据的丰富内在信息。

　　遥感图像具有尺寸大、内容多、分割难度大等特点,很难找到有效的预设特征。深度学习能够极大的提高开发效率,使得其在遥感图像解译众多技术中脱颖而出。因此,将其引入遥感图像解译中,能够全方面提升遥感图像的智能化处理、分析能力,可提供更多更深层的信息洞察能力,同时还兼具快速迭代能力和丰富的场景适用性。

　　本章介绍深度学习的发展与应用、卷积神经网络理论、基于卷积神经网络的目标检测典型模型、遥感图像目标检测常用数据集和评价指标。

2.1　深度学习的发展与应用

　　深度学习本质上是多层神经网络的复兴,是在大数据、强大的计算能力和优良的算法设计等条件下发展起来的,其发展历程经历了以下几个阶段[106-107]。

1. 人工神经网络的兴起

　　1943 年,神经生理学家沃伦·麦克洛奇(Warren McCulloch)和逻辑学家沃尔特·匹茨(Walter Pitts)在研究中发现脑细胞的活动类似于开关闭合的过程,这些细胞可以按照某种方式进行组合,进行若干逻辑运算。他们提出一种简单的计算模型来模拟神经元。虽然脑细胞的活动规律并不是如此简单,但该研究是人工神经网络的初次尝试,具有重要意义。

2. 感知机模型的提出

1956 年,心理学家弗兰克·罗森布拉特(Frank Rosenblatt)提出了感知机(Perceptron)的概念,感知机能够对输入的多为数据进行二分类且能够使用梯度下降方法从训练样本中自动更新权值。感知机作为一种多层神经网络,被认为是最早的神经网络模型。罗森布拉特尝试将感知机用于文字识别实践中,并取得了一定的成果。然而,由于感知机难以解决简单的异或分类问题,使得神经网络的研究陷入了停滞状态。

3. 反向传播神经网络的提出

1982 年,生物物理学家约翰·霍普菲尔德(John Hopfield)提出一种反馈型神经网络,即 Hopfield 网络。Hopfield 网络的提出偏向于神经学科,用于研究记忆的机制,且成功地解决了一些识别和约束优化问题。1986 年杰弗里·辛顿(Geoffrey Hinton)第一次打破了神经网络的非线性"诅咒",提出了适用于多层感知机的反向传播(Back Propagation,BP)算法,并使用 sigmoid 函数进行非线性映射,从而有效地解决了非线性分类和学习的问题。BP 算法在神经网络的发展中发挥了重要的作用,但是由于神经网络缺少严格的数学理论支撑,且 BP 算法存在梯度消失的问题,神经网络的发展进入了一个相对缓慢的阶段。

4. 深度神经网络提出和快速发展

1998 年,杨乐昆(Yann LeCun)提出 LeNet-5,并应用到了美国邮政手写字识别中,并达到了很高的识别率,LeNet-5 是第一个真正意义上的卷积神经网络,其特点是具有局部连接、权值共享和下采样,并通过后向传播算法进行优化。LeNet-5是目前深度学习中应用最广泛的神经网络结构,但是由于数据量和计算能力的限制,卷积神经网络没有得到进一步的发展。

2006 年,杰弗里·辛顿在《科学》上发表了针对深度神经网络优化训练的文章,该文章提出了深层网络训练中梯度消失问题的解决方案:无监督预训练对权值进行初始化和有监督训练微调。后续一系列用于提高网络优化训练的方法被提出,如 RuLU 函数、正则化、Dropout 等。

2012 年,杰弗里·辛顿课题组提出的 AlexNet 在 ImageNet 图像识别竞赛中获得了冠军。AlexNet 是第一个成功训练的深度 CNN,AlexNet 的特点是使用了 Dropout、ReLU、GPU 加速计算,实现了图像分类任务历史性的突破,开启了深度学习的研究热潮。随后出现的 VGG Net、GoogLeNet、ResNet 不断提高 ImageNet 数据集分类性能。

深度学习模型的精度会随着训练样本量的增加而提高,但是在实践应用中会遇到训练样本少且难以标注或样本数量过于庞大而无法进行人工标注的情况,为了解决这些问题,迁移学习、元学习、小样本学习、在线学习等方法被提出并称为新的研究热点。

近年来,深度学习进行快速发展阶段,卷积神经网络、循环神经网络、生成对抗网络等研究和改进设计层出不穷,网络性能逐步提升。深度学习已应用到多个领域如用于图像分类、检测、分割的卷积神经网络,用于图像生成、增强、风格迁移的生成对抗网络,用于自然语言处理、手写字体识别的循环神经网络,其研究和应用价值得到了多个应用领域的充分认可。目前,已经有若干成熟的深度学习开发框架,例如,Caffe、Theano、TensorFlow、PyTorch、MXNet、Keras 等。

2.2　卷积神经网络

视觉神经学家对视觉机理的研究表明,视觉皮层具有层次结构:从视网膜传来的信号首先到达初级视觉皮层,即 V1 皮层;V1 皮层简单神经元对一些细节、特定方向的图像信号敏感,V1 皮层处理之后,将信号传导到 V2 皮层;V2 皮层将边缘和轮廓信息表示成简单形状,然后由 V4 皮层中的神经元进行处理,它对颜色信息敏感;复杂物体最终在下颞皮层被表示出来。这一机理使得人在认知图像时是分层抽象的,首先理解颜色和亮度,然后是边缘、角点、直线等局部细节特征,接下来是纹理、几何形状等更复杂的信息和结构,最后形成整个物体的概念。CNN 的设计理念来源于视觉神经科学思想,通过卷积操作自动学习图像在各个层次上的特征表示,在计算机视觉的多个领域取得了当前最优的性能,使其成为应用最广泛的一种神经网络结构。

2.2.1　经典神经网络结构

经典神经网络是卷积神经网络的基础[108],经典神经网络通常由若干个由神经元组成,图 2 - 1 所示为一个神经元示例。

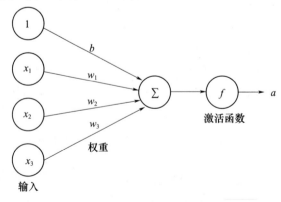

图 2 - 1　人工神经元结构示例

图 2 – 1 中，$x = [x_1, x_2, \cdots, x_D]$ 表示神经元的输入向量，那么神经元的净输入为

$$z = \sum_{d=1}^{D} w_d x_d + b = \boldsymbol{w}^{\mathrm{T}} \boldsymbol{x} + b \qquad (2-1)$$

式中：$\boldsymbol{w} = [w_1, w_2, \cdots, w_D]$ 为权重向量；b 为偏置。

净输入在经过非线性的激活函数（Activation Function）$f(\cdot)$ 之后，就得到了神经元的输出 a，于是有

$$a = f(z) \qquad (2-2)$$

神经网络由神经元基于不同的拓扑结构构成，图 2 – 2 所示为一个网络示例（忽略偏置）。

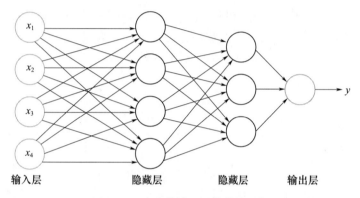

输入层　　　　　　隐藏层　　　　隐藏层　　　输出层

图 2 – 2　全连接神经网络结构示例

位于输入层与输出层之间的神经元层被称为隐藏层（Hidden Layer）。在图 2 – 2 中，前后层的所有神经元互相连接，因此称为全连接神经网络，网络层间信息传播通过下式进行：

$$\boldsymbol{z}^{(l)} = \boldsymbol{W}^{(l)} \boldsymbol{a}^{(l-1)} + \boldsymbol{b}^{(l)} \qquad (2-3)$$

$$\boldsymbol{a}^{(l)} = f_l(\boldsymbol{z}^{(l)}) \qquad (2-4)$$

式中：$\boldsymbol{W}^{(l)}$ 为第 $l-1$ 层到第 l 层的权重矩阵；$\boldsymbol{z}^{(l)}$ 为第 l 层神经元的净输入；$\boldsymbol{a}^{(l)}$ 为第 l 层的输出；$\boldsymbol{b}^{(l)}$ 为第 $l-1$ 层到第 l 层的偏置；$f_l(\cdot)$ 为第 l 层的激活函数。

将式（2 – 3）和式（2 – 4）合并，有

$$\boldsymbol{z}^{(l)} = \boldsymbol{W}^{(l)} f_{(l-1)}(\boldsymbol{z}^{(l-1)}) + \boldsymbol{b}^{(l)} \qquad (2-5)$$

也可写成

$$\boldsymbol{a}^{(l)} = f_l(\boldsymbol{W}^{(l)} \boldsymbol{a}^{(l-1)} + \boldsymbol{b}^{(l)}) \qquad (2-6)$$

于是，前馈计算的过程用下式描述：

$$\boldsymbol{x} = \boldsymbol{a}^{(0)} \rightarrow \boldsymbol{z}^{(1)} \rightarrow \boldsymbol{a}^{(1)} \rightarrow \boldsymbol{z}^{(2)} \rightarrow \cdots \rightarrow \boldsymbol{z}^{(L)} \rightarrow \boldsymbol{a}^{(L)} = \phi(\boldsymbol{x}; \boldsymbol{W}, \boldsymbol{b}) \qquad (2-7)$$

式中：$\boldsymbol{W}, \boldsymbol{b}$ 为所有层的权重和偏置，共同构成了全体可学习参数；$\phi(\boldsymbol{x}; \boldsymbol{W}, \boldsymbol{b})$ 为表示整个网络的复合函数。

对于在一次推断中只有前馈计算的网络,称之为前馈神经网络。CNN 也是前馈神经网络。

2.2.2　卷积神经网络基本组成

标准的分类 CNN 由卷积层(Convolutional Layer)、池化层(Pooling Layer)和全连接层(Fully Connected Layer)组成。一个典型的 CNN 结构如图 2-3 所示。整体上,CNN 可以分为两个部分:特征提取神经网络和分类神经网络。其中特征提取神经网络的基本构成模块称为卷积流,一般包括卷积(简写为 CONV)、非线性激活函数(如 ReLU)、池化和批量归一化(Batch Normalization,BN)四种操作,一个 CNN 包含若干个卷积流,且不同构型 CNN 的卷积流组成会有所区别;分类神经网络即为普通的多分类神经网络,通常包含若干个全连接层(Full Connection,FC)和激活函数。卷积核在图像上滑动产生的输出作为下一层的输入。在卷积层之间采用池化层对特征进行下采样。最后一层展开后形成特征向量连接到一个全连接层进行分类,产生预测的图像输出标签。

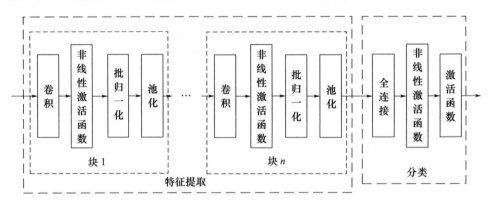

图 2-3　分类 CNN 基本结构

1. 卷积层

CNN 可以看成是视觉皮层结构的简单模仿。它由多个卷积层构成,每个卷积层包含多个卷积核,用这些卷积核从左向右、从上往下依次扫描整个图像,得到称为特征图的输出数据。网络前面的卷积层感受野较小,用于捕捉图像局部、细节信息,输出图像的每个像素只利用输入图像很小的一个范围。后面的卷积层感受野逐层加大,用于捕获图像更复杂和抽象的信息。经过多个卷积层的运算,最后得到图像在各个不同尺度的抽象表示。如图 2-4 所示,输入尺寸为 $W \times H \times D$,输出为 $W' \times H' \times D'$,卷积核尺寸记为 F,填充记为 P,步幅记为 S,卷积核个数记为 K,则 $W' = (W - F + 2P)/S + 1, H' = (H - F + 2P)/S + 1, D' = K$。卷积公式可表示为式(2-8),其中 c 表示卷积核。

$$x_j^l = f\left(\sum_{i \in M_j} x_i^{l-1} * c_{ij}^l + b_j^l\right) \qquad (2-8)$$

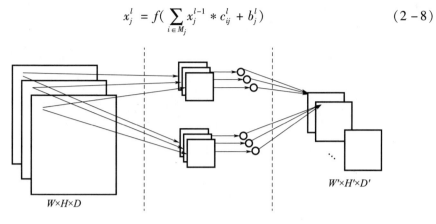

$$W \times H \times D$$

$$W' \times H' \times D'$$

图 2 - 4　卷积层

2. 池化层

池化的本质是采样,对于输入的特征图,选择某种方式进行压缩,池化的意义在于减少参数和提高位移不变性。如图 2 - 5 所示,输入尺寸为 $W \times H \times D$,输出为 $W' \times H' \times D'$,填充记为 P,步幅记为 S,则 $W' = (W - F)/S + 1, H' = (H - F)/S + 1, D' = D$。池化方式主要有最大池化(Max Pooling)、平均池化(Avg Pooling)等。对于 $S = 2$ 的最大池化,池化层的输出可用式(2 - 9)表示,即

$$y_{i,j,d} = \max_{i'=1,2;j'=1,2} x_{i+i-1,j+j-1,d} \qquad (2-9)$$

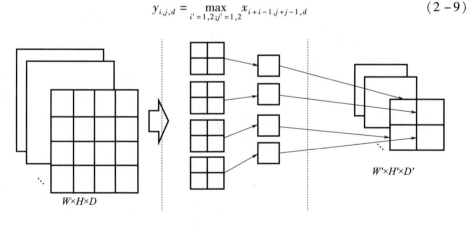

$$W \times H \times D$$

$$W' \times H' \times D'$$

图 2 - 5　池化层

3. 全连接层

典型的分类 CNN 还包含全连接层,通过把每一个节点都与上一层的所有节点相连,用来把前边提取到的特征综合起来,如图 2 - 6 所示。把前面经过卷积层、激活函数、池化层后的特征图中的元素展开串联在一起组成特征向量,作为判决的投票值,最终得出判决结果。其全相连的特性导致全连接层参数量较大。

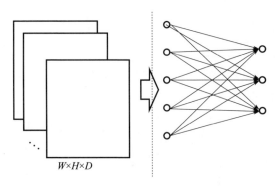

$W×H×D$

图2-6　全连接层

4. 非线性激活函数

在神经网络中,神经元节点的激活函数定义了对神经元输出的映射,神经元的输出(如全连接网络中输入向量与权重向量内积后与偏置项的和)经过激活函数处理后再作为输出。激活函数一般是非线性函数映射 $h:R→R$ 且几乎处处可导,主要作用是提供网络的非线性建模能力。假设一个神经网络中仅包含线性卷积和全连接运算,即便增加网络的深度,该网络也仅能够表达线性映射,难以有效建模实际环境中非线性分布的数据。非线性激活函数使深度神经网络具备了分层的非线性映射学习能力,是深度神经网络中不可或缺的部分。常用的激活函数有 Sigmoid、双曲正切函数 Tanh、线性修正单元 ReLU、弱线性修正单元等,表达式见表2-1。图2-7所示为经典非线性激活函数和其求导形式。

表2-1　经典激活函数表达式

激活函数	表达式	导数
Sigmoid	$\sigma(z) = \dfrac{1}{1+\exp(-z)}$	$\sigma'(z) = \sigma(z)(1-\sigma(z))$
Tanh	$\sigma(z) = \tanh(z) = \dfrac{e^z - e^{-z}}{e^z + e^{-z}}$	$\sigma'(z) = 1 - (g(z))^2$
ReLU	$\sigma(z) = \begin{cases} z, & z \geqslant 0 \\ 0, & z < 0 \end{cases}$	$\sigma'(z) = \begin{cases} 1, & z \geqslant 0 \\ 0, & z < 0 \end{cases}$
Leakly ReLU	$\sigma(z) = \begin{cases} z, & z \geqslant 0 \\ 0.01z, & z < 0 \end{cases}$	$\sigma'(z) = \begin{cases} 1, & z \geqslant 0 \\ 0.01, & z < 0 \end{cases}$

CNN 的特殊结构使得它具备一些其他网络没有的特点,包括以下几点。

(1)卷积核,卷积是 CNN 的核心操作,通过卷积核可以引入稀疏连接和权值共享策略,这使得参数数量极大地减少,同时带来较好的泛化性能,卷积学习到的特征具有拓扑对应性、鲁棒性等特性。

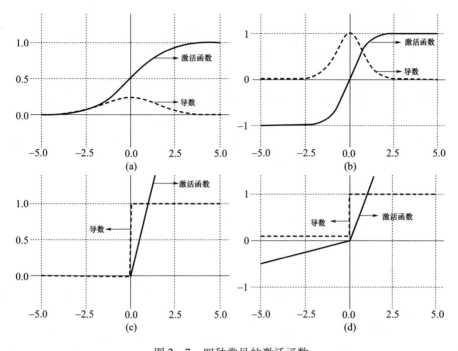

图 2 - 7　四种常见的激活函数

(a) Sigmoid；(b) Tanh；(c) ReLU；(d) Leaky ReLU

（2）局部感知，CNN 稀疏连接的特征使得相邻层之间神经元仅部分连接，通过控制卷积核大小可以调整连接数量。一方面大大减少了模型参数和计算量；另一方面也使得 CNN 具备了局部感知能力，能够感知图像中的局部特征，如拐角、边缘等。CNN 深层网络的神经元可以通过稀疏连接与大部分输入连接，这使得网络可以高效的表示多个变量间的复杂关联关系。

（3）权值共享，权值共享能够大幅度的减少 CNN 模型的学习参数，降低模型的复杂度，提高模型的训练效率。图像中的某些区域具有相似的统计特性，在这些区域学习到的特征也是相似的，因此通过权值共享，CNN 可以实现将图像直接作为输入。权值共享使得每个卷积核对应一种特征，而不用考虑该特征在可视域中的位置；另一方面，通过控制模型的规模可以获得更好的泛化能力。

2.2.3　卷积神经网络的训练和优化

神经网络进行参数学习的核心思想是"误差修正"，即使用一定的优化方法不断地更新参数，使得网络输出与样本真实标注之间的误差逐步减少，这个误差用损失函数描述。随着参数更新，当验证集上的损失函数值不再下降时，参数学习完毕，模型完成训练。

1. 训练基本过程

CNN 的模型可以用一个非线性函数 $F(I)$ 表示,输入为 I,得到期望输出 t(分类标注、目标边界框或图像掩码),即式($2-10$)。通常难以得到精确的 $F(I)$ 模型,因此采用 CNN 模型通过学习算法得到近似模型 $\hat{F}(I,\Omega)$,Ω 表示模型的参数。典型的基于 CNN 的模型的工作机制可简化表示为图 $2-8$,预测阶段输入数据经模型得到预测值 V,后处理后得到输出结果;训练阶段根据真实样本 G 和 V 计算式($2-11$)中 J 所示的损失函数,采用预设的优化器和 BP 算法迭代更新模型的参数。Ω^* 表示优化后的 CNN 模型权重参数,式($2-12$)表示 BP 过程,i 表示 BP 方法的迭代次数。最终使所得的近似模型接近 $F(I)$,即式($2-13$)。

$$t = F(I) , v = \hat{F}(I,\Omega) \qquad (2-10)$$

$$\text{Loss} = J(v,t) \qquad (2-11)$$

$$\Omega^{i+1} = \Omega^i - a\frac{\partial J}{\partial \Omega} \quad (a>0) \qquad (2-12)$$

$$\hat{F}(I,\Omega^*) \xrightarrow{\text{approach}} F(I) \qquad (2-13)$$

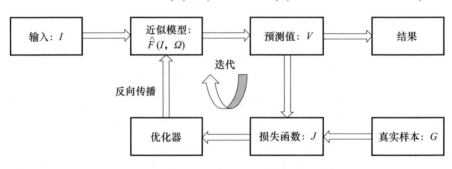

图 2 - 8　典型 CNN 模型

2. 反向传播

用于训练神经网络的算法比较少,其中最有效的有监督方法是 BP 算法。首先在网络上前向传播,存储每个神经元的激活值,比较网络输出和真实值,使用预先定义的误差函数计算误差。然后反向传播误差到每个神经元,更新神经元的权值。在这个过程中寻找每个神经元对整个网络误差的反应,修正该神经元来减小误差。

CNN 的反向传播与一般 BP 神经网络相似,不同之处在于由卷积和池化层的存在以及权值共享策略,CNN 的反向传播误差计算有些不同。假设卷积层和池化层是成对出现的,则 CNN 的反向传播过程主要需要考虑由池化层求前一层的梯度、由卷积层求前一层的梯度和已知卷积层梯度求该层权值梯度。

1)已知池化层梯度 δ^l 求取前一层梯度 δ^{l-1}

由于池化层的函数是不可导的,因此无法直接推导梯度公式。实际需要解决的就是由缩小后的误差还原前一次较大区域的误差。首先将 δ^l 的所有子矩阵都还

原为池化前的大小,然后根据池化函数的不同,会有不同的还原方式。对于最大池
化,将 δ^l 子矩阵的值放在池化前的位置,其余置 0;对于平均池化,将 δ^l 子矩阵的值
取平均后填入。这一过程称为上采样,具体还原过程如图 2-9 所示。

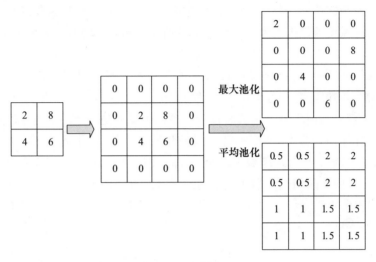

图 2-9　上采样过程

于是上一层的梯度可以计算如下:

$$\delta^{l-1} = \frac{\partial J(W,b)}{\partial a_k^{l-1}}\frac{\partial a_k^{l-1}}{\partial z_k^{l-1}} = \mathrm{upsample}(\delta^l) \odot \sigma'(z_k^{l-1}) \tag{2-14}$$

式中:$J(W,b)$ 为损失函数;a_k^{l-1} 为第 $l-1$ 层的第 k 个神经元的输出;z_k^{l-1} 为第 $l-1$
层的第 k 个神经元的输入。

2)已知卷积层梯度 δ^l 求取前一层梯度 δ^{l-1}

根据卷积公式,可以得到 z^l 和 z^{l-1} 关系如下:

$$z^l = a^{l-1} * W^l + b^l = \sigma(z^{l-1}) * W^l + b^l \tag{2-15}$$

因此,由反向传播递推关系可以得到

$$\delta^{l-1} = \delta^l \frac{\partial z^l}{\partial z^{l-1}} = \delta^l * \mathrm{rot}180(W^l) \odot \sigma'(z^{l-1}) \tag{2-16}$$

式中:rot180(·)表示对矩阵翻转 180°。

由式(2-9)可以推出下式:

$$\frac{\partial J(W,b)}{\partial W^l} = \frac{\partial J(W,b)}{\partial z^l}\frac{\partial z^l}{\partial W^l} = a^{l-1} * \delta^l \tag{2-17}$$

对于第 l 层的某个卷积核的权值矩阵导数可以表示为

$$\frac{\partial J(W,b)}{\partial W_{pq}^l} = \sum_i \sum_j \left(\delta_{ij}^l a_{i+p-1,j+q-1}^{l-1} \right) \tag{2-18}$$

式中:p 和 q 分别为卷积核的行和列。

3. 损失函数

损失函数是用来估量模型的预测值 $f(x)$ 与样本真实值 Y 的不一致程度,以衡量模型在训练集上的表现效果。损失函数通常为非负实值函数,使用 $L(Y,f(x))$ 来表示,损失函数越小,模型的鲁棒性就越好。损失函数是经验风险函数的核心部分,也是结构风险函数重要组成部分。常见的损失函数有均方误差损失、交叉熵损失等。

均方误差(Mean – Square Error, MSE)损失函数度量的是预测值和实际观测值间差的平方的均值。它只考虑误差的平均大小,不考虑其方向。由于经过平方,与真实值偏离较多的预测值会比偏离较少的预测值受到更为严重的惩罚,使得 MSE 较为关注错误的输出,用于分类问题会使模型较难收敛,因此通常在分类问题中较少用到 MSE。MSE 中用 L_2 范数表示距离,即式(2 – 19),式(2 – 20)为表达式和求导形式。此外用于回归误差的还有平均绝对值误差(Mean Absolute Error, MAE)损失,计算过程采用 L_1 距离。smooth L_1 损失结合了 L_1 和 L_2 的方法,用于解决损失计算时离群点损失过大的问题。

$$L_{\mathrm{MSE}} = \frac{1}{N} \sum_{n=1}^{N} \| f(x_n;\theta) - y_n \|_2^2 \tag{2-19}$$

$$L_2 = |f(x) - Y|^2, L_2' = 2[f(x) - Y]f'(x) \tag{2-20}$$

交叉熵(Cross Entropy, CE)损失函数认为模型输出和样本是关于输入 x 两个分布,以两个分布的 KL 散度(Kullback – Leibler Divergence)表示损失值,是分类问题中最常见的损失函数,即式(2 – 21),其中 y_i 为类别 i 的真实标记,p_i 为类别 i 的预测概率,k 为类别数,N 为样本总数。该函数在误差较大时权重更新快,误差小时权重更新慢,交叉熵损失会加大惩罚那些置信度高但是分类错误的预测值,即

$$L_{\mathrm{CE}} = - \frac{1}{N} \sum_{1}^{N} \sum_{i=1}^{k} y_i \lg(p_i) \tag{2-21}$$

4. 优化方法

1)随机梯度下降

模型的训练过程也就是降低损失的优化过程,神经网络训练最常见的优化方法是随机梯度下降(Stochastic Gradient Descent, SGD),其基本过程是随机选取一个样本点做梯度下降,波动的特点可能会使得优化的方向从当前的局部极小值点跳到另一个更好的局部极小值点,对于非凸函数,这样便可能最终收敛于一个较好的局部极值点,甚至全局极值点。核心步骤用下式表示,即

$$\boldsymbol{W}^{(l)} \leftarrow \boldsymbol{W}^{(l)} - \alpha(\boldsymbol{\delta}^{(l)}(\boldsymbol{a}^{(l-1)})^{\mathrm{T}} + \lambda \boldsymbol{W}^{(l)}) \tag{2-22}$$

$$\boldsymbol{b}^{(l)} \leftarrow \boldsymbol{b}^{(l)} - \alpha \boldsymbol{\delta}^{(l)} \tag{2-23}$$

式中:$\boldsymbol{a}^{(l)}$ 为第 l 层的输出值;α 为学习率;λ 为正则化系数;$\boldsymbol{\delta}^{(l)}$ 为第 l 层的误差项。

具体地,以前馈神经网络为例,对于训练集 $\mathcal{D} = (\boldsymbol{x}^{(n)}, \boldsymbol{y}^{(n)})_{n=1}^{N}$,网络输出 $\hat{\boldsymbol{y}}^{(n)}$,

损失函数 $L(\boldsymbol{y}^{(n)}, \hat{\boldsymbol{y}}^{(n)})$（假设样本标签和网络输出均使用 one – hot 向量表示），结构化风险函数用下式表示，即

$$R(\boldsymbol{W}, \boldsymbol{b}) = \frac{1}{N}\sum_{n=1}^{N} L(\boldsymbol{y}^{(n)}, \hat{\boldsymbol{y}}^{(n)}) + \frac{1}{2}\lambda \parallel \boldsymbol{W}^{(l)} \parallel_F^2 \qquad (2-24)$$

式中：λ 为正则化系数，正则化项使用 Frobenius 范数为例。

使用梯度下降法优化时，网络中的参数 $\boldsymbol{W}^{(l)}$ 和 $\boldsymbol{b}^{(l)}$ 在每一次迭代中进行如下更新（不失一般性，此处忽略正则化项）：

$$\boldsymbol{W}^{(l)} \leftarrow \boldsymbol{W}^{(l)} - \alpha \frac{\partial L(\boldsymbol{y}^{(n)}, \hat{\boldsymbol{y}}^{(n)})}{\partial \boldsymbol{W}^{(l)}} \qquad (2-25)$$

$$\boldsymbol{b}^{(l)} \leftarrow \boldsymbol{b}^{(l)} - \alpha \frac{\partial L(\boldsymbol{y}^{(n)}, \hat{\boldsymbol{y}}^{(n)})}{\partial \boldsymbol{b}^{(l)}} \qquad (2-26)$$

式中：α 为学习率。

先对第 l 层中权重矩阵的每个元素 $w_{ij}^{(l)}$ 和偏置 $\boldsymbol{b}^{(l)}$ 求偏导，根据链式法则，有

$$\frac{\partial L(\boldsymbol{y}^{(n)}, \hat{\boldsymbol{y}}^{(n)})}{\partial w_{ij}^{(l)}} = \frac{\partial \boldsymbol{z}^{(l)}}{\partial w_{ij}^{(l)}} \frac{\partial L(\boldsymbol{y}^{(n)}, \hat{\boldsymbol{y}}^{(n)})}{\partial \boldsymbol{z}^{(l)}} \qquad (2-27)$$

$$\frac{\partial L(\boldsymbol{y}, \hat{\boldsymbol{y}})}{\partial \boldsymbol{b}^{(l)}} = \frac{\partial \boldsymbol{z}^{(l)}}{\partial \boldsymbol{b}^{(l)}} \frac{\partial L(\boldsymbol{y}, \hat{\boldsymbol{y}})}{\partial \boldsymbol{z}^{(l)}} \qquad (2-28)$$

$\dfrac{\partial L(\boldsymbol{y}, \hat{\boldsymbol{y}})}{\partial \boldsymbol{z}^{(l)}}$ 表示第 l 层神经元对最终损失的影响，也称为 l 层的误差项，用 $\delta^{(l)}$ 表示，即

$$\delta^{(l)} \overset{\text{def}}{=\!=} \frac{\partial L(\boldsymbol{y}, \hat{\boldsymbol{y}})}{\partial \boldsymbol{z}^{(l)}} \qquad (2-29)$$

接着，对式（2 – 27）、式（2 – 28）中的 $\dfrac{\partial \boldsymbol{z}^{(l)}}{\partial w_{ij}^{(l)}}$、$\dfrac{\partial \boldsymbol{z}^{(l)}}{\partial \boldsymbol{b}^{(l)}}$ 和 $\delta^{(l)}$ 求解。

对于 $\dfrac{\partial \boldsymbol{z}^{(l)}}{\partial w_{ij}^{(l)}}$，有

$$\begin{aligned}
\frac{\partial \boldsymbol{z}^{(l)}}{\partial w_{ij}^{(l)}} &= \left[\frac{\partial \boldsymbol{z}_1^{(l)}}{\partial w_{ij}^{(l)}}, \cdots, \frac{\partial \boldsymbol{z}_i^{(l)}}{\partial w_{ij}^{(l)}}, \cdots, \frac{\partial \boldsymbol{z}_{M_l}^{(l)}}{\partial w_{ij}^{(l)}} \right] \\
&= \left[0, \cdots, \frac{\partial (\boldsymbol{w}_{i:}^{(l)} \boldsymbol{a}^{(l-1)} + b_i^{(l)})}{\partial w_{ij}^{(l)}}, \cdots, 0 \right] \\
&= \left[0, \cdots, a_j^{(l-1)}, \cdots, 0 \right] \\
&\overset{\text{def}}{=\!=} \varLambda_i(a_j^{(l-1)}) \qquad (2-30)
\end{aligned}$$

式中：$\boldsymbol{w}_{i:}^{(l)}$ 为权重矩阵 $\boldsymbol{W}^{(l)}$ 的第 i 行；$\varLambda_i(a_j^{(l-1)}) \in \mathbb{R}^{1 \times M^l}$ 表示第 i 个元素为 $a_j^{(l-1)}$，其余为 0 的行向量。

对于 $\dfrac{\partial \boldsymbol{z}^{(l)}}{\partial \boldsymbol{b}^{(l)}}$，有

$$\frac{\partial z^{(l)}}{\partial b^{(l)}} = E_{M_l} \qquad (2-31)$$

式中：$E_{M_l} \in \mathbb{R}^{M^l \times M^l}$ 为单位矩阵。

对于 $\delta^{(l)}$，根据 $z^{(l+1)} = W^{(l+1)} a^{(l)} + b^{(l+1)}$，有

$$\frac{\partial z^{(l+1)}}{\partial a^{(l)}} = (W^{(l+1)})^{\mathrm{T}} \qquad (2-32)$$

根据式(2-4)，有

$$\frac{\partial a^{(l)}}{\partial z^{(l)}} = \frac{\partial f_l(z^{(l)})}{\partial z^{(l)}} = \mathrm{diag}(f_l{}'(z^{(l)})) \qquad (2-33)$$

根据链式法则，有

$$\begin{aligned}
\delta^{(l)} &= \frac{\partial L(y,\hat{y})}{\partial z^{(l)}} \\
&= \frac{\partial a^{(l)}}{\partial z^{(l)}} \frac{\partial z^{(l+1)}}{\partial a^{(l)}} \frac{\partial L(y,\hat{y})}{\partial z^{(l+1)}} \\
&= \mathrm{diag}(f_l{}'(z^{(l)}))(W^{(l+1)})^{\mathrm{T}} \delta^{(l+1)} \\
&= f_l{}'(z^{(l)}) \odot ((W^{(l+1)})^{\mathrm{T}} \delta^{(l+1)})
\end{aligned} \qquad (2-34)$$

式中：$\odot$ 为点积运算。

式(2-34)等价为

$$\begin{aligned}
\frac{\partial L(y,\hat{y})}{\partial w_{ij}^{(l)}} &= \Lambda_i(a_j^{(l-1)}) \delta^{(l)} \\
&= [0,\cdots,a_j^{(l-1)},\cdots,0][\delta_1^{(l)},\cdots,\delta_i^{(l)},\cdots,\delta_{M_l}^{(l)}] \\
&= \delta_i^{(l)} a_j^{(l-1)}
\end{aligned} \qquad (2-35)$$

从而有

$$\left[\frac{\partial L(y,\hat{y})}{\partial W^{(l)}}\right]_{ij} = [\delta^{(l)}(a^{(l-1)})^{\mathrm{T}}]_{ij} \qquad (2-36)$$

于是

$$\frac{\partial L(y,\hat{y})}{\partial W^{(l)}} = \delta^{(l)}(a^{(l-1)})^{\mathrm{T}} \in \mathbb{R}^{M^l \times M^{l-1}} \qquad (2-37)$$

同理，有

$$\frac{\partial L(y,\hat{y})}{\partial b^{(l)}} = \delta^{(l)} \in \mathbb{R}^{M^l} \qquad (2-38)$$

对于 $\mathcal{D}$ 中的样本，不断重复前馈计算—反向传播—梯度下降的过程，直到损失函数值不再下降，即可完成对网络的训练。SGD 优化算法的过程见表 2-2[109]。

表 2 - 2　SGD 优化算法

输入:
$\mathcal{D} = \{ (\boldsymbol{x}^{(n)}, \boldsymbol{y}^{(n)}) \}_{n=1}^{N}$:训练集;
$\mathcal{V} = \{ (\boldsymbol{x}^{(m)}, \boldsymbol{y}^{(m)}) \}_{m=1}^{M}$:测试集;
α:学习率
L:网络层数;
输出:
$\boldsymbol{W}$:权重
$\boldsymbol{b}$:偏置;
计算流程:
begin
随机初始化 $\boldsymbol{W}, \boldsymbol{b}$
　repeat
　　对 $\mathcal{D}$ 中的样本随机排序
　　　for $(\boldsymbol{x}^{(n)}, \boldsymbol{y}^{(n)})$ **in** $\mathcal{D}$ **do**
　　　　前馈计算每一层的净输入 $\boldsymbol{z}^{(l)}$ 和净输出 $\boldsymbol{a}^{(l)}$,直到最后一层
　　　　反向传播每一层的误差项 $\delta^{(l)}$
　　　　for l **in** $[1, L]$ **do**
　　　　//计算每一层参数的偏导数
　　　　$\dfrac{\partial \mathcal{L}(\boldsymbol{y}^{(n)}, \hat{\boldsymbol{y}}^{(n)})}{\partial \boldsymbol{W}^{(l)}} = \delta^{(l)} (\boldsymbol{a}^{(l-1)})^{\mathrm{T}}, \dfrac{\partial \mathcal{L}(\boldsymbol{y}^{(n)}, \hat{\boldsymbol{y}}^{(n)})}{\partial \boldsymbol{b}^{(l)}} = \delta^{(l)}$
　　　　//更新参数
　　　　$\boldsymbol{W}^{(l)} \leftarrow \boldsymbol{W}^{(l)} - \alpha \delta^{(l)} (\boldsymbol{a}^{(l-1)})^{\mathrm{T}}, \boldsymbol{b}^{(l)} \leftarrow \boldsymbol{b}^{(l)} - \alpha \delta^{(l)}$
　　　　end
　　　end
　end
　until $\mathcal{V}$ 上的损失函数不再下降
end

2)自适应矩估计

神经网络训练另一常用的优化方法是自适应矩估计(Adaptive Moment Estimation,Adam)优化方法,该方法根据损失函数对每个参数梯度的一阶矩估计和二阶矩估计动态调整对于每个参数的学习率。该优化方法收敛速度快,且能纠正学习率消失、收敛过慢或损失函数波动较大的问题。式(2 - 39)中 $\hat{m}_t$ 和式(2 - 40)中 $\hat{v}_t$ 分别为一阶矩偏差和二阶矩偏差,η 为步长,ε 为小常数(默认为 10^{-8}),β_1^t 为一阶矩估计的指数衰减率,β_2^t 为二阶矩估计的指数衰减率,式(2 - 41)为 Adam 优化公式。

$$\hat{m}_t = \frac{m_t}{1 - \beta_1^t} \qquad (2 - 39)$$

$$\hat{v}_t = \frac{v_t}{1 - \beta_2^t} \qquad (2 - 40)$$

$$\theta_{t+1} = \theta_t - \frac{\eta}{\sqrt{\hat{v}_t} + \varepsilon} \hat{m}_t \qquad (2 - 41)$$

Adam 优化的流程见表 $2-3^{[110]}$。

表 $2-3$ Adam 优化算法

```
输入:
  α:学习率;
  β₁,β₂∈[0,1):矩估计的指数衰减率;
  f(θ):模型;
  θ₀:初始参数;
输出:
  θₜ:更新完毕的参数
计算流程:
begin
//初始化一阶矩向量 m₀、二阶矩向量 v₀、时间步长 t
m₀←0,v₀←0,t←0;
  while θₜ not converged do
  t←t+1
  //在时间步长 t 处更新梯度值
  gₜ←∇_θfₜ(θ_{t-1})
  //更新一阶矩估计
  mₜ←β₁·m_{t-1}+(1-β₁)·gₜ
  //更新二阶矩估计
  vₜ←β₂·v_{t-1}+(1-β₂)·gₜ²
  //计算偏差校正的一阶矩估计
  m̂ₜ←mₜ/(1-β₁ᵗ)
  //计算偏差矫正的二阶原始矩估计
  v̂ₜ←vₜ/(1-β₂ᵗ)
  //更新参数
  θₜ←θ_{t-1}-α·m̂ₜ/(√v̂ₜ+ε)
  end
return θₜ
end
```

$$
\begin{aligned}
&\textbf{输入:}\\
&\quad \alpha:\text{学习率};\\
&\quad \beta_1,\beta_2\in[0,1):\text{矩估计的指数衰减率};\\
&\quad f(\theta):\text{模型};\\
&\quad \theta_0:\text{初始参数};\\
&\textbf{输出:}\\
&\quad \theta_t:\text{更新完毕的参数}\\
&\textbf{计算流程:}\\
&\textbf{begin}\\
&//\text{初始化一阶矩向量 } m_0\text{、二阶矩向量 } v_0\text{、时间步长 } t\\
&m_0\leftarrow 0,v_0\leftarrow 0,t\leftarrow 0;\\
&\quad \textbf{while } \theta_t \text{ not converged } \textbf{do}\\
&\quad t\leftarrow t+1\\
&\quad //\text{在时间步长 } t \text{ 处更新梯度值}\\
&\quad g_t\leftarrow \nabla_\theta f_t(\theta_{t-1})\\
&\quad //\text{更新一阶矩估计}\\
&\quad m_t\leftarrow \beta_1\cdot m_{t-1}+(1-\beta_1)\cdot g_t\\
&\quad //\text{更新二阶矩估计}\\
&\quad v_t\leftarrow \beta_2\cdot v_{t-1}+(1-\beta_2)\cdot g_t^2\\
&\quad //\text{计算偏差校正的一阶矩估计}\\
&\quad \hat{m}_t\leftarrow m_t/(1-\beta_1^t)\\
&\quad //\text{计算偏差矫正的二阶原始矩估计}\\
&\quad \hat{v}_t\leftarrow v_t/(1-\beta_2^t)\\
&\quad //\text{更新参数}\\
&\quad \theta_t\leftarrow \theta_{t-1}-\alpha\cdot \hat{m}_t/(\sqrt{\hat{v}_t}+\varepsilon)\\
&\quad \textbf{end}\\
&\textbf{return } \theta_t\\
&\textbf{end}
\end{aligned}
$$

2.3 基于卷积神经网络的目标检测方法分析

深度学习从由函数(模型)组成的假设空间中,通过一定的学习准则和优化算法,从已知样本空间中学习良好的特征表示,进而找到逼近样本空间真实映射的函数,并根据此函数预测未知样本的输出。深度学习有两个区别于传统机器学习的特点:"深度"和"端到端"。前者指的是在深度学习中,特征映射经过非线性变换的次数远高于机器学习(Machine Learning,ML);后者指的是深度学习不依赖于传统机器学习中的人工特征工程,也不对组成模型的各个子模块分别训练,而是直接给出优化的总体目标。深度学习已广泛应用于通用目标检测(Generic Object Detection)中,在计算机视觉领域中,通用目标检测指在自然场景的光学图像中,对多类对象实例完成检测。基于深度学习的通用目标检测方法研究发展脉络如图 2-10 所示。

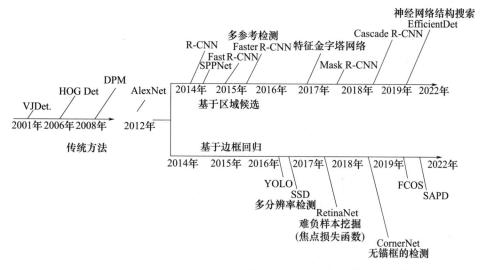

图 2 – 10　基于深度学习的通用目标检测发展脉络

进入大数据时代,随着计算硬件的发展,以及 PASCAL VOC、MS COCO、ImageNet 等大型自然场景图像数据集的建设,深度学习在自然场景图像的分类和目标检测任务上取得了不错的效果。对基于深度学习的通用目标检测方法研究,在框架方面,目前主要发展出了两个分支:基于区域候选和基于边框回归。在具体的技术方面,无锚框的检测和神经网络结构搜索成为研究热点。基于深度学习的通用目标检测方法研究里程碑如图 2 – 10 所示。基于深度学习的遥感图像目标检测吸收借鉴了基于深度学习的通用目标检测研究领域的大量成果,因此有必要先对基于深度学习的通用目标检测方法研究进行介绍。

2.3.1　基本框架

基于深度学习的目标检测方法整体上由负责特征提取的骨干网络部分(Backbone)和负责特征利用功能的头部(Head)两部分组成。骨干网络通常为一个特征提取器网络,用于得到图像不同大小、不同抽象层次的特征表示。通常骨干网络是可用于图像分类任务的模型,将分类 CNN 模型最后用于分类结果预测的全局池化或全连接层去掉作为特征提取器。头部则需要利用所提取的特征,与某种检测功能部分结合后对目标的分类和精确定位。近年来目标检测相关研究取得了很大进步,主要源于骨干网络的改进和功能模块的创新。模型结构如图 2 – 11所示。

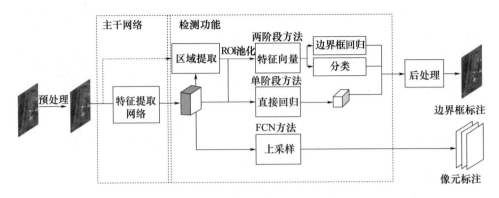

图 2 - 11   基于 CNN 的目标检测框架

目前计算机视觉领域较为经典的功能部分有直接上采样得到像元预测结果的 FCN 模型;基于区域候选的两阶段检测方法;以及基于边框回归的单阶段检测方法。

2.3.2   骨干网络

骨干网络是目标检测模型中的特征提取模块,它以图像为输入,输出特征图。尽管在计算机视觉领域,图像分类与目标检测被认为属于两类任务,但是用于目标检测的骨干网络大多采用去除了最后一层全连接(Fully Connected,FC)层的图像分类 CNN,或者进行更进一步的改进,例如,对网络中的部分层进行添加、去除或替换操作。此外,还可以针对部分目标检测任务的特殊要求,直接设计新的骨干网络。

面向精度和速度的不同要求,需要选择具有不同特点的骨干网络。对于精度优先的场景,可以选择深且密集连接的骨干网络,如 AmoebaNet、DenseNet、HRNet 等;对于速度优先的任务,可以选择轻量级骨干网络,如 MobileNet、ShuffleNet、SqueezeNet 等。

在骨干网络的研究中,Facebook AI 研究院的何恺明等学者提出的 ResNet 是一座里程碑,原论文的引用量超过了 65000。与只拥有 19 层的 VGG 相比,ResNet 在原论文中的版本可以达到 152 层,将 CNN 的深度提高了一个数量级。在深度学习理论中,随着网络层数的增加,所提取的特征将越抽象,越具有语义。但它同时会引起网络退化、梯度消失/爆炸等。以上述问题为动机,ResNet 创造性地通过残差结构(类似于电路中的短路连接)解决上述问题。图 2 - 12 所示为一个残差单元结构的示例。

具体地,假设在一个非线性单元中,使用 $f(\boldsymbol{x},\theta)$ 去逼近目标函数 $h(\boldsymbol{x})$,可以将 $h(\boldsymbol{x})$ 等价于恒等函

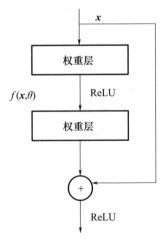

图 2 - 12   残差单元的基本结构

数 x 与残差函数 $h(x) - x$ 之和,即

$$h(x) = x + (h(x) - x) \qquad (2-42)$$

于是,原来的优化问题就转化为:让 $f(x, \theta)$ 去近似 $h(x) - x$,让 $f(x, \theta) + x$ 去逼近 $h(x)$。由于残差函数比原函数更容易学习,可以有效避免前文所述网络层数增加带来的问题。残差结构也成为许多现代 CNN 的基本组件。

另外,随着网络加深,模型的参数量及计算复杂度也大幅度提升。以 ResNet - 152 为例,其包含 60.3M(Million)可学习参数(下称参数),一次前向推断需要 11.28GFLOPs 计算量,就算是在 GPU 这类计算硬件上,直接运行该模型也很难达到实时,这严重限制了其在计算资源受限的场景中的应用。为了解决该问题,深度可分离卷积被提出,并一度成为解决模型精度与实时性要求间矛盾的主要方法之一。深度可分离卷积由逐通道和逐点卷积组成。图 2-13 所示为一个深度可分离卷积的示例。

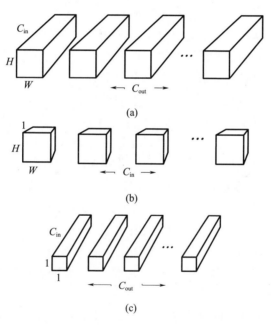

图 2-13　常规卷积与深度可分离卷积对比

(a)常规卷积;(b)逐通道卷积;(c)逐点卷积。

具体地,假设输入特征映射的高×宽×通道数为 $H \times W \times C_{in}$,输出特征映射高×宽×通道数为 $H \times W \times C_{out}$(为简化说明,以等宽卷积为例),卷积核大小为 $U \times V$。当直接使用常规卷积时,参数量和计算量分别为

$$\text{Params}_{regular} = U \times V \times C_{in} \times C_{out} \qquad (2-43)$$

$$\text{FLOPs}_{regular} = U \times V \times H \times W \times C_{in} \times C_{out} \qquad (2-44)$$

当使用深度可分离卷积时,先进行逐通道卷积,此步骤的参数量和计算量分

别为

$$\text{Params}_{\text{depth}} = U \times V \times C_{\text{in}} \qquad (2-45)$$

$$\text{FLOPs}_{\text{depth}} = U \times V \times H \times W \times C_{\text{in}} \qquad (2-46)$$

再进行逐点卷积,此步骤的参数量和计算量分别为

$$\text{Params}_{\text{point}} = 1 \times 1 \times C_{\text{in}} \times C_{\text{out}} \qquad (2-47)$$

$$\text{FLOPs}_{\text{point}} = H \times W \times 1 \times 1 \times C_{\text{in}} \times C_{\text{out}} \qquad (2-48)$$

于是,对于深度可分离卷积,总的参数量和计算量分别为

$$\text{Params}_{\text{SE}} = U \times V \times C_{\text{in}} + 1 \times 1 \times C_{\text{in}} \times C_{\text{out}} \qquad (2-49)$$

$$\text{FLOPs}_{\text{SE}} = U \times V \times H \times W \times C_{\text{in}} + H \times W \times 1 \times 1 \times C_{\text{in}} \times C_{\text{out}} \qquad (2-50)$$

由式(2-43)~式(2-50),深度可分离卷积与常规卷积的参数量和计算量之比均为

$$\frac{\text{FLOPs}_{\text{SE}}}{\text{FLOPs}_{\text{regular}}} = \frac{\text{Params}_{\text{SE}}}{\text{Params}_{\text{regular}}} = \frac{1}{C_{\text{out}}} + \frac{1}{U \times V} \qquad (2-51)$$

在 CNN 中,计算开销的主要来源是卷积核较大的卷积层。深度可分离卷积和常规卷积在对特征映射的非线性变换上是等效的,而由式(2-51)可以看出,使用深度可分离卷积可以有效降低网络的参数量与计算量。采用了类似的,将输入特征的空间相关性和通道相关性"退耦合"思想的还有 Inception 模块。

需要指出的是,相较于常规卷积,深度可分离卷积虽然降低了参数量和计算量,但同时也增大了数据读写量,计算设备需在数据读写上耗时更多,这可能导致大量使用深度可分离卷积的网络虽然有较低的参数量/计算量,却在推断时间上不占优势。深度可分离卷积网络存在低参数量/计算量、高推断时间的现象,Radosavovic[111]通过实验进行了验证和讨论。其中,使用了大量深度可分离卷积的 EfficientNet - B4,在与 RegNet - 4.0G 具有近似 FLOPs 的情况下,推断时间是后者的 3.86 倍。因此,使用了大量深度可分离卷积的骨干网络在许多计算硬件上部署时不能达到预期的高速表现,并不能"一劳永逸"地解决模型精度与实时性要求间的矛盾。

在传统方法中,CNN 通常通过放缩深度、宽度或输入分辨率这三个维度中的一个,以达到精度和参数量/计算量之间的平衡。例如,ResNet 的层数范围可以从18 扩展至 200,GPipe 也能通过类似操作在 ImageNet 上实现 0.843 的类别平均准确率(Mean Average Precision,mAP)[112]。但是,面对深度、宽度和输入分辨率这三个维度,手动调优高度依赖于经验,且常常得到次优的性能。Tan[113]研究了 CNN 的几个放缩维度,根据维度间的关系提出了混合维度缩放方法以实现网络的优化。为了验证混合维度放大法的有效性,作者先用 NAS 在 ImageNet 上自学习出一个较小的基线网络,即 EfficientNet - B0,并使用混合维度放大法对 EfficientNet - B0 进行扩展,得到 EfficientNets。其中,EfficientNet - B7 的精度比之前最高的模型 GPipe

提高了 0.1% ,但 GPipe 包含 556M 参数,而 EfficientNet - B7 的参数量仅为前者的
11.9% 。虽然 EfficientNets 由于使用了大量的深度可分离卷积,存在前文所述低参
数量/计算量,在部分计算硬件上高推断时间的问题,且由于其是在 ImageNet 上进
行的 NAS,在遥感图像中的迁移效果不好,但其所提出的混合维度缩放方法为骨干
网络的设计提供了新的思路。

2.3.3　经典模型

基于 CNN 的目标检测模型在结构设计和方法改进上的发展体现了研究人员
对检测任务的高标准表达和探索,下面对经典的模型进行进一步分析。

1. 基于 FCN 的语义分割模型

经典 FCN 模型的结构如图 2 - 14 所示,图中 Conv 表示卷积层。基于 FCN 的
模型在特征提取后,对提取的特征图进行上采样恢复至与输入图像相同分辨率,可
以直接得到预测结果。预测结果表现形式通常为与原始输入图像分辨率相同的语
义分割图,图中每个像元代表目标类别(例如,二分类问题以 0 和 1 分别表示背景
和预测类别)。"全卷积"的理念表示所有层均为卷积层,去掉了传统 CNN 用于提
取分类结果的全连接层,通过卷积层直接上采样得到每个像元的分类结果。由于
CNN 在特征提取时不断降低空间分辨率使得位置信息丢失,进而影响了经典 FCN
模型分类的位置精度。FCN 模型的发展过程中引入可学习的上采样和跨层特征复
用与融合,使得上采样过程恢复空间分辨率的同时保持较为精确的位置信息。

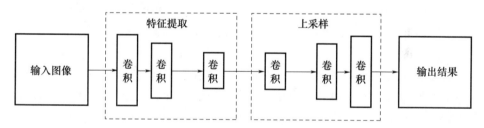

图 2 - 14　FCN 模型

2. 基于区域候选的方法

这种方法将目标检测解耦为至少两个阶段:第一阶段,生成可能包含目标的
区域,这些区域被称为 RoI,在这个阶段,只进行正样本(前景)和负样本(背景)
的二分类,不需要确定 RoI 中的对象是什么,也不需要非常精确地定位目标边框
(Bounding Box,BBox);第二阶段,将正样本输入分类器,并更准确地回归边框的
位置。

R - CNN(Region with CNN Features)是基于区域候选的检测方法的先驱,由
Girshick 等学者于 2014 年提出[114]。与基于传统特征描述子相比,R - CNN 显著提
高了检测精度,在 PASCAL VOC2010 上获得了 0.537 的 mAP(前者的 mAP 为

0.404)。R – CNN 的算法流程可以分为四个部分:首先,它使用选择性搜索生成约 2000 个 RoI;其次,将这些 RoI 裁切/调整至固定大小;然后,通过卷积和全连接层生成每个 RoI 的特征向量(Feature Vector),并将特征向量储存在物理存储器上;最后,将特征向量输入 C 个(目标的类别数)SVM 和回归器完成分类和精确的边框回归。R – CNN 的算法流程如图 2 – 15 所示。

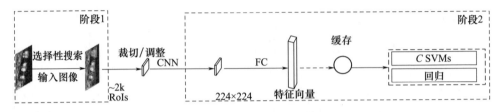

图 2 – 15   R – CNN 算法流程

作为基于区域候选的目标检测方法的开创者,R – CNN 的思想和实践给后续的研究带来了很多启发,但其存在着一些关键缺点。

(1)对于每个 RoI,都需要输入 CNN 进行一次前向计算(对于一张图像,在 R – CNN 中,CNN 需要运行约 2000 次),这导致了大量的计算开销,因此 R – CNN 的训练和推断非常耗时;

(2)对 RoI 进行的大小调整会导致几何形变以及空间信息的损失;

(3)所有特征向量都需要储存在存储器上,读写耗时;

(4)选择性搜索依赖于低层特征,难以在复杂的背景下生成高质量的 RoI;

(5)R – CNN 的主要步骤(选择性搜索、特征提取、SVM 和回归器)不能以端到端的方式进行优化。

后续的一系列研究,如 SPPNet[115] 和 Fast R – CNN[42],针对 R – CNN 的部分缺点进行了改进,它们的算法流程如图 2 – 16 所示。Fast R – CNN 和 SPPNet 对 R – CNN 的共同改进有以下两点:一是只对原图进行一次基于 CNN 的前向计算以生成特征图,而不是 R – CNN 的约 2000 次,大大减少了训练和推断耗时;二是分别在 RoI 池化(RoI Pooling)层和空间金字塔池化(Spatial Pyramid Pooling,SPP)层对特征图上的 RoI 进行下采样(Subsample),将大小不一的 RoI 转换为固定长度的特征向量,因此无须对 RoI 进行大小调整。但是,SPPNet 与 R – CNN 类似,仍然训练 C 个 SVM 和回归器,需要存储所有 RoI 的特征向量。相较于 SPPNet,Fast R – CNN 更进一步,直接使用 Softmax 函数输出 RoI 的 C +1 分类(C 类目标 + 背景)得分,使分类和回归无须分开训练,也无须储存特征向量,节省了特征向量的读写耗时。

相较于 R – CNN,虽然 SPPNet 和 Fast R – CNN 提高了速度,但它们的 RoI 仍然由前文所述的选择性搜索或 EdgeBox[116] 等方法生成,这类 RoI 生成方法的弊端已在前文阐述。Faster R – CNN[43] 在 Fast R – CNN 的基础上,通过 RPN 取代选择性搜索来生成 RoI,使目标检测进入了端到端时代。Faster R - CNN 的算法流程如图 2 - 17 所示。

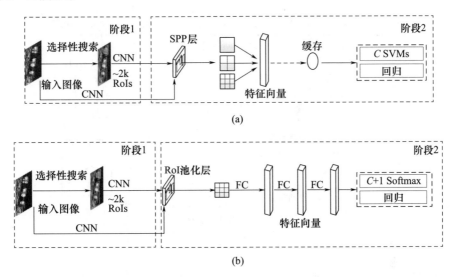

(a)

(b)

图 2 - 16　SPPNet 与 Fast R - CNN 算法流程
(a)SPPNet;(b)Fast R - CNN。

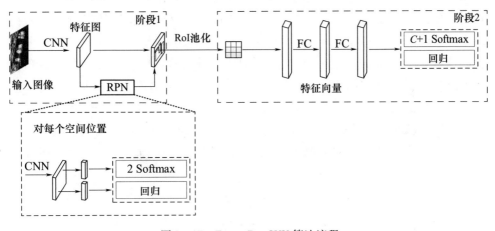

图 2 - 17　Faster R - CNN 算法流程

图 2 - 17 中的 RPN 是一个全卷积网络,可以嵌入到整个模型中,使整个模型能够通过监督学习方法进行端到端的训练。具体地,RPN 遍历特征图上的每个位置,并在每个位置上显式枚举 k 个(在原论文中,k 的值为 9,尺度和长宽比数量均为 3)矩形锚框,再将每个锚框生成的特征向量(在原论文中,特征向量的长度为 256)输入到两个分支:正负样本的 Softmax 二分类和锚框相对于真实边框的四个偏移量的回归,上述过程如图 2 - 18 所示。RPN 输出的正样本即为 RoI,此后的步骤

与 Fast R – CNN 相同。Faster R – CNN 能够在 GPU 上以 5FPS 的速度进行检测,并在 PASCAL VOC2007、2012 和 MS COCO 等通用目标检测基准上刷新了成绩。

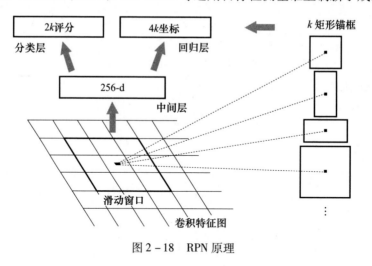

图 2 – 18　RPN 原理

Faster R – CNN 确定了当今基于区域候选的目标检测算法的基本框架,其后,出现了在 Faster R – CNN 上针对不同用途和侧重点而改进的研究成果。在对 Faster R – CNN 的各类改进中,特征金字塔网络(Feature Pyramid Network,FPN)是极为重要的成果,其原理如图 2 – 19 所示。由于 Faster R – CNN 仅使用了一个深层特征图来生成 RoI,使得它对目标的尺度变化(Scale Variation)敏感。例如,小目标所包含的像素少,在下采样过程中容易丢失信息,导致漏检或回归的误差大。在 CNN 中,深层特征具有较多的语义信息(有利于分类)和较少的空间信息(有利于回归),浅层特征正好相反。FPN 利用了这一规律,将不同深度的特征图进行融合以处理目标的尺度变化问题。虽然使用了金字塔结构的特征融合,但放弃重用低层特征图不同,FPN 先自上而下地通过最近邻插值法进行上采样(Upsample),将分辨

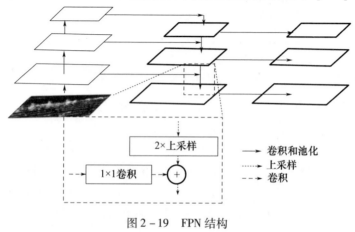

图 2 – 19　FPN 结构

率低的高层特征图与分辨率高的低层特征图融合,生成中间特征图,再通过卷积以消除最近邻插值法的混叠效应,生成最终的多尺度特征图,并在多尺度特征图上生成 RoI。FPN 已经成为各类目标检测模型普遍采用的组件。

经过数年发展,基于区域候选的通用目标检测模型在准确率上已经达到了很高的水平。同时,也有越来越多的研究者开始将目标转向轻量化。例如,对轻量化骨干网络、上下文机制、空间注意力机制以及感受野的合理设计,能够以较低的计算开销和实时的运算速度实现了与大型检测模型相当的准确率,为广大研究人员提供了重要的借鉴。

综上所述,基于区域候选的方法的一般流程可以抽象为图 2 – 20。骨干网络负责生成特征图;"颈部"(Neck)为 FPN,完成多尺度特征图的融合;密集检测头(DenseHead)一般包含两个分支,分别完成对图像上所有位置生成的锚框进行前景/背景的二分类,以及生成 RoI;RoI 检测头(RoIHead)对生成的 RoI 进行进一步分类和更精确的边框回归,与密集检测头类似地,RoI 检测头一般也包含至少两个分支。

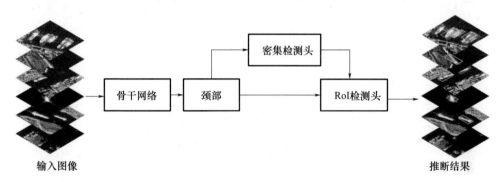

图 2 – 20　基于区域候选的方法一般流程

3. 基于边框回归的方法

基于边框回归的目标检测方法遍历图像上的所有位置,直接对每个位置生成的预测框进行分类和回归。由于基于边框回归的方法不区分 RPN 和 RoIHead 这两个阶段,而是将目标检测重构为一个阶段即可完成的回归问题,因此也被称为单阶段目标检测方法。

YOLO[46]、DenseBox[117] 和 UnitBox[118] 是基于边框回归的目标检测方法的先驱。其中,YOLO 的算法流程如图 2 – 21 所示。首先,通过 CNN 生成特征图;然后,将特征图均分为 $n \times n$ 的网格(Grid);最后,对每个网格进行 Softmax 分类和边框回归。YOLO 确定了基于边框回归的检测方法的一般范式。由于节省了 RPN 的计算开销,以 YOLO 为代表的基于边框回归的方法,在使用了同样的骨干网络的情况下,往往可以取得相较于基于区域候选的方法具有优势的检测速度。但是,早期基于边框回归的方法在检测精度上往往处于劣势。以 YOLO 为例,精度上的劣势源自三个方面:①只利用了最后一层特征图,于是对目标尺度的变化极其敏感,对小目标的检测性能较差;②直接对每个网格进行分类和回归,没有在一个位置上枚举多个锚框,这意味着它在一个网格内只能检测至多一个目标,于是对密集目标的检测性能较差;③在一幅图像中,包含目标的区域所占比例通常较小,在没有 RPN 网络进行正负样本的分类的情况下,包含/不包含目标的边框之间的比例是失衡的,且不包含目标的边框往往都是容易学习的负样本(Easy Negative),这会导致模型的优化方向不合理。

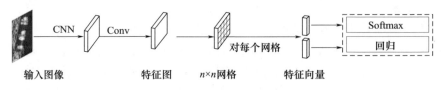

图 2-21　YOLO 算法流程

针对上述不足,很多研究在 YOLO 的基础上进行了改进。SSD 是其中具有代表性的算法,其流程如图 2-22 所示,它在两个方面进行了改进:①使用了基于多尺度特征图的多级检测,即在不同级别的特征图后连接检测头,以解决对目标尺度敏感的问题;②在每个网格上生成多个锚框,以解决密集目标召回率低的问题。

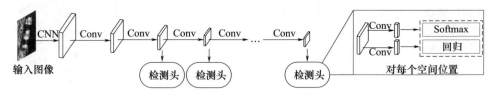

图 2-22　SSD 算法流程

另一个具有代表性的研究是 RetinaNet[119],其算法流程如图 2-23 所示。它首先使用 FPN 进一步加强空间特征和语义特征的融合,同时提出焦点损失函数以解决正负样本和难易样本不平衡的问题。

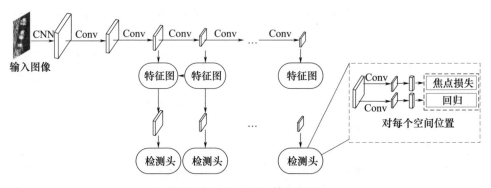

图 2-23　RetinaNet 算法流程

焦点损失函数被其后的基于边框回归的方法广泛使用。具体地,传统的二分类 CE 损失函数表示为

$$\text{Loss}_{\text{CE}}(\hat{y}, y) = \begin{cases} -\lg\hat{y}, & y = 1 \\ -\lg(1 - \hat{y}), & \text{其他} \end{cases} \tag{2-52}$$

式中:$y \in \{-1, +1\}$ 为样本的真实标签;$\hat{y} \in [0, 1]$ 为模型的输出值,表示模型认为样本为正的概率。令

$$\hat{y}_t = \begin{cases} \hat{y}, & y = 1 \\ 1 - \hat{y}, & \text{其他} \end{cases} \tag{2-53}$$

于是,式(2-53)等价为

$$\text{Loss}_{\text{CE}}(\hat{y}, y) = -\lg(\hat{y}_t) \tag{2-54}$$

由于负样本数量较多,在上式中加入一个权重因子(Weight Factor)$\alpha_t \in [0, 1]$ 来控制负样本在损失函数中的权重,有

$$\text{Loss}_{\text{CE}}(\hat{y}, y) = -\alpha_t \lg(\hat{y}_t) \tag{2-55}$$

在式(2-55)基础上,继续加入聚焦参数(Focus Parameter)$\gamma \in [0, 5]$ 和调制因子(Modulating Factor)$(1 - \hat{y}_t)^\gamma$ 来控制简单样本的权重,得到焦点损失函数

$$\text{Loss}_{\text{Focal}}(\hat{y}, y) = -\alpha_t (1 - \hat{y}_t)^\gamma \lg(\hat{y}_t) \tag{2-56}$$

从式(2-56)可以看出,通过权重因子和基于聚焦参数的调制因子,可以方便地调整正负样本和难易样本在训练过程中的权重。

通过与基于区域候选的方法之间产生精度差距的原因出发进行针对性地研究,基于边框回归的方法逐渐在精度上达到了基于区域候选的方法的水准。例如,使用了 EfficientNet-B7 的 EfficientDet 在 MS COCO 数据集上将基于边框回归的目标检测单模型精度提升到了 51.0mAP 的高度。此后,无锚框的提出是基于边框回归的方法的重大创新。早期的基于边框回归的方法(YOLO、DenseBox、UnitBox)并没有锚框机制,但为了提高召回率以及边框回归的精度,后续的一系列方法又引入了锚框机制。但是,锚框属于离散采样,且需要人工设计,存在一系列弊端,可以总结为以下几点。

(1)模型精度对超参数敏感。锚框涉及的超参数包括大小、高宽比等。例如,Faster R-CNN 的锚框包括 128^2、256^2、512^2 三种大小(度量单位为像素)和 1:1、1:2、2:1 三种高宽比,SSD 还加入了 1:3 和 3:1 的高宽比。这些超参数通常在数据集上由经验判断或 K-means 聚类等方法确定,其实质是往模型中引入了先验知识。从特定数据集上获得的先验知识能提高模型在该数据集上的表现,但另一方面也会削弱模型的泛化性能。需要指出的是,模型对锚框的超参数敏感在 SAR 图像舰船目标检测中尤为突出。对于自然场景图像而言,由于拍摄的角度、被摄对象的姿态相对固定,某类目标的高宽比往往围绕均值波动,例如,对于人脸检测,锚

框的高宽比就可以设置为$1:0.9$,如图$2-24(a)$所示。实体舰船的几何轮廓固然有其共性特征,但星载 SAR 为俯视和侧视成像,拍摄角度不固定,且舰船在图像中的方向角也不固定,将导致 SAR 图像中舰船边框的宽高比差异非常大,如图$2-24$(b)所示。因此,在 SAR 图像舰船目标检测中,模型对锚框相关的超参数更为敏感。

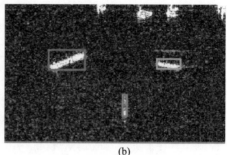

(a)　　　　　　　　　　　　　　　　　(b)

图 2-24　自然场景图像目标与 SAR 图像舰船目标边框对比(见彩图)
(a)自然场景图像;(b)SAR 图像。

(2)计算开销的显著增加。枚举的锚框数量往往众多。例如,RetinaNet 有 100k,反卷积单视目标检测(Deconvolutional Single Shot Detector,DSSD)有 40k[120],而这些锚框都要计算与真实框的交并比,并进行 NMS 等后处理,显著增加了计算开销。

(3)正负样本的失衡。在一幅图像中,包含目标的区域通常占比较少,属于正负样本失衡的情形,而在同一位置生成的锚框中,最终被划分为正样本的又占少数,进一步加剧了正负样本的失衡。

锚框优化、元锚框、指引锚框等研究成果在将锚框相关的超参数改为可学习的参数、锚框的动态生成以及基于特征图指导的锚框生成机制等方面进行了探索,但都不能完全解决锚框机制所带来的上述弊端。

Law 等学者提出了一种无锚框的检测模型 CornerNet[121],顾名思义,它只检测目标的对角点(左上和右下),其算法流程如图$2-25$所示。具体地,CornerNet 使用沙漏网络作为骨干网络,检测部分包括两个密集检测头,每个检测头内先完成角池化以定位潜在的角点,再输出三个分支,分别为:①表示当前位置属于角点的概率的类别热图;②用于确定角点间两两配对关系的编码;③角点定位的偏移。随后,还出现了几种基于关键点的无锚框检测方法。

在基于关键点的无锚框检测方法不断推陈出新的同时,出现了一批基于逐像素检测的无锚框检测方法。例如,FCOS、FoveaBox 和 Dense RepPoints。基于逐像素检测的无锚框方法进一步将语义分割与目标检测重构为一类问题,结构简单,流程简洁,并且可以复用大量语义分割的研究成果。此外,研究人员还设计了一批无锚框的检测方法,如 Reppoints v2、BorderDet、CentripetalNet 等。上述研究成果逐渐弥补了无锚框与基于锚框的方法在通用目标检测上的精度差距,在一定程度上证明了锚框是一个多余的概念。"若非必要,勿增实体",目标检测的无锚框化成为一个极具潜力的研究方向。综上所述,基于边框回归的方法的一般流程如图 2－26所示。

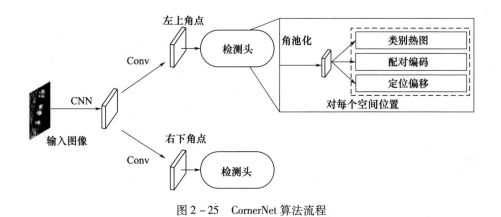

图 2－25　CornerNet 算法流程

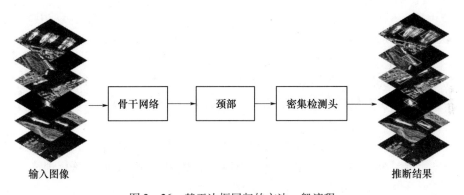

图 2－26　基于边框回归的方法一般流程

2.4　遥感图像目标检测常用数据集

数据集是深度学习用于遥感图像目标检测的基础支撑,遥感图像目标检测数据集主要包括光学和 SAR 两大类,本节介绍和分析常用的数据集。

2.4.1　光学遥感图像目标检测数据集

常用的光学遥感图像目标检测数据集见表 2－4。

表 2 - 4　常用的光学遥感图像目标检测数据集

名称	地物类别数	图像数量	实例数量	图像尺寸/像素	年份/年
NWPU VHR - 10[122]	10	800	3775	1000	2014
UCAS - AOD[123]	2	910	6029	1280 × 659	2015
RSOD[124]	4	976	6950	1000	2015
HRSC2016[125]	1	1061	2976	1000 × 600	2016
DSTL[126]	10	25	/	3348 × 3392	2017
DOTA[127]	15	2806	188282	800 - 4000	2017
LEVIR[128]	3	21952	11028	600 × 800	2018
xView[129]	2	1127	222934	3000 × 3000	2018
DIOR[130]	20	23463	192472	800	2020
FAIR1M[131]	37	15000	1000000	1000 ~ 10000	2021

注:图像尺寸采用宽×高表示,部分数据集只提供了单一尺寸。

NWPU VHR - 10 数据集由西北工业大学于 2014 年发布,包含 10 类物体,分别是飞机、轮船、储罐、棒球、网球场、篮球场、地面跑道、港口、桥梁和车辆。该数据集总共包含 800 幅超高分辨率(Very High Resolution, VHR)遥感图像,是从 Google Earth 和 Vaihingen 数据集裁剪而来,并由图像解译人员手动标注。

UCAS - AOD 数据集由中国科学院大学于 2014 年首次发布,并于 2015 年补充,数据来自 Google Earth 图像,包含 310 张汽车图像和 600 张飞机图像。

RSOD 由武汉大学于 2015 年发布,数据集包含飞机、操场、立交桥和储油罐 4 类目标,其中飞机类包括 446 幅图像(4993 个实例),操场类包括 189 幅图像(191 个实例),立交桥类包括 176 幅图像(180 个实例),储油罐类包括 165 幅图像(1586 个实例)。

HRSC2016(2016 年高分辨率舰船数据集)所有图像均来自 6 个著名的港口,图像尺寸范围 300 ~ 1500 像素,大多数图像大于 1000 像素 ×600 像素。训练、验证和测试集分别包含 436 幅图像(包括 1207 个实例),181 幅图像(包括 541 个实例)和 444 幅图像(包括 1228 个实例)。

DSTL 数据集由英国国防科技实验室于 2017 年发布,该数据集包含来自 WorldView - 3 卫星数据的 10 类目标,即房屋、混杂人工建筑、道路、铁路、树木、农作物、河流、积水区、大型车辆、小型车辆。该数据集包含 25 幅 1km² 大小地区的高分辨率遥感图像,波段有全色,可见光,多光谱和短波红外等共 20 个波段。

DOTA 数据集由武汉大学于 2017 年发布,数据来自 Google Earth、“高分”二号卫星图像和航空图像,包括飞机、舰船、储油罐、棒球场、网球场、游泳池、田径场、海港、桥梁、大型车辆、小型车辆、直升机、环岛、足球场、篮球场 15 类目标,共 2806 幅图像,包含各种比例、方向和形状的实例共 188282 个。该数据集的后续版本有

2019 年发布的 DOTA – v1.5 和 2021 年发布的 DOTA – v2.0,其地物类别有所增加,图像和实例数量大幅增加。

LEVIR 数据集由北京航空航天大学于 2018 年发布,数据来自 Google Earth,包含 21952 张图像和三类地物目标(飞机(4724 个实例)、舰船(3025 个实例)和储油罐(3279 个实例)),涵盖了城市、乡村、山区和海洋等背景地物类型。

xView 数据集由美国国防创新实验小组(Defense Innovation Unit Experimental, DIUx)和 NGA 于 2018 年在 DIUx xView 挑战赛上发布,数据来自 WorldView – 3 卫星图像数据集,覆盖了 1415 km^2 的地面范围。为了最大限度地减少图像采样的偏差,数据集包含矿山、港口、机场、沿海、内陆、城市、和农村等多种地理场景。数据集中所有图像数据均已经过正射校正、光谱融合和大气校正。

DIOR 数据集由西北工业大学于 2020 年发布,包含 23463 幅图像和 192472 个实例,涵盖了 20 类地物目标,即飞机、机场、棒球场、篮球场、桥梁、烟囱、水坝、高速公路服务区、高速公路收费站、港口、高尔夫球场、地面田径场、天桥、舰船、体育场、储油罐、网球场、火车站、车辆和风车。

FAIR1M 数据集由中国科学院空天信息创新研究院与国际摄影测量与遥感学会合作,联合厦门大学、德国卡尔斯鲁厄理工学院等高校,构建的一套遥感图像细粒度目标识别数据集,FAIR1M 数据集 1.0 版本中包含了超过 15000 幅分辨率优于 1m、尺寸从上千到上万像素不等的图像,其中来自我国自主产权高分系列卫星的数据占比超过 80%。数据集中包含了 100 多万精细化标注、具有多角度分布的实例,场景覆盖全球上百个典型城市、乡镇,以及常用机场、港口等,标注结果均经图像判读专家确认。根据遥感应用的实际需求,FAIR1M 数据集将地物要素和典型目标(包含飞机、船舶、车辆、球场和道路等)进一步进行类型的细分。例如,依据型号将飞机细分为波音式(波音 737、波音 747、波音 777 和波音 787 等)、空客式(空客 220、空客 321、空客 330 和空客 350 等)以及国产式飞机(C919 和 ARJ21 等);将船舶细分为液货船、干货船、渔船、邮轮、拖船和工程船等;对于车辆、球场和道路等要素也分别按照功能、尺寸等细分至多个类型。目前已发布的 FAIR1M 数据集 1.0 版本中共包含 37 个精细划分的类别。

2.4.2　星载 SAR 图像目标检测数据集

常用的星载 SAR 图像目标检测数据集整理见表 2 – 5。

表 2 – 5　星载 SAR 图像目标检测数据集

数据集	数据来源	图像数量	实例数量	图像尺寸(像素×像素)	极化方式	年份/年
MSTAR[132]	STARLOS	5172	5172	128×128	HH	1996

续表

数据集	数据来源	图像数量	实例数量	图像尺寸（像素×像素）	极化方式	年份/年
SSDD[133]	TeraSAR－X RadarSat－2 Sentinel－1	1160	2456	500×500	HH VV VH HV	2017
OpenSARShip[134]	Sentinel－1	41	11346	200×220	VV VH	2017
SAR－Ship－Dataset[135]	Gaofen－3 Sentinel－1	210	59535	256×256	Single Dual Full	2019
AIR－SARShip－1.0[136]	Gaofen－3	31	487	3000×3000	Single	2019
HRSID[137]	Sentinel－1B TerraSAR－X	5604	16951	800×800	HH VV HV	2020
LS－SSDD－v1[138]	Sentinel－1	15	6015	24000×16000	VV VH	2020

　　MSTAR(Moving and Stationary Target Acquisition and Recognition)数据集是由美国国防高级研究计划局(Defense Advanced Research Project Agency,DARPA)和空军研究实验室(Air Force Research Laboratory,AFRL)于 1996 年提供的运动和静止目标获取与识别数据集,分辨率为 0.3m×0.3m,成像波段为 X 波段,包含 10 类军事目标的切片图像,这些军事目标分别为步兵战车(BMP2 型)、坦克(T62 型)、坦克(T72 型)、装甲侦察车(BRDM2 型)、装甲运输车(BTR60 型)、装甲运输车(BTR70 型)、自行高炮(ZSU23/4 型)、自行榴弹炮(2S1 型)、推土机(D7 型)、运输卡车(ZIL131 型),这些目标是雷达以不同入射角成像时的图像。该数据库作为 SARATR 研究的代表性数据集,被很多研究人员广泛采用。

　　SSDD(SAR Ship Detection Dataset)是 SAR 图像舰船目标检测数据集,包含 1160 张 SAR 图像切片,共有 2456 个舰船实例,使用 PASCAL VOC 格式标注,图像来源是 TeraSAR－X、RadarSat－2、Sentinel－1,分辨率为 1m～5m,拍摄地点为中国烟台和印度 Visakhapatnam,极化方式包括 HH、VV、VH、HV,背景环境覆盖了近岸和远海,舰船的分布也涵盖了密集和稀疏,大、中、小目标的数量也较为均衡。该数据集的后续版本有 SSDD＋,SSDD＋的数据集相对于 SSDD 数据将垂直边框变成了旋转边框,旋转边框可在完成检测任务的同时实现了对目标的方向估计。

　　OpenSARShip 数据集由上海交通大学于 2017 年发布,其构建过程包括数据收集和预处理、半自动化标注、SAR 舰船和自动识别系统(Automatic IdentificationSystem,AIS)的集成、后处理。数据来自 41 景 Sentinel – 1 卫星图像,包括 11346 个舰船切片,覆盖了我国的上海、深圳、天津港口,以及日本的横滨、新加坡的新加坡港口,主要的舰船类型是货船和油轮,以及客船、执法船、拖船、搜救船、渔船等。该数据集的后续版本有 OpenSARShip 2.0,其数据来自 87 景 Sentinel – 1 卫星图像,包括 34528 个舰船切片。

SAR – Ship – Dataset 数据集由中国科学院遥感与数字地球研究所于 2019 年发布,数据来自我国"高分"三号和 Sentinel – 1 SAR 数据,共采用了 102 景"高分"三号和 108 景 Sentinel – 1 SAR 图像,包含 43819 舰船切片(59535 个实例)。"高分"三号的成像模式是 Strip – Map(UFS)、Fine Strip – Map 1(FSI)、Full Polarization 1(QPSI)、Full Polarization 2(QPSII)和 Fine Strip – Map 2(FSII),这五种模式的分辨率分别是 3m × 3m、5m × 5m、8m × 8m、25m × 25m 和 10m × 10m。Sentinel – 1 的成像模式是 S3 Strip – Map(SM)、S6 SM 和 IW – mode,这两种模式下的分辨率分别为 1.7m × 4.3m ~ 3.6m × 4.9m 和 20m × 22m。

AIR – SARship – 1.0 数据集由中国科学院空天信息创新研究院于 2019 年发布,该数据集采用了整景的航空 SAR 图像,并且区分了不同海况和背景环境,首批发布 31 幅图像,分辨率包括 1m 和 3m,成像模式包括聚束式和条带式,极化方式为单极化,场景类型包含港口、岛礁、不同等级海况的海面,目标覆盖运输船、油船、渔船等十余类近千艘舰船。图像尺寸约为 3000 像素 × 3000 像素,图像格式为 Tiff、单通道、8/16 位图像深度,标注文件提供相应图像的长宽尺寸、标注目标的类别以及标注矩形框的位置。

HRSID(High – Resolution SAR Images Dataset)数据集由电子科技大学于 2020 年发布,用于高分辨率 SAR 图像目标检测和实例分割任务,数据来自 Sentinel – 1B、TerraSAR – X 卫星图像,分辨率为 0.5m、1m 和 3m,包含 5604 幅 SAR 图像和 16951 个舰船实例,其借鉴了 Microsoft Common Objects in Context(COCO)数据集的构建过程,包括不同分辨率、极化方式的海况、海域和沿海港口。

LS – SSDD – v1.0(Large – Scale SAR Ship Detection Dataset – v1.0)数据集由电子科技大学等机构于 2020 年发布,数据来自 15 景 Sentinel – 1 卫星图像,分辨率为 5m × 20m,使用幅宽为 250km 的整景 SAR 图像,单张图像的尺寸为 24000 像素 × 16000 像素,为便于网络训练,整个 15 景图像被切分为 9000 个 800 像素 × 800 像素的图像切片,该数据集重点关注大场景下小尺寸舰船目标的检测。

2.5　遥感图像目标检测评价指标

遥感图像目标检测的评价指标主要包括:交并比(Intersection over Union,IoU)、泛化交并比(Generalized Intersection over Union,GIoU)、平均准确率(Average

Precision, AP)、模型所包含的可学习参数量(下称参数量) N (单位:M)和推断单张图像的时间 $T_{\text{inf.}}$ (单位:ms)。

1. IoU

IoU 是描述边界框定位精度的一个重要的概念,其定义了两个边界框的重叠度,即矩形 A、B 的重叠面积占 A、B 并集的面积比例。由于算法难以和人工标注的数据完全匹配,因此通常以 IoU 作为边界框的定位精度评价方法,IoU = 0 时两个边界框完全分离,IoU = 1 时两边界框完全重叠。

IoU 的计算公式为

$$\text{IoU}(A,B) = \frac{|A \cap B|}{|A \cup B|} = \frac{\text{area}(A \cap B)}{\text{area}(A) + \text{area}(B) - \text{area}(A \cap B)} \quad (2-57)$$

2. GIoU

IoU 存在以下不足:①对于非重叠的两个边框,IoU 恒为 0,这意味着 IoU 对损失函数的贡献为 0,没有误差反向传播,不利于模型训练;②对于两个不同的目标边界框,它们的 IoU 值可能相同,可能造成模型的优化方向不合理。

为了解决上述问题,研究人员将 IoU 扩展成 GIoU,即泛化交并比[139]。GIoU 的计算过程见表 2-6。

表 2-6　GIoU 计算流程

输入:

  $A, B \subseteq \mathbb{S} \in \mathbb{R}^n$:任意两个形状;

输出:

GIoU:泛化交并比

计算流程:

begin

计算包含 A, B 的最小凸区域 $C \subseteq \mathbb{S} \in \mathbb{R}^n$

$\text{IoU} = \dfrac{|A \cap B|}{|A \cup B|}$

$\text{GIoU} = \dfrac{|C - A \cup B|}{|C|}$

return GIoU

end

从 GIoU 计算流程中可以看出,GIoU 与 IoU 的关系可描述为

$$\text{GIoU} = \text{IoU} - \frac{|C - (A \cup B)|}{|C|} \quad (2-58)$$

显然,GIoU 的取值范围为 $(-1, 1]$。作为一个新的度量,GIoU 与 IoU 具有以下两点共性,都具有尺度不变性,都可以视作一类距离,进而加入损失函数中。与 IoU 相比,GIoU 具有以下优势。

① 当两个框完全不相交时,模型仍然能够优化。具体地,当框 A 与 B 不相交时,有

$$IoU = 0 \qquad\qquad (2-59)$$

$$GIoU = -1 + \frac{|A \cup B|}{|C|} \qquad\qquad (2-60)$$

由式可以看出,如果使用基于 IoU 的损失函数,此时无法优化;如果使用基于 GIoU 的损失函数,$A \cup B$ 不变,最小化包含两框的最小凸区域 C 就能使 A 与 B 靠近。

② GIoU 对边框间距离的度量质量更高,如图 $2-27$ 所示,图(a)与图(b)中的边框间的 IoU 值相同(均为 0.33),但图(a)的回归效果显然更好,由于引入了包含两框的最小矩形,图(a)与图(b)的 GIoU 分别为 0.33 和 0.24,GIoU 对边框距离的度量更符合实际情况。

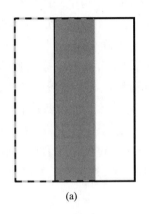 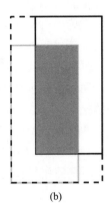

(a)   (b)

图 $2-27$　IoU 与 GIoU 对边框间距离的度量对比

(a)$IoU = 0.33$,$GIoU = 0.33$;(b)$IoU = 0.33$,$GIoU = 0.24$。

3. AP

在二分类问题中,真正值(True Positive,TP)表示正样本被正确识别为正样本,真负(True Negative,TN)表示负样本被正确识别为负样本,误检(False Positive,FP)表示负样本被错误识别为正样本,漏检(False Negative,FN)表示正样本被错误是被为负样本,二分类问题预测结果评价如图 $2-28$ 所示。

		真实标注	
		正	负
预测结果	正	TP	FP
	负	FN	TN

图 $2-28$　二分类问题预测结果评价

在目标检测问题中,对于给定的 IoU 阈值 T,当模型检测边框与真实标注边框的 IoU $\geq T$,该检测结果被视为正确检测结果。此外,基于边界框表示的目标检测任务通常不使用 TN。目标检测评价时通常阈值 T 取 50%。准确率(Precision)是模型正确检测相关目标的能力,用正确预测的百分比表示,即式(2-61)。召回率(Recall)是模型找到所有相关目标的能力,由在所有地面真实中检测为 TP 的百分比表示,即式(2-62)。

$$P = \frac{TP}{TP + FP} = \frac{TP}{\text{所有检测目标}} \tag{2-61}$$

$$R = \frac{TP}{TP + FN} = \frac{TP}{\text{所有地面真实目标}} \tag{2-62}$$

在实际任务中通常不会仅仅以准确率或召回率作为单一的度量标准。研究人员通常使用平均准确率(Average Precision,AP)作为指标以更加准确的评价目标检测算法性能。其计算过程如下:首先获取算法的准确率和召回率(Precision Recall,PR)曲线,PR 曲线是评估目标检测性能的重要方法,如果目标检测模型的准确率随着召回率的增加保持高水平,则认为该目标检测模型性能较好,这意味着在改变置信度阈值的情况下,准确率和召回率仍然很高。然后通过数值积分计算准确率或召回率曲线下的面积。AP 是召回率在 0 到 1 之间的平均准确率,即式(2-63),式中 $P(k)$ 表示召回率为 $r(k)$ 式测量的准确率。通过在每个召回率取值上内插精度来计算 AP,而不是使用仅在几个点处观察到的值,这种方式可以计算出 PR 曲线下的估计面积。

$$AP = \int_0^1 PR dr = \sum_{k=1}^n P(k) \Delta r(k) \tag{2-63}$$

4. 平均 Jaccard 系数

由于非均衡遥感图像语义分割中,小类的负样本较多,在使用 Sigmoid 输出作为预测每类的掩码时,即使全部预测为负类也可以达到较高的正确率。例如对于占总像元数少于 10% 的样本,对全部像元预测为负,采用分类精确率(式(2-64))作为评价指标仍能达到 90% 以上。由此可见,直接使用分类正确率或错误率作为评价方法难以真实评价模型预测结果和地物真实情况的差距。因此,采用预测值和真实值的平均 Jaccard 系数作为算法性能评分,用 mean-Jaccard 表示,即式(2-65)。

$$accuracy = \frac{TP + TN}{TP + FP + FN + TN} = \frac{\text{正确预测的像素数量}}{\text{所有像素数量}} \tag{2-64}$$

$$mean - Jaccard = \frac{1}{K} \sum_{i=1}^K Jaccard_i = \frac{1}{K} \sum_{i=1}^K \frac{TP}{TP + FP + FN} \tag{2-65}$$

式中:K 为识别的类别数量,当负样本占比 90% 时,全部预测为负样本则平均 Jaccard 系数为 0。

5. mP 和 mR

上述评价指标是在 IoU 阈值 T 取 50% 时进行的,而不同的 IoU 阈值对目标检测性能评价的影响有所不同。考虑不同的 IoU 阈值,模型总体平均准确率 mP 和平均召回率 mR 定义如式(2 - 66)和式(2 - 67)所示:

$$mP = \frac{1}{|T|} \sum_{t \in T} P_t \qquad (2-66)$$

$$mR = \frac{1}{|T|} \sum_{t \in T} R_t \qquad (2-67)$$

式中:$T = [0.50, 0.55, 0.60, \cdots, 0.95]$ 为 t 的取值,即从 0.50 开始,到 0.95 结束,步长为 0.05;P_t 和 R_η 分别为在特定 t 下的准确率和召回率。

同时,本书还使用 mP_S、mR_S、mP_M、mR_M、mP_L、mR_L 来评价模型对小($\mathcal{B}_{gt} < 32^2$,$\mathcal{B}_{gt}$ 表示图像中真实标注的目标大小)、中($32^2 < \mathcal{B}_{gt} < 96^2$)、大($\mathcal{B}_{gt} > 96^2$)目标的检测精度,度量单位为像素。参数量 N 和推断时间 T_{inf} 用于从不同的维度评价模型的复杂度。

光学图像篇

　　本篇主要针对样本数据类别非均衡问题、目标尺度变化引起的领域偏移问题和舰船目标检测模型的旋转不变性问题，分别设计了基于改进 U 形网络的语义分割模型、尺度相关的改进型 YOLOv3 模型和旋转卷积集成的改进 YOLOv3 模型，包括第 3 章基于全卷积网络的均衡语义分割方法、第 4 章尺度相关的边界框回归检测方法、第 5 章旋转卷积集成的倾斜边界框回归检测方法。

第3章 基于全卷积网络的光学遥感图像均衡语义分割

3.1 问题分析

基于像元分类的语义分割方法是实现遥感图像区域检测的重要方法。语义分割方法可松弛为如下表示:对于随机变量集合 $X = \{x_1, x_2, \cdots, x_n\}$,找到一个方法为其指派一个来自标记空间 $L = \{l_1, l_2, \cdots, l_k\}$ 中的一个状态。每个标记表示一类目标,如建筑、道路等。标记空间有 k 个状态,通常加上背景或为空类型扩展为 $k+1$ 个状态。变量集合 X 通常为二维图像,像素个数为 $N = W \times H$,对于多光谱数据还要加上通道信息 C,即 $N = W \times H \times C$。

早在 1989 年,研究人员就开始使用机器学习方法解决遥感图像像元级标注问题。简单分类法分为特征提取和分类两个步骤。特征提取方法从直接使用不同光谱波段的亮度值作为特征,发展到提取局部光谱和纹理特征,如颜色直方图、HOG、LBP、SIFT 等。分类器早期多采用简单贝叶斯分类,为了学习复杂非线性的决策边界,高分辨率遥感图像像元分类开始使用更复杂的分类器,如 SVM、随机森林和多种 Boosting 算法。随着遥感图像分辨率的逐渐提高,使用亮度值和浅层特征值(如局部光谱和纹理特征)的方法无法为分类器提供足够的信息。无监督或有监督的特征学习方法(如稀疏编码、受限玻耳兹曼机等)显著提高了分类精度,虽然这类方法在多个领域的研究也取得了优异的结果,但是往往仅针对某些特定类别或特定任务,还存在泛化能力不强的问题。

经典 CNN 模型是一种"图像–标记"模型,输出的是不同类别的概率分布,语义分割任务需要的不仅是对整幅图像的一个标记,而是要获得像素级分类结果。为此,Sharma 等学者[140]提出了基于图像块算法的 CNN,实现了对固定尺寸遥感图像像素级的训练和预测。图像块分类算法在每个像素点附近取一个固定尺寸图像块,作为一副图像输入神经网络进行训练和预测,比简单分类法拥有更高的分类精度。由于遥感图像中相邻两个像素的图像块相似度很高,每个像素提取图像会产生很大的冗余信息,导致图像块算法存在存储开销大,计算效率较低的问题。同时,图像块尺寸直接决定了感受野大小,进而影响分类精度。经典 CNN 中在卷积层之后采用全连接层将由卷积层生成的特征图映射到固定长度的特征向量,最后一层通过 Sigmoid 或 Softmax 激活函数计算最终分类概率。如图 3 - 1 所示,将图像块输入用于图像分类任务的 CNN 模型,得到其属于各个类别的概率,最终将概率最高的类作为预测其中心点像元所属类别。经典 CNN 使用全连接层获得卷积层之后用于分类的固定长度特征向量,而 FCN 用卷积层替换最后的全连接层,通过反卷积层操作对特征图进行上采样(Upsampling),产生与原图像相同空间维度的输出标记的图像。

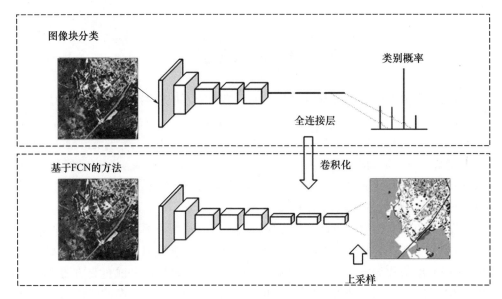

图 3 - 1　图像块分类与基于 FCN 的方法对比

　　FCN 将传统分类网络进行"卷积化"(Convolutionalization),即将其中的用于输出分类标记的全连接层改为卷积层(可将全连接层视作卷积核与上一层维度一致的卷积层),实现了输入和输出都是图像的端到端场景分割。经池化操作降低分辨率的特征图,通过"反卷积"(Deconvolutional)层学习一个用于上采样的滤波器提高特征图的分辨率。FCN 中较浅的高分辨率层用来解决像素定位问题,较深的层用来解决像素分类问题。FCN 有三个优势:有效解决了边缘图像不连续性;简化了学习过程,通过较少的参数训练出较高的精度;充分利用 GPU 在卷积运算中的优势降低模型预测时间开销。由于 FCN 模型可以生产任意尺寸的图像分割图,且比图像块方法拥有更高的卷积特征共享度以及更快的预测速度,因此成为图像语义分割领域研究热点。

　　与计算机视觉领域语义分割问题所研究的自然物体图像不同,光学遥感图像的样本数据因地物的偏斜分布导致存在类别不均衡问题,即不同类别数据量差异较大,通常将其中样本数量较少的称为小类,样本数量较多的称为大类。类别不均衡问题限制了小类的分类精度,因此降低了语义分割的平均分类精度。

针对数据类别非均衡所造成的难以对小类有效训练以及模型评价指标偏差的问题,本章设计了一种基于 FCN 的网络模型,实现对高分辨率遥感图像端到端的均衡语义分割。模型设计基于 U 形网络结构,通过加权交叉熵损失函数提高小类的权重,采用自适应阈值算法调整各类别预测的置信度阈值,改善了样本数据较少的小类语义分割结果,最后在 DSTL 数据集上对改进方法进行训练和测试,实验结果表明所提的方法达到了预期的效果。

3.2　基于改进 U 形网络的语义分割方法

3.2.1　模型结构

U – Net 模型[141]是一种高度可扩展的 FCN 模型,其采用的 U 形网络结构的"编码器 – 解码器"(Encoder – Decoder)模型在得到高分割精度的情况下对训练数据规模要求较低,在多个领域的语义分割任务中表现出潜力。本章设计了 U 形对称的网络结构,模型结构如图 3 – 2 所示。

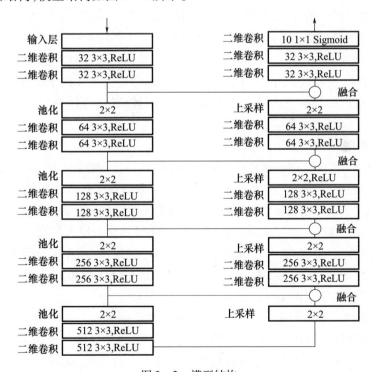

图 3 – 2　模型结构

图 3 – 2 中:(128,3 ×3,ReLU)的二维卷积表示卷积核个数为 128 个,卷积核尺寸为 3 ×3,使用的激活函数为 ReLU(线性整流单元);2 ×2 的池化表示步幅为 2

的最大池化层,此外融合方式为跨层连接模式。

多通道的图像作为输入信息,经过 10 层卷积层提取多层特征,每 2 层卷积层后跟一个最大池化层进行下采样实现对图像的多尺度特征提取。每次池化降低特征图的空间维度为原来的 1/2,同时将卷积核个数提高到上层的 2 倍以对特征图的通道数翻倍。模型训练的优化函数为 Adam 优化器。采用两种改进的类别均衡策略:模型训练过程中通过改进损失函数为加权交叉熵损失函数调整损失权重;模型预测阶段,对训练得到的模型采用自适应阈值算法,通过动态调整各类别置信度阈值以达到最佳的平均 Jaccard 系数。所提的模型基于 U 形网络的设计思想,具有结构简洁、性能高、对数据规模要求小的优点,模型核心设计思想有如下三点。

1. 编码器解码器思想与跨层连接

"编码器 – 解码器"网络结构,通过编码器降低空间维度,在解码器上采样逐渐恢复对象的细节和空间维度。模型分为左侧收缩路径和右侧扩展路径,分别代表降低空间维度的编码器,和上采样逐渐恢复对象的细节和空间维度的解码器。收缩路径和传统卷积网络一致,每次下采样过程降低特征图的分辨率,同时将特征通道数量翻倍。扩展路径包含一系列特征图的上采样过程,采用 2×2 卷积核进行反卷积,同时与对应的收缩路径上的特征图连接,进行两次 3×3 卷积,弥补传统 CNN 在池化的过程中丢失位置信息的不足。在下采样路径中进行 BN 操作,上采样之后进行 Dropout 操作。卷积神经网络在高层次中能够提取更高级的语义特征,但是高层特征分辨率较低,定位精度较差,通过跨层连接能够充分利用浅层特征图的空间信息,从低分辨率的特征图上采样时得到位置更为精确到的高分辨率分割图。

2. 卷积化

基于 CNN 的分类网络通常最后几层为全连接层,以典型的 AlexNet 为例,其最后三层为全连接层,通过全连接将卷积层 256 通道的数据转换为两层长度为 4096 的一维数据,最后得到长度为 1000 的一维数据输出,每个数据表示属于 ImageNet 数据集标注的 1000 个类别之一的概率。全连接层和卷积层之间唯一的不同就是卷积层中的神经元只与输入数据中的一个局部区域连接,并且在卷积列中的神经元共享参数。然而在两类层中,神经元都是计算点积,所以它们的函数形式是一样的,因此两者能够互相转化。

3. 上采样

上采样的目的是从低分辨率图像或特征图得到高分辨率图像或特征图,如图 3 – 3 所示。最简单常用的上采样操作的实现方式有最近邻插值法、双线性插值法、双三次插值法。这类基于插值的方法可能损失细节信息导致输出较为粗糙,且插值方法在网络结构选择时即完全固定,类似一个手工的特性工程方法,网络无法从上采样过程中学习到任何有用信息。反卷积(Deconvolution)不使用预定义的插值算法,而是通过可学习的卷积核参数在网络中自动学习如何优化上采样方法。反卷积概念在多个重要研究中得到应用,如生成对抗网络中采用反卷积得到随机采样值以产生全尺寸图像,语义分割中用卷积层提取特征用反卷积恢复特征到输入图像的尺寸。

模型中的特征图经多轮卷积层和多轮最大池化层后特征图尺寸大幅降低,要得到和原始图像分辨率一致的分割图像,需要对小尺寸特征图进行一系列上采样。模型中上采样主要通过反卷积实现,

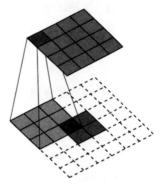

图 3 - 3　反卷积示意图

上采样部分会融合特征提取部分的输出,这样做实际上是将多尺度特征融合在了一起。以最后一个上采样为例,它的特征既来自第一个卷积 block 的输出(同尺度特征),也来自上采样的输出(大尺度特征),这样的连接是贯穿整个网络的。可以看出,图 3 -2 的网络中有四次融合过程,而经典的 FCN 网络模型仅在最后一层进行特征图融合。

3.2.2　数据预处理

1. 图像和特征标准化

图像中通常记录像元的亮度,如位宽为 8 的 RGB 图像数据记录范围为 $[0, 255]$,而神经网络的参数和激活函数通常初始化为 $[0,1]$ 之间的随机数,需要采用标准化方法避免出现异常梯度,z - score 标准化算法将输入图像的像素值调整为近似正态分布,有助于优化梯度下降法的收敛。η 与 σ 是 $X/\max$ 的均值和标准差,标准化公式为

$$X_{\mathrm{out}} = \frac{(X/\max) - \eta}{\sigma} \qquad (3-1)$$

2. 数据增强

数据增强是从已有数据生成新的样本实例,当训练样本较少时,数据增强对于提高网络的鲁棒性十分有益,能够显著扩充数据集的规模,增加网络的泛化能力。常用的迁移方法有平移、旋转、扭曲、缩放、颜色空间变换、裁剪、切换波段、垂直和水平翻转等。以旋转增强为例,K 个变换 $T_\phi = \{T_{\phi_1}, T_{\phi_2}, \cdots, T_{\phi_K}\}$,$T_{\phi_k}$ 代表样本的一个旋转角度。$X = \{x_1, x_2, \cdots, x_N\}$ 变换为 $T_\phi X = \{T_\phi x_1, T_\phi x_2, \cdots, T_\phi x_N\}$,$T_\phi x_i = \{T_{\phi_k} x_i \mid i = 1,2,\cdots,N; k = 1,2,\cdots,K\}$,数据经旋转扩充后样本 $\chi = \{X, T_\phi X\}$,假设 $K = 35$,则 $\phi = \{10°, 20°, \cdots, 350°\}$。

本章中采用的数据增强方法有:将原图和 label 图经 90°、180°、270° 旋转的旋转增强,将原图和 label 图都做沿 y 轴的镜像操作,将原图做模糊操作,将原图做光

照调整操作,将原图做增加噪声操作(如高斯噪声、椒盐噪声)。

3.2.3 改进的类别均衡策略

1. 加权交叉熵损失函数

CE 损失函数是深度神经网络中解决分类问题常用的损失函数,该函数在误差较大时权重更新快,误差小时权重更新慢。经典的二元交叉熵损失函数(Binary Cross Entropy,BCE)常用于二分类任务,可表示为

$$\text{BCE} = -\sum \left[y_{\text{true}} \lg y_{\text{pred}} + (1 - y_{\text{true}}) \lg(1 - y_{\text{pred}}) \right] \tag{3-2}$$

式中:y_{true}为真实值;y_{pred}为预测值。

由于遥感图像数据集中存在显著的类别非均衡问题,对于小类目标,其正样本相对负样本数量较少,如果采用相同的权重,网络会倾向于将多数像素预测为负样本,极端情况下甚至全部预测为负样本也能得到较高的分类精度。因此,本书采用加权交叉熵损失函数,给正样本加上一定的权重,对 n 类目标,权重向量为 $\{w_1,$ $w_2, \cdots, w_n\}$。加权交叉熵损失函数中权重与该类正样本所占比例 $\beta = Y_+/Y(Y_+$ 为正样本个数,Y 为总样本数)负相关。权重计算采用 $w = f(\beta) = \sqrt[\alpha]{(1-\beta)/\beta}$,其中 α 为权重调节因子,默认为 $\alpha = 2$,式(3-3)为类别 i 的损失函数,其中 w_i 为该类权重,即

$$w\text{BCE} = -\sum \left[w_i y_{\text{true}} \lg y_{\text{pred}} + (1 - y_{\text{true}}) \lg(1 - y_{\text{pred}}) \right] \tag{3-3}$$

2. 自适应阈值策略

模型输出是一个四维张量,包含 m 幅 $x \times y$ 图像中每个像素属于 n 个类别的置信度。置信度为最后一层 Sigmoid 层输出对于每个预测类别的一个二分类结果。模型训练完成后,需要设置每个类别的阈值 t 以决定像素是否属于该类。当 $p > t$ 时认为像素属于该类别,通常在图像分类中采用阈值 $t = 0.5$ 作为判别标准,遥感图像训练数据偏斜分布导致的类别不均衡问题使得单一阈值方法难以获得较好的性能。在训练数据较少的类别中预测置信度较低,需降低阈值以提高该类别的召回率。自适应阈值方法利用验证集将每类阈值调整为具有最佳的平均 Jaccard 系数。类别数为 n 时各类的阈值为 $T = \{t_1, t_2, \cdots, t_n\}$,$J^i(t)$ 为类别 i 在阈值 t 下分割结果的平均 Jaccard 系数,则类别 i 的阈值 t_i 可表示为

$$t_i = \text{argmax}\left[J^i(t) \right] \tag{3-4}$$

最佳阈值的选择可以采用穷举法,以一定步长(如 0.01)遍历各类可能的阈值,这种方式运算量较大。因此本章采用梯度上升算法快速寻找最佳阈值。开始阈值搜索前,各类阈值均初始化为 0.5。梯度上升和 CNN 优化所用的梯度下降的分析方式是一致的,不同之处在于将梯度的更新由降低变为增加。阈值取值空间为 $[0, 1]$,η 为学习率,式(3-5)为求解类别 i 阈值的梯度上升算法,即

$$t_{\text{new}} = t_{\text{old}} + \eta \nabla_t J^i(t) \tag{3-5}$$

3.3　实例分析

3.3.1　实验环境及参数设置

近年来,GPU 技术的进步和开源深度学习软件框架的发展极大提高了开发效率,从而使研究人员能够更专注于研究和开发深度学习算法模型。深度学习软件框架建模能力、跨平台能力、接口的易用性、并行化能力、预训练模型可用性、社区支持和文档质量均有了很大进步。目前,深度学习框架主要包括 TensorFlow、Py-Torch、Caffe、MXNet、Theano、Keras 等,其中 Google 的 TesnsorFlow 拥有很强的灵活性,支持跨平台、多语言接口、GPU 加速、并行化和预训练模型,是常用的深度学习开发框架。

采用 Tensorflow 作为深度学习开发平台。实验中用到的第三方库包括读取遥感图像数据的 Tifffle,进行基本图像处理的 OpenCV,处理多边形数据的 shapely,作为可视化工具的 matplotlib,提供基础机器学习方法的 scikit – learn 等。硬件计算环境包括:CPU 为 E5 2650v3,运行内存 32GB,GPU 为 Nvidia GTX 1080 Ti。

实验采用英国国防科技实验室(Defence Science and Technology Laboratory, DSTL)发布的 DSTL 数据集,该数据集包含来自 WorldView – 3 卫星的 10 类标记的样本数据,包含 25 幅 $1km^2$ 大小地区的高分辨率遥感图像,波段有全色、可见光、多光谱和短波红外等共 20 个波段。数据波段见表 3 – 1。

表 3 – 1　数据集波段详情

波段范围/nm	辐射分辨率/bit	空间分辨率/m	图像尺寸/像素×像素
450 ~ 690	11	0.31	3348 × 3392
400 ~ 1040	11	1.24	837 × 848
1195 ~ 2365	14	7.5	134 × 136

DSTL 数据集包含 10 类地物目标:房屋、混合建筑、道路、小路、树木、农作物、河流、积水、大型车辆、小型车辆。图 3 – 4 总结了数据集中各类别目标的分布情况,可以看出数据集中存在显著的类别非均衡问题。数据集中原始图像和标记地物目标的掩码图像如图 3 – 5 所示。实验部分采用了数据集中高分辨率的 12 个波段,主要有 1.24m 分辨率的 8 个多光谱波段和 0.31m 分辨率的可见光波段,对于较低分辨率的多光谱数据部分,重采样至与 RGB 和全色部分分辨率相同,组合为 12 通道的数据集。

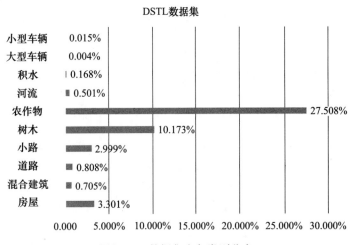

图 3 - 4　数据集中各类别分布

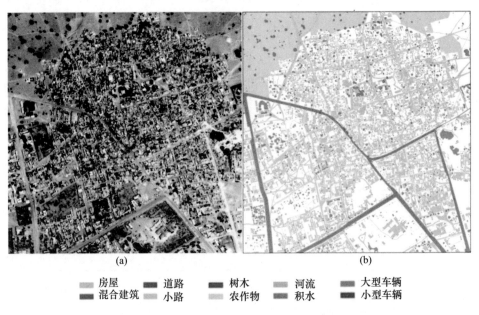

图 3 - 5　DSTL 数据集标注示意图(见彩图)

3.3.2　实验结果与分析

模型在 DSTL 数据集上训练,数据集中 20 幅图像作为训练验证集、5 幅图像作为测试集,训练验证集采用 5 - flod 交叉验证,所有对比试验均采用相同的数据集划分。将图像集归一化为具有零均值和单位方差的数据集,将图像转换为一系列160 像素×160 像素的图像块作为输入,并对输入数据进行数据增强。batch size 设为 32,进行 100 轮次的训练,训练过程中采用三个性能评价函数跟踪:Accuracy、Jaccard_coef、Jaccard_coef_int,训练完成后用 score 函数对最终的模型性能进行评估。图 3-6 所示为三个性能评价函数以及损失函数随训练过程变化的过程,在训练过程中用 scikit-learn 库中的"jaccard_similarity_score"评价方法得到验证集最后得分为 0.8752。

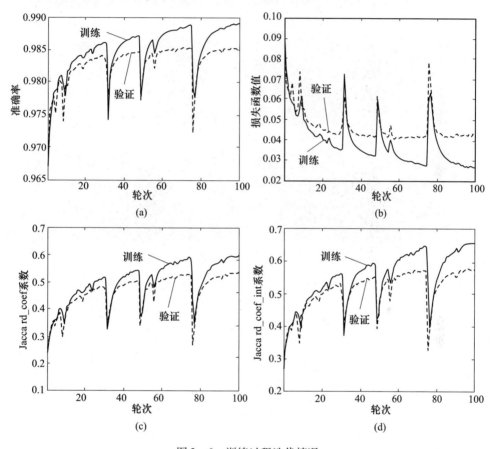

图 3-6　训练过程迭代情况

图 3-7 所示为训练完成后模型的预测效果,将每类目标预测结果可视化为对应的掩码图像,在本实验的硬件条件下,预测 3348 像素 ×3392 像素尺寸的图像平均时间约 3.42s。参数 $\beta_1 = 0.9$、$\beta_2 = 0.999$、$\varepsilon = 10^{-8}$、学习率 $\eta = 0.001$。

模型训练完成后,采用自适应阈值方法获取各类别平均 Jaccard 系数最大的阈值。图 3-8 所示为各类别阈值和其平均 Jaccard 系数的关系,各类别最佳阈值的计算结果见表 3-2。

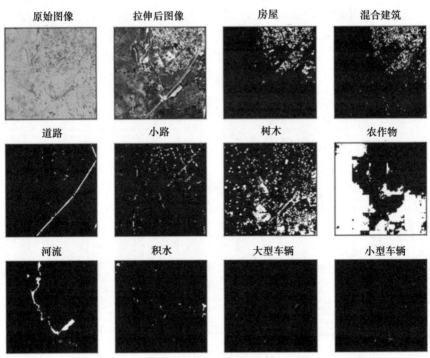

图 3-7 模型预测各类别掩码图示意图(见彩图)

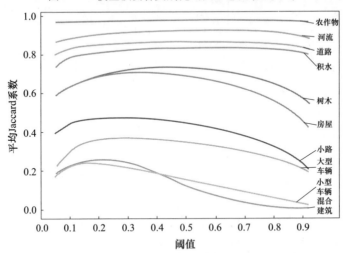

图 3-8 各类阈值和评估性能之间的关系

表 3-2 各类别最佳阈值

类别	房屋	混合建筑	道路	小路	数目	农作物	河流	积水	大型车辆	小型车辆
最佳阈值	0.36	0.22	0.51	0.26	0.45	0.39	0.57	0.61	0.31	0.18

为综合分析所提模型的性能,本章进行了多组对比实验进行比较,主要包括经典的 patch-based CNN 方法和二元逻辑斯蒂回归方法,以及通过未使用改进措施的基本模型的实验分析了改进措施的效果。基本模型未采用自适应阈值算法和加权交叉熵损失函数,采用了相同的数据增强方法。同时,还在不使用数据增强方法的情况下进行实验以分析数据增强方法对模型性能的提升效果。部分测试数据的语义分割结果对比如图 3-9 和图 3-10 所示,图中比较了真实值和上述方法的实验结果。

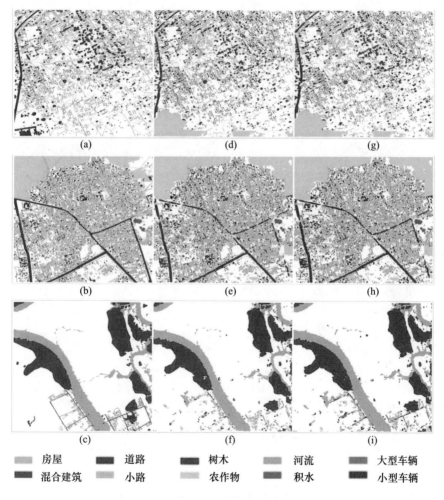

| 房屋 | 道路 | 树木 | 河流 | 大型车辆 |
| 混合建筑 | 小路 | 农作物 | 积水 | 小型车辆 |

图 3-9 实验结果对比(自适应阈值处理)(见彩图)

(a)(b)(c)真实值;(d)(e)(f)经自适应阈值处理的本章方法;
(g)(h)(i)未经自适应阈值处理的本章方法。

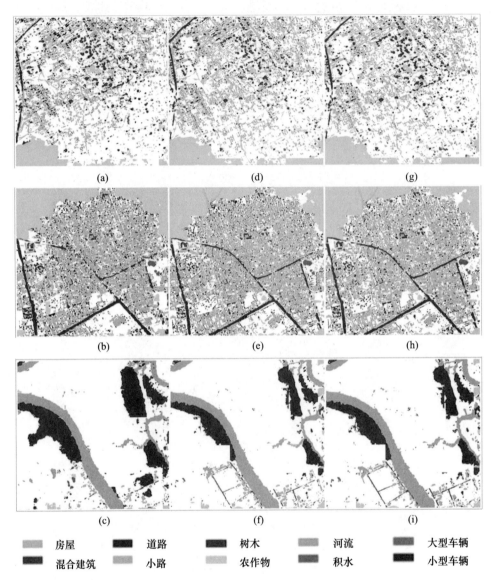

	房屋		道路		树木		河流		大型车辆
	混合建筑		小路		农作物		积水		小型车辆

图 3 - 10　实验结果对比(数据增强和自适阈值)(见彩图)

(a)(b)(c)图像块分类算法;(d)(e)(f)未数据增强的本章方法;

(g)(h)(i)未采用数据增强和自适应阈值的本章方法。

　　未采用自适应阈值的方法采用类别 1(房屋类)的平均 Jaccard 系数进行快速阈值选择,选取 0.4 作为其固定阈值下的阈值。图 3 - 11 为图像中存在小类"小型车辆"和"大型车辆"的部分区域语义分割结果的掩码图,可以看出,本章提出的方法显著改善了小类的语义分割结果。

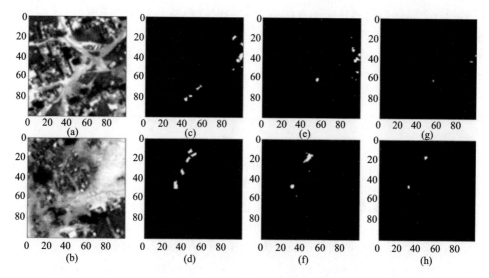

图 3 - 11　小类局部区域预测结果

(a)(b)原图；(c)(d)真实值；(e)(f)本章方法结果；

(g)(h)基本 U - Net 模型结果。

表 3 - 3 对比了算法性能，其中 WCE 表示加权交叉熵损失(Weighted Cross Entropy)，AT 表示自适应阈值(Adaptive Threshold)，DA 表示数据增强(Data Augmentation)。从实验结果可以看出，所提的改进类别均衡策略将平均 Jaccard 系数从 0. 611 提高到了 0. 636，将小类"小型车辆"的 Jaccard 系数从 0. 166 提高到了 0. 238。通过对训练数据集和实验过程及结果的分析，可以看出对于小类来说由于数据规模过少，数据增强对于精度的改善较大。在采用同样数据增强方法的情况下，所提的自适应阈值和加权交叉熵损失能够进一步改善分类效果。

表 3 - 3　算法性能对比(平均 Jaccard 系数)

方法/类别	房屋	混合建筑	道路	小路	树木	农作物	河流	积水	大型车辆	小型车辆	平均
Binary logistic	0. 484	0. 015	0. 500	0. 201	0. 393	0. 539	0. 575	0	0	0	0. 271
Patch - based CNN	0. 623	0. 146	0. 756	0. 258	0. 671	0. 958	0. 873	0. 800	0. 001	0. 030	0. 512
FCN + DA	0. 698	0. 152	0. 863	0. 455	0. 728	0. 969	0. 917	0. 830	0. 359	0. 166	0. 614
FCN + WCE + DA	0. 701	0. 181	0. 863	0. 467	0. 728	0. 969	0. 918	0. 834	0. 366	0. 183	0. 621
FCN + AT + DA	0. 702	0. 228	0. 863	0. 465	0. 728	0. 969	0. 918	0. 832	0. 362	0. 226	0. 629
FCN + WCE + AT	0. 599	0. 138	0. 568	0. 219	0. 451	0. 878	0. 829	0. 707	0. 042	0. 047	0. 448
本章方法	**0. 705**	**0. 258**	**0. 864**	**0. 472**	**0. 728**	**0. 969**	**0. 919**	**0. 835**	**0. 369**	**0. 238**	**0. 636**

和传统方法的实验结果对比表明，所提的模型显著优于传统的二元逻辑斯蒂回归(Binary logistic)分类器和图像块分类 CNN(Patch - based CNN)方法。通过数据增强，显著提高了平均 Jaccard 系数。模型的有效性有三个主要原因：①U - Net

模型通过直接将编码器特征图连接到对应的解码器的上采样特征图,形成梯形结构;②通过其跳过级联连接的架构允许每个级的解码器学习在编码器中汇集时丢失的相关特征;③通过自适应阈值算法调整每个类的阈值以帮助模型获得更好的平均 Jaccard 系数。

3.4　小　　结

本章提出了一个基于 FCN 的语义分割模型,以像元分类预测的方法实现光学遥感图像区域检测任务。模型基于 U 形网络结构设计实现了端到端的高效语义分割,针对遥感数据中存在的类别非均衡问题,通过改进的加权交叉熵损失函数和自适应阈值方法提高样本规模较小的小类的分割精度。对 DSTL 数据集的语义分割实验结果证明:本章提出的方法能够有效用于遥感图像语义分割并显著提高样本总量较少的小类的分割精度,进而将平均 Jaccard 系数从 0.611 提升至 0.636。模型具有以下优点:①端到端的训练及预测;②通过卷积化充分利用 GPU 性能;③学习流程简单,能够用较少的参数得到较好的结果。通过分析可以看出本章所提的方法对区域提取性能较好,对小目标检测精度较低,且难以得到小目标的准确位置信息和分离个体实例。因此本书第 4 和第 5 章研究基于计算机视觉中 CNN 物体检测的方法以边界框形式对光学遥感图像中实例目标的检测。

第4章 尺度相关的光学遥感图像边界框回归检测

4.1 问题分析

尺度是遥感图像的一个重要特性,遥感图像中地物目标复杂多样,不同类型的目标具有不同的尺度分布。此外,与自然物体图像数据集目标的尺寸受相机距离影响不同,在相同地表采样距离(Ground Sample Distance,GSD)的遥感图像中目标大小仅受其物理尺寸影响,有其独特的分布特性(图4-1比较了PASCAL VOC和Wordview-3中的车辆目标)。例如,0.3m分辨率的高分辨率遥感图像中波音737飞机目标的尺寸约为112像素×112像素。

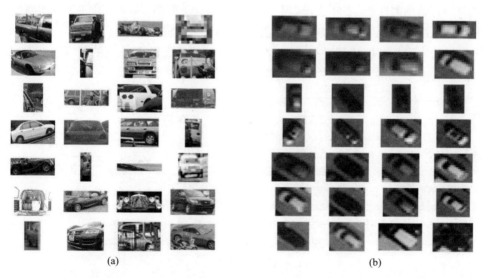

(a) (b)

图4-1 PASCAL VOC数据集和WorldView-3数据集中的各种车辆目标(见彩图)
(a)PASCAL VOC数据集中的车辆目标;(b)WorldView-3数据集中的车辆目标。

CNN中卷积核的局部感受野特性使得CNN自身难以具有对较大尺度变化的适应性。目前,遥感图像目标检测中基于CNN的研究多数将从各种不同数据源获取的数据进行标注构造基准数据集,在基准数据集上采用CNN方法进行有监督学习,得到目标检测模型。尺度空间理论提出学习尺度不变的特征表示,模型的尺度不变性对于识别和定位目标有着重要的意义。针对目标检测中的多尺度问题,目前主要的研究成果有如下几类。

1. 多尺度模型

多尺度模型是一种基于分治策略的方法,在不同分辨率的层次上对不同大小的目标分别进行独立预测。Hu[142]提出了一种金字塔方法用于小尺度人脸检测,目标梯度在多个尺度下的响应经过最大池化后进行反向传播,采用多个不同的滤波器在金字塔不同尺度的层上分别进行人脸检测。这类方法对于遥感图像目标检测应用受到一些限制,主要表现在每类的数据集规模有限,并且遥感图像中的目标与人脸相比外观、姿态等特征具有更丰富的多样性,这些原因导致遥感图像目标检测方法中采用包含不同尺度滤波器的多尺度模型会导致算法性能下降。

2. 多尺度特征融合

CNN 中浅层特征图分辨率较高,但语义信息较弱;深层特征图包含较强的语义信息,但分辨率较低。MS – CNN[143]等方法在网络的各个层进行独立预测以利用不同分辨率的特征图,确保小目标能够在浅层特征进行训练,如图 4 – 2(b)所示。这种方法虽然利用了更高分辨率的特征图,但是浅层特征图语义特性的缺失也会损害到预测性能,实际仍难以有效检测小目标。FPN、Mask – RCNN、RetinaNet 等方法采用特征金字塔表示方法,如图 4 – 2(c)所示将靠近输入层的浅层特征和更靠近输出层的深层特征进行融合,在保留深层特征的语义信息的前提下提高特征图的分辨率,这种方式使模型能够更好地检测图像中小目标。

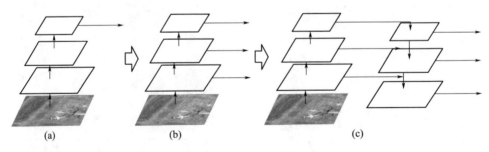

图 4 – 2　多尺度特征表示方法

(a)单一尺度;(b)多尺度预测;(c)多尺度特征融合。

3. 多尺度训练和测试

多尺度训练和测试方法是一种提高模型尺度不变性的方法。多尺度训练在训练阶段对样本数据进行多尺度增强。多尺度测试在测试阶段同样将待测图像进行多尺度表示,各尺度图像分别输入模型将得到的检测结果合并后进行后处理。S. Ren等学者[144]提出了一种图像金字塔方法,在预测阶段从一系列尺度中选择接近预训练数据集尺度的一组。SPPNet 和 Fast R – CNN 等方法中也提出了类似的多尺度训练和测试策略。例如,训练过程和测试阶段将图像上采样以增加特征图的分辨率。多尺度训练和测试方法使得每个目标都会有多种尺寸的表现形式对目标检测模型进行训练,提高了模型的尺度不变性。但是,这种方法存在两个缺点:一是多尺度增强时增大了训练数据中目标尺度的差异,过大或过小的目标都会影响训练效果;二是多尺度测试产生了额外的预测时间开销,极大地影响了模型的预测效率。

研究人员利用这三类方法在解决多尺度问题上进行了探索,显著提升了目标检测的性能,但是还存在一些问题。FPN 将 CNN 中深层的强语义特征与浅层强位置特征结合的方法显著提升了模型对目标多尺度的适应能力和小目标的检测性能,但仍有改进空间。多尺度训练方法在生成多尺度图像时目标大小也会随之变化造成同类目标尺度差异进一步放大,不利于模型语义信息的学习。训练和测试数据的尺度分布差异会造成分类性能的损失,且性能损失程度与分布差异成正比。因为训练和预测数据的尺度不匹配问题,会使得模型训练收敛于次优处。即使在数据相对充足的情况下,CNN 模型仍然难以用于尺度变化极大的物体,这是由 CNN 自身局部感受野特性决定的。目前,检测多尺度目标的原理是利用模型的容量拟合不同尺度目标的表达,对模型的能力也是一种浪费,而学习适应一定尺度范围下的目标检测器可以使模型能力集中用于学习语义信息。

目前多数基于 CNN 的遥感图像目标检测方法仍然沿用了计算机视觉领域公开数据集上采用的方法,通过多个不同来源的数据集上进行目标边界框标注构造训练数据集,在训练数据集上对基于 CNN 的模型进行监督学习得到目标检测模型。这种模式存在两个问题:一是训练和预测的数据分布差异导致了领域偏移问题;二是没有充分利用遥感图像空间分辨率相关的目标尺度分布先验信息。

针对遥感图像中目标的尺度变化所产生的领域偏移问题,本章提出一种尺度相关的基于边界框回归的目标检测模型。主要工作有:①设计了一种基于改进 YOLOv3 的目标检测模型,模型中提出一种基于多尺度聚类的鲁棒锚点生成方法,通过对目标的多尺度聚类分析得到模型检测头部的特征金字塔上各层特征图对应的锚点参数,并对小目标对应的锚点设计了锚点扩展策略以提高小尺度锚点提取密度;②改进了多任务损失函数,针对遥感图像中感兴趣目标较少导致的基于先验锚点的方法产生大量负样本的问题,将焦点损失(Focal Loss)引入负样本置信度损失函数中以降低易分类负样本的损失权重,采用 GIoU 计算位置偏差作为定位损失函数,更准确地表示预测结果的定位误差;③提出一种多尺度采样算法,以图像金字塔对样本数据进行多尺度表示,在各尺度下提取包含感兴趣尺度范围的重点关注区域构成样本集,采用选择性学习策略进行训练。

4.2　尺度相关的改进型 YOLOv3 模型

4.2.1　改进型 YOLOv3 模型结构

本章基于实时性和精度较为均衡的 YOLOv3 模型进行改进,提高对高分辨率遥感图像目标检测的性能。YOLOv3 是一个经典的单阶段目标检测框架,在多个领域应用广泛。检测算法同时完成目标定位(坐标回归)和类别判断(分类)两个任务。图 4-3 所示为本章提出的目标检测模型结构,其中带有背景色的部分为改进部分。模型由骨干网络、检测头部和输出三个部分组成。

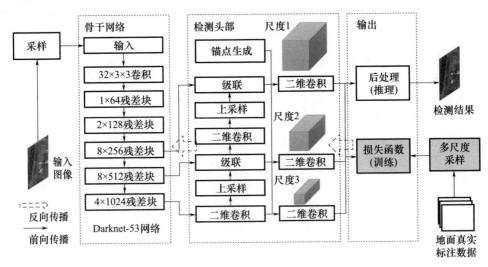

图 4-3　模型结构

1. 骨干网络

骨干网络采用 Darknet-53 网络,用于分类的 Darknet-53 由 52 层卷积层和一层全局池化层组成,特征提取部分全部由卷积层构成。骨干网络充分利用卷积层在提取目标特征上的优势,用步幅为 2 的卷积层取代池化层实现特征图的下采样,以防止池化层带来的低级特征丢失,同时将特征传递到下一层。Darknet 中采用了与 ResNet 类似的残差模块(Res Block),每个残差模块有两个卷积层和一个快捷链路,避免了模型退化问题。

2. 检测头部

检测头部采用与 FPN 模型类似的特征金字塔结构,将从输入数据下采样 32 倍、16 倍和 8 倍得到的多尺度特征图进行融合,模型能够在三个尺度的特征图上进行训练和预测。为了实现细粒度的检测,骨干网络最深层的相对图像 32 倍下采样的特征图经卷积层用于 Scale3 的预测,该层具有较大的感受野,适合检测大目标;深层特征图同时开始做上采样操作(采用最近邻插值算法进行 2 倍上采样),然后与中层特征图融合,得到较细粒度的特征图。同样经过几个卷积层后得到相对输入图像 16 倍下采样的特征图用于 Scale2 的预测,该层具有中等尺度的感受野,适合检测中等大小的对象。中层特征图继续上采样,并与较浅层特征图融合,从而得到相对输入图像 8 倍下采样的特征图用于 Scale1 的预测;最后一次融合后的特征图感受野最小,空间分辨率最高,包含较为准确的位置信息,适合检测小尺寸的目标。模型预测和训练过程均需要用到锚点参数进行相对运算,图中 Anchor Generator 表示锚点生成方法。

3. 模型输出

对于每幅输入图像,模型在每个尺度特征图上后接 1×1 的卷积实现预测。也即回归得到一个三维张量,每个尺度下的输出张量形式如图 4 - 4 所示。

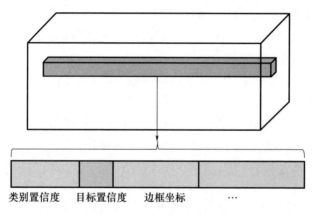

图 4 - 4　模型输出张量

以输入 608×608 为例,Scale3 上为一个 19×19 的张量,每个单元格预测固定数量(数量由锚点生成方法决定)的边界框。每个预测结果对应三维张量中的一组格式为 $1 \times 1 \times (a + b + c)$ 的数据。其中,a 代表类别置信度,b 代表目标置信度,c 代表边框坐标。通过这种方式实现了将原始输入图像分割成 19×19 的网格,每个网格在 Scale3 上预测和该尺度锚点生成器生成的锚点数量相对应的预测数量。训练过程当训练集中某一个真实值对应的边框中心落在输入图像的某一个网格中,这个网格就负责预测该目标的边界框,将这个网格所对应的 confidence 设为 1,其余的网格则为 0。每个尺度特征图对应训练和预测尺度在相应范围的目标,通过三个尺度的设计使得模型能够检测不同大小的目标。

4.2.2　基于多尺度聚类的鲁棒锚点生成方法

直接进行边界框参数(中心点坐标、宽度、高度)的预测可能会导致训练期间的梯度不稳定,目前基于 CNN 的目标检测方法多数采用预定义的先验锚点,作为目标边界框的初始位置假设。锚点密集地分布在特征图上,通常以特征图的每个神经元为中心,定义若干个不同尺寸的先验锚点。训练网络以预测相对于神经元中心的位置偏移量和相对于锚点形状的宽度/高度的偏移量,结合分类置信度的预测得到最终的检测结果。

在训练过程中网络会学习如何选择尺寸适合的先验锚点框,以及相对这个锚点进行调整的偏移量。训练时只选取 IoU 最大的先验锚点。锚点框是一系列预定义的图像平面上的多尺度和多种宽高比的矩形区域,基于锚点的检测方法通过分类和回归锚点进行目标检测,把输入的向量空间按照尺度/比例进行离散化,分割为若干个离散的方块,并通过锚点函数为每个相应的锚点生成一个目标框。x 表示从输入图像提取的特征,第 i 个锚点框的函数可表示为

$$F_{b_i}(x;\theta_i) = F_{b_i}^{\mathrm{cls}}(x;\theta_i^{\mathrm{cls}}), F_{b_i}^{\mathrm{reg}}(x;\theta_i^{\mathrm{reg}}) \qquad (4-1)$$

式中:$b_i \in B$ 是先验用来描述第 i 个锚点关联的目标框的一般属性;$F_{b_i}^{\mathrm{cls}}(\cdot)$ 判断是否存在一个目标框与第 i 个锚点相关联;$F_{b_i}^{\mathrm{reg}}(\cdot)$ 则把目标框的相对位置回归到先验 b_i;θ_i 表示锚点函数的参数。

1. 现有锚点生成方法

由于尺寸合适的锚点能够使网络更快速精准地学习,因此锚点宽度和高度是基于锚点的目标检测的关键参数。传统方法中锚点的参数(长和宽)通过手动设定获得,这种方式带有一定的主观性。例如,Faster RCNN 中采用锚点形状具有三个尺度(128^2,256^2,512^2)和三个宽高比($1:1,1:2,2:1$)共 9 个锚点。在 SSD 中宽高比还包括 $1:3$ 和 $3:1$,在 SSD 模型的各层特征图上采用不同尺度的锚点。早期的 YOLO 模型没有采用锚点机制,改进版 YOLOv2 和 YOLOv3 模型采用了基于锚点的方法以提高精度,其中锚点参数通过对样本真实值的 K - means 聚类得到。近年来针对锚点优化的方法显著提高了基于 CNN 的目标检测算法性能。在各类检测任务中出现了多种针对性的锚点参数优化方法。例如,文本检测中针对文本的宽度更大增加 $5:1$ 和 $1:5$ 比例的锚点,人脸检测中针对人脸形状接近正方形仅采用 $1:1$ 的比例,行人检测中采用 0.41 的比例。不合适的锚点策略带来的噪声会损害目标检测精度。MetaAnchor 采用神经网络预测权重,将锚点参数建模为从自定义参数由神经网络实现的函数进行计算。相对于预定义固定的锚点参数,这一机制显示出对锚点参数设置和边界框分布更强的鲁棒性,然而包含额外网络的权重导致增加了训练和预测时间消耗,而且仍然需要预先设置自定义先验锚点。

2. 改进的鲁棒锚点生成方法

基于多尺度聚类的鲁棒锚点生成方法中,锚点参数的决策不再仅凭经验设置或目标尺度分布作为单一参考。从对经典模型的分析可知,经 FPN 融合后浅层高

分辨率特征图拥有更小的感受野,有利于小目标的训练和预测而不利于大尺寸目标;深层低分辨率特征图拥有更大的感受野,包含更丰富的语义信息有利于大尺寸目标预测。如图 4 - 5 所示,锚点参数决策同时依据目标尺度分布和特征图分辨率。图 4 - 4 模型结构中锚点生成方法(Anchor Generator)展开流程如图 4 - 6 所示。按照上述原则,将标注样本按照目标大小分配到三个尺度上,分别通过 K - means 聚类得到锚点参数,并分配至特征金字塔中各层特征图上。最后对浅层特征图所对应的锚点参数进行锚点扩展,以提高对小目标的覆盖率。这种方式:一方面将不同大小的锚点分配至和其特征图分辨率相匹配的层次;另一方面由目标尺度分布聚类产生的锚点参数能够使得目标和锚点之间的偏移量相对较小,有利于参数的拟合以及提高定位精度。

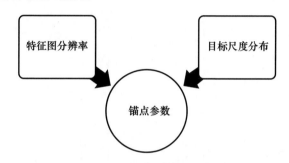

图 4 - 5　锚点参数相关因素

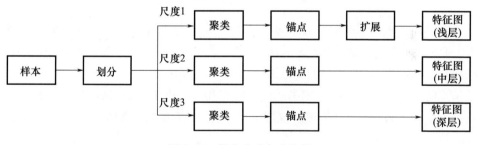

图 4 - 6　锚点生成方法流程

1)锚点框相对偏移量预测

图 4 - 7 为模型中边界框的典型表示,其中 C_x 和 C_y 是特征图中边界框中心点所在网格的左上角坐标,模型中每个网格在特征图中的宽和高均为 1。图中实线为边界框,虚线为锚点。边界框的中心属于第 2 行第 2 列的网格,它的左上角坐标为 $(2,2)$,故 $C_x = 2,C_y = 2$。P_w、P_h 是预定义的锚点映射到特征图中的宽和高。最终得到的边框用 (b_x,b_y,b_w,b_h) 表示,分别为中心点坐标和宽高,模型实际的学习目标是 (t_x,t_y,t_w,t_h) 这四个偏移量,即边界框相对于特征图中锚点的位置和大小。其中,t_x 和 t_y 表示预测的坐标偏移值,t_w 和 t_h 表示尺度缩放比例,这种格式有利于对

输出处理过程的处理(例如,通过目标置信度进行阈值处理、添加对中心的网格偏移、应用锚点等),偏移量可以用公式转换为实际预测结果,式(4-2)~式(4-5)表示从(t_x,t_y,t_w,t_h)到(b_x,b_y,b_w,b_h)的关系。已知特征图大小为$W \times H$则可以得到边界框相对于整幅图像的位置和尺寸(取值为0和1之间),进一步根据原图尺寸即可得到检测结果:

$$b_x = \sigma(t_x) + c_x \qquad (4-2)$$

$$b_y = \sigma(t_y) + c_y \qquad (4-3)$$

$$b_w = p_w e^{t_w} \qquad (4-4)$$

$$b_h = p_h e^{t_h} \qquad (4-5)$$

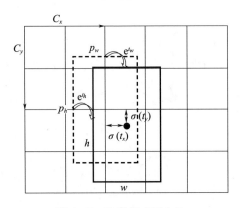

图4-7 边界框表示方法

对于包含A个不同形状锚点的特征图,特征图中每个空间位置对应以该位置为中心的A个锚点,总锚点数为$N = A \times H_f \times W_f$,其中$H_f$和$W_f$分别为特征图的高度和宽度。定义第$i$个锚点的参数为$a_i = (a_i^x, a_i^y, a_i^w, a_i^h)$,$i \in \{1, \cdots, N\}$,$(a_i^x, a_i^y)$表示锚点的中心点,$a_i^w$和$a_i^h$分别表示锚点的宽和高。由于预定义锚点参数为$A$个,所以变量$a_i^w$和$a_i^h$的可能取值的范围为$A$个,而不是总锚点数$N$。$a_i^x$、$a_i^y$与特征图空间位置线性相关。

2)多尺度聚类锚点生成

由于样本目标尺寸分布的不均衡性导致对全部训练样本统一进行K-means聚类得到的中心点容易集中于某一尺度范围,因此在各个尺寸范围上分别进行聚类分析,得到每部分K个锚点$\{a_1, a_2, \cdots a_K\}$,则总共有$3 \times K$个锚点,默认$K = 3$。按照小尺寸锚点对应小感受野和高分辨率的特征图,大尺寸锚点对应大感受野和低分辨率特征图的原则。将锚点列表分配至目标检测模型的检测头部特征金字塔的三个尺度上,若不存在某一尺度范围的目标则在该尺度上不进行检测。本章参考COCO数据集的定义按照小目标$\sqrt{w \times h} < 32$、中目标$32 < \sqrt{w \times h} < 96$和大目标$96 < \sqrt{w \times h}$的尺寸范围划分小目标、中目标和大目标。从xView数据集中典型

目标尺度分布情况可以看出,飞机目标的分布主要集中于中等尺度,车辆目标的分布主要集中于小尺度范围,这也是符合认知常识的。

　　训练集中的各个尺度上的边界框采用 K-means 算法聚类分析。K-means 算法是一种无监督学习方法,能够将一个无标注的数据集按数据的内部特征划分为 K 个类别,使得同一类别内的数据类内相似度较高,而不同类别间的数据类间相似度低。K-means 算法的基本流程如下。

　　步骤 1:参数初始化。根据期望的分类数量 K,选择 K 个聚类中心点作为初始的质心。

　　步骤 2:分别计算每个点到 K 个质心的距离,将数据点划分给距离最近的质点,形成 K 个簇。

　　步骤 3:计算新的 K 个质心,通常选择每个簇内所有点的平均值作为新的质心。

　　步骤 4:重复步骤 2 和步骤 3,直到满足终止条件。通常终止条件为达到最大迭代次数、目标函数达到阈值或者簇质心变化率达到阈值。

　　通过不断迭代,最终 K-means 算法可以在数据集上形成一个稳定的 K 簇分类,同时其计算复杂度近似于线性,与数据集的样本规模成线性相关。K-means 算法需要优化的目标是使得分类后的簇内误差平方和(Within-Cluster Sum of Squared Errors,WCSSE)最小,WCSSE 函数可表示为

$$\text{WCSSE} = \sum_{i=1}^{K} \sum_{p \in C_i} \text{dist}(p, m_i)^2 \qquad (4-6)$$

式中:C_i 为第 i 个簇;p 为 C_i 中的一个数据点;m_i 为 C_i 的质心;$\text{dist}(p, m_i)$ 为距离度量函数,通常默认为欧几里得距离,由于锚点的设置的重要目的是为了使得预测边框与真实边框的 IoU 更高,所以聚类分析时选用边界框与聚类中心边界框之间的 IoU 值作为距离指标,即式(4-7),式中 bbox 表示样本边界框参数,centroid 表示聚类中心点对应的边界框参数:

$$d(\text{box}, \text{centroid}) = 1 - \text{IoU}(\text{bbox}, \text{centroid}) \qquad (4-7)$$

　3)小尺度锚点扩展

　　模型在检测头部的特征金字塔每一层 $S \times S$ 分辨率特征图上进行直接回归得到预测结果,这一过程可看做在输入图像上以网格划分后,在每个网格上采样 A 个锚点对应的候选区域。锚点策略所提取候选区域对目标的捕获能力直接影响目标检测模型的性能。期望最大重叠(Expected Maximum Overlap,EMO)是评价锚点捕获目标的能力的重要指标[145]。EMO 的定义为

$$\text{EMO} = \int_0^H \int_0^W p(x, y) \max_{a \in A} \frac{|B_f \cap B_a|}{|B_f \cup B_a|} \mathrm{d}x\mathrm{d}y \qquad (4-8)$$

式中:$p(x, y)$ 为目标的概率密度;图像尺寸为 $W \times H$,则满足

$$\int_0^H \int_0^W p(x,y)\mathrm{d}x\mathrm{d}y = 1 \qquad (4-9)$$

由于卷积神经网络的下采样之后获得的特征图一般维度是等比例缩小的,例如,原图尺寸是 $W \times H$,经过卷积之后的特征图是 $w \times h$,则相邻两个特征图上的点映射回原图有一个尺度变换,这个尺度变换因子是 $s_F = W/w = H/h$。锚点的尺度变换与特征图尺度变换相同即 $s_A = s_F$。目标中心点被其附近 4 个锚点的中心点包围,距离目标最近的中心点所对应的锚点能够获得最大的 IoU 值。目标的外接矩形与锚点的 IoU 值定义表示式 $(4-10)$。IoU 是 (x',y') 的函数,锚点的中心离目标外界矩形框中心越近 IoU 越大,EMO 公式可以改写为式 $(4-11)$。

$$\mathrm{IoU} = \frac{(l-x')(l-y')}{2l^2 - (l-x')(l-y')} \qquad (4-10)$$

$$\mathrm{EMO} = \int_0^{\frac{s_A}{2}} \int_0^{\frac{s_A}{2}} \left(\frac{2}{s_A}\right)^2 \frac{(1-x')(1-y')}{2l^2 - (1-x')(1-y')}\mathrm{d}x'\mathrm{d}y' \qquad (4-11)$$

从式 $(4-11)$ 中可以看出,目标越大越能获得更高的 EMO,对于同样大小的目标时,s_A 越小 EMO 越大。EMO 值与目标检测的算法召回率高度相关,EMO 越大召回率越高,而 EMO 又与 s_A 高度相关,s_A 越小 EMO 越大。因此要提高小目标的召回率,第一种方法是增大特征图的尺寸,大尺寸的特征图中相邻点所对应的原图距离随之相应减少,降低了 s_A 值;第二种方法是扩展锚点,如图 4-8 所示,图(a)表示默认锚点 $s_A = s_F$,图(b)在右下角扩充一个锚点 $s_A = s_F/\sqrt{2}$,图(c)在每个原有锚点的右方、下方和右下方各增加一个锚点,此时 $s_A = s_F/2$。

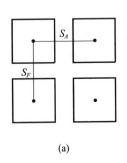 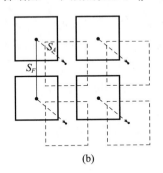 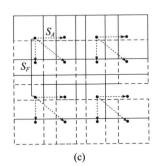

(a) (b) (c)

图 4-8 锚点扩展策略

(a)无扩展;(b)一次扩展;(c)三次扩展。

通过扩展增加额外的锚点可以有效提高模型的 EMO,进而提高小目标的平均 IOU 值。定义锚点选择阶段得到的锚点 $\{a_1, a_2, \cdots, a_k\}$ 的尺寸分别为 $\{(w_1, h_1), (w_2, h_2), \cdots, (w_K, h_K)\}$,额外扩展锚点的数量 $n \in \{1,3\}$ 分别对应锚点的一次扩展和三次扩展,若锚点 a_i 的尺寸满足 $\sqrt{w_i \times h_i} < 16$ 的则进行三次扩展,满足 $16 < \sqrt{w_i \times h_i} < 32$ 则进行一次扩展。尺寸在 $32 < \sqrt{w_i \times h_i}$ 的锚点用于预测中等以上目

标,不需要进行锚点扩展。

4.2.3　改进多任务损失函数

损失函数的设计对目标检测网络的训练至关重要,CNN 的训练可看作一个如 $\min_{\theta} L(\theta)$ 的损失函数的优化问题,其中 θ 表示模型的参数。损失函数不仅要求能够在网格内包含目标时评价预测值与真实样本的偏差,还要求能够惩罚模型预测错误的情况。用于本章所提目标检测模型的多任务损失函数要具备如下几个能力: ①对于所有先验锚点,如其与所有的真实边界框的 IoU 小于阈值,计算损失进行惩罚,若大于阈值则表明存在目标不进行惩罚;②对于所有真实边界框,根据其尺寸判断该送到多尺度特征金字塔的哪一层进行检测;③根据真实边界框的中心点,找和它最接近的先验锚点,指定该锚点进行学习;④位置、目标置信度和分类项的调整。

1. YOLO 损失函数

基于损失函数的设计要求,YOLOv3 采用一种多任务损失函数联合优化目标检测模型,默认的损失函数组成表示为式(4 - 12),由位置损失 L_{coord}、置信度损失 $L_{\text{confidence}}$ 和分类损失 L_{class} 组成,位置损失由中心点坐标损失 L_{xy}、尺度缩放损失 L_{wh} 组成,置信度损失由不包含目标 L_{noobj} 和包含目标 L_{obj} 组成。损失函数展开为式(4 - 13)。

$$\text{Loss} = L_{\text{coord}} + L_{\text{confidence}} + L_{\text{class}} = L_{xy} + L_{\text{wh}} + L_{\text{obj}} + L_{\text{noobj}} + L_{\text{class}} \quad (4-12)$$

$$
\begin{aligned}
\text{Loss} = {} & \lambda_{\text{coord}} \sum_{i=0}^{K \times K} \sum_{j=0}^{A} m_{ij}^{\text{obj}} \left[(x_i - \hat{x}_i)^2 + (y_i - \hat{y}_i)^2 \right] + \\
& \lambda_{\text{coord}} \sum_{i=0}^{K \times K} \sum_{j=0}^{A} m_{ij}^{\text{obj}} (2 - w_i \times h_i) \left[(w_i - \hat{w}_i)^2 + (h_i - \hat{h}_i)^2 \right] - \\
& \sum_{i=0}^{K \times K} \sum_{j=0}^{A} m_{ij}^{\text{obj}} \left[\hat{C}_i \log(C_i) + (1 - \hat{C}_i) \log(1 - C_i) \right] - \\
& \lambda_{\text{noobj}} \sum_{i=0}^{K \times K} \sum_{j=0}^{A} m_{ij}^{\text{noobj}} \left[\hat{C}_i \log(C_i) + (1 - \hat{C}_i) \log(1 - C_i) \right] - \\
& \sum_{i=0}^{K \times K} m_{ij}^{\text{obj}} \sum_{c \in \text{classes}} \left[p_i(c) \log(p_i(c)) + (1 - p_i(c)) \log(1 - p_i(c)) \right]
\end{aligned}
$$

$$(4-13)$$

式中:前两项 L_{xy} 和 L_{wh} 采用回归问题常用的 MSE 函数,第 3 项 L_{obj}、第 4 项 L_{noobj} 和第 5 项 L_{class} 采用 CE 损失函数;m_{ij}^{obj} 表示包含目标的掩码,当特征图中第 i 格所对应的第 j 个锚点为一个目标所对应的最佳锚点(坐标落在该网格内且 IoU 最大)时 $m_{ij}^{\text{obj}} = 1$;m_{ij}^{noobj} 表示不包含目标的掩码,当特征图中第 i 格所对应的第 j 个锚点为背景锚点(与所有目标 IoU < 阈值)时 $m_{ij}^{\text{noobj}} = 1$。

2. 改进的损失函数

改进的多任务损失函数表示为式(4－14)，在默认的多任务损失函数的基础上，位置偏差损失由 GIoU 损失函数计算得到，$FL(L_{\text{noobj}})$ 表示将不包含目标的负样本损失 L_{noobj} 经过 Focal Loss 调整权重，L_{obj} 和 L_{class} 保持不变，即

$$\text{Loss} = L_{\text{coord}} + L_{\text{confidence}} + L_{\text{class}} = L_{\text{GIoU}} + L_{\text{obj}} + FL(L_{\text{noobj}}) + L_{\text{class}} \qquad (4-14)$$

1）负样本焦点损失

对于采用多尺度特征融合的目标检测模型，每幅图像所产生的多尺度锚点总数为 $[(s_1 \times s_1 \times A_1) + (s_2 \times s_2 \times A_2) + (s_3 \times s_3 \times A_3)]$（默认的配置下为10647），而多数情况下存在目标的锚点数量远小于不存在目标的锚点数，锚点类别不均衡带来了两个问题：多数无用负样本产生的无用学习信号容易产生负面影响且训练效率低下，因为大多数地方容易产生负面影响而没有有用的学习信号；易分类的负样本可能被过度训练而影响模型性能。

两阶段目标检测模型中在区域提取时可以通过在线难样本挖掘实现难样本的筛选。对于无区域提取阶段方法在 YOLOv3 默认的损失函数中引入了何凯明等提出的焦点损失（Focal Loss，FL），通过降低易分类目标样本的损失权重进一步优化。式(4－15)为 FL 算法，其中 p_t 是不同类别的分类概率，γ 和 α 是算法的调节参数，γ 是个大于 0 的值，α 是一个 $[0,1]$ 间的小数，γ 和 α 为预先设置的常数值不参与模型训练。Focal Loss 和 p_t 的关系如图 4－9 所示，可以看出：权重和概率 p_t 负相关，p_t 越大权重 $(1-p_t)^\gamma$ 就越小，即对容易分类的样本可以通过权重进行抑制。

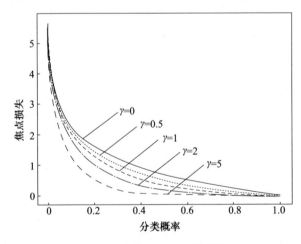

图 4－9　焦点损失和分类概率的关系

在模型改进时仅在原多任务损失函数中 L_{noobj} 也即负责负样本学习的部分引入 Focal Loss，而对 L_{obj} 不进行调整，这是由于遥感图像中包含目标的锚点要远远少于不包含目标的锚点。改进得到的负样本目标置信度损失函数表示为式(4－16)，参

数为默认 $\gamma = 2, \alpha = 1$ 时该损失函数反向传播梯度为式(4 – 17)。

$$\mathrm{FL}(p_t) = -\alpha_t (1 - p_t)^\gamma \log(p_t) \qquad (4-15)$$

$$L_{\mathrm{noobj}} = -\alpha \cdot p^\gamma \cdot \log(1 - p) \qquad (4-16)$$

$$\partial L_{\mathrm{noobj}} = -p^2 \cdot [2(1 - p) \cdot \log(1 - p) - p] \qquad (4-17)$$

图 4 – 10 比较了目标置信度损失函数采用 MSE、BCE 和 Focal Loss(默认参数 $\gamma = 2, \alpha = 1$)时损失和置信度之间的关系。可以看出与基本的 BCE 和 MSE 相比，Focal Loss 将负样本中预测值和真实值接近的损失进行了抑制，预测值和真实值差别较大的部分损失函数值较高，从而使得模型更加关注于难负样本学习。

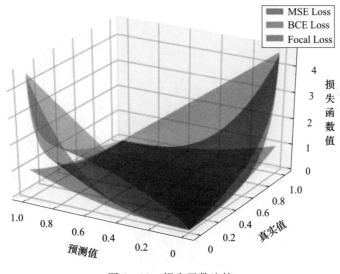

图 4 – 10　损失函数比较

2)位置损失改进

MSE 是回归问题常用的损失函数，YOLOv3 默认的多任务损失函数中，位置损失采用了 MSE。MSE 中采用 L_2 范数 $\| \cdot \|_2$，即式(4 – 18)，其中输入 x，输出 $f(x)$，标注 Y。L_2' 为其求导表达式，即式(4 – 19)。

$$L_2 = |f(x) - Y|^2 \qquad (4-18)$$

$$L_2' = 2[f(x) - Y]f'(x) \qquad (4-19)$$

IoU 是目标检测中一个重要的概念，在基于锚点的目标检测方法中，在锚点参数的选择和正负样本的确定时评价边界框和真实标注框的距离以确定预测结果的准确性。回归损失的计算和在算法的后处理和结果评价时也适用 IoU 作为评价边界框定位准确性的标准。而训练过程表示定位误差的 L_2 损失和评价定位精度标注的 IoU 之间存在一定的偏差。采用 IoU 作为定位精度损失是一个可行的方案，同时 IoU 相对 L_2 距离具有对尺度不敏感的特性。但是，直接用 IoU 作为损失函数会出现两个问题：$|A \cap B| = 0$ 时，IoU $= 0$，即当两个边界框距离较大时 IoU 无法反

应其距离信息;IoU 的计算仅考虑了两个边界框相交处面积,而同样相交面积下重叠效果存在差别。针对这一问题,Hamid Rezatofighi 等学者[139]提出了 GIoU 实现对两个边界框距离的泛化能力更强的表示。

图 4 – 11 所示为两个边界框的 IoU 和 GIoU 随中心点距离变化的关系,其中 w_1、w_2 表示两个边界框的宽度,h_1、h_2 表示两个边界框的高度,d_x、d_y 分别表示两边界框在水平和垂直方向的距离。IoU 和 GIoU 均与边界框宽高的具体数值无关,而与两边界框距离占其边界框尺寸和的比例相关,这种距离评价方式具备尺度无关性。图中线上的 L_2 距离相同,可以看出相同的 L_2 距离下,IoU 和 GIoU 变化较大,采用 L_2 计算损失反映的位置偏差不够精确。因此,将 GIoU Loss 引入多任务损失函数的定位误差计算中。

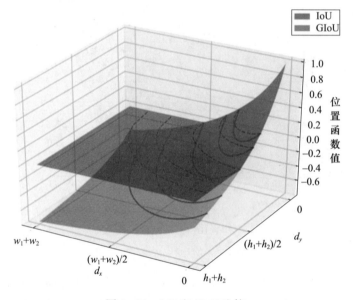

图 4 – 11 IoU 和 GIoU 比较

$$GIoU = IoU - \frac{|C \backslash (A \cup B)|}{|C|} \tag{4 – 20}$$

$$L_{GIoU} = 1 - GIoU \tag{4 – 21}$$

图 4 – 12 所示为边界框之间相交和不相交的两种关系,从中可以得到 GIoU 表达式(4 – 20)。GIoU 的定义是首先计算两个边界框的最小闭包区域面积;然后计算 IoU 和计算闭包区域中不属于两个框的区域占闭包区域的比重;最后用 IoU 减去这个比重得到 GIoU。GIoU 用于边界框回归问题的损失计算算法如下。

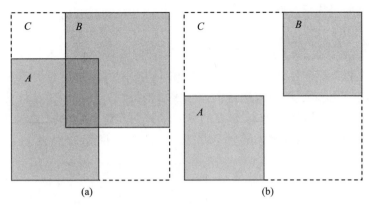

图 4 – 12　边界框关系

(a)相交;(b)不相交。

步骤 1:设预测边界框和真实边界框分别为

$B^p = (x_1^p, y_1^p, x_2^p, y_2^p)$

$B^g = (x_1^g, y_1^g, x_2^g, y_2^g)$

步骤 2:分别计算预测边界框和真实边界框的面积,即

$A^p = (x_2^p - x_1^p) \times (y_2^p - y_1^p)$

$A^g = (x_2^g - x_1^g) \times (y_2^g - y_1^g)$

步骤 3:计算两个边界框交集 I 的面积,即

$x_1^I = \max(x_1^p, x_1^g), x_2^I = \min(x_2^p, x_2^g), y_1^I = \max(y_1^p, y_1^g), y_2^I = \min(y_2^p, y_2^g),$

$$I = \begin{cases} (x_2^I - x_1^I) \times (y_2^I - y_1^I), \text{若 } x_2^I > x_1^I, y_2^I > y_1^I \\ 0, \text{其他} \end{cases}$$

步骤 4:计算最小闭包区域 B^c 的面积,即

$x_1^c = \min(x_1^p, x_1^g), x_2^c = \max(x_2^p, x_2^g), y_1^c = \min(y_1^p, y_1^g), y_2^c = \max(y_2^p, y_2^g),$

$A^c = (x_2^c - x_1^c) \times (y_2^c - y_1^c)$

步骤 5:计算 B^p 和 B^g 的 IoU 和 GIoU,即

$\text{IoU} = I/U, U = A^g + A^p - I$

$\text{GIoU} = \text{IoU} - (A^c - U)/A^c$

步骤 6:损失计算

$L_{\text{GIoU}} = 1 - \text{GIoU}$

GIoU 有四个特点:①GIoU 保留了与 IoU 同样的 scale 不敏感特性;②GIoU 是 IoU 的下界,在两个边界框无限重合的情况下,IoU = GIoU;③IoU 取值[0,1],但 GIoU 有对称区间,取值范围[−1,1],在两者重合的时候取最大值 1,在两者无交集且无限远的时候取最小值 −1,因此 GIoU 是一个非常好的距离度量指标;④与 IoU 只关注重叠区域不同,GIoU 不仅关注重叠区域,还关注其他的非重合区域,能

更好地反映两者的重合度。

4.2.4 训练数据的多尺度选择性采样

由于卷积共享计算的特性影响了模型的尺度不变性,通常目标检测模型在训练和预测时采用多尺度方式,通过图像金字塔的方式直接把图像和标注信息放大或缩小后送入同一网络进行训练,如图 4 – 13 所示。这种方法虽然能够有效学习尺度不变性特征,但目标大小随金字塔变化造成同类目标尺度差异进一步放大。

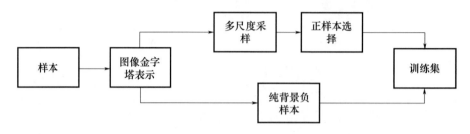

图 4 – 13　多尺度选择性采样方法

多尺度选择性采样方法在构造训练样本时,根据空间分辨率信息可以得到待检测图像中目标尺度的分布范围 $[s_{\min}, s_{\max}]$,并将其作为先验知识。对输入的原始数据集进行采样得到适用于模型训练(如实验中训练图像采样尺寸为 608×608)的子图训练集,子图上的真实标注保留在待检测范围 $\text{label} \in [s_{\min}, s_{\max}]$。算法流程如下。

步骤 1:原始样本数据图像构建多尺度金字塔,得到包含尺度数量为 n 的图像集 $\{I_1, I_2, \cdots, I_n\}$ 和标注集 $\{G_1, G_2, \cdots, G_n\}$。

步骤 2:$K \times K$ 大小的固定采样窗口,在图像金字塔中每个尺度对应层的图像上进行滑动,得到采样后的 $K \times K$ 候选区域集合 C_i,将标注集对应到每个子样本上,C_i 中每个子样本 c 包含子图和该子图中对应的标注集 (i_j, g_j),则全部子样本为 $\{C_1, C_2, \cdots, C_n\}$。

步骤 3:对于子样本集中每个子样本 c,其所在尺度上对应一个有效范围 $[s_i^c, e_i^c]$ 表示该尺度下的有效目标面积区间,c 中的真实标注在有效范围内的为该尺度下的有效目标标注。在尺度 i 上如果标注 ROI 面积落在 $[s_i^c, e_i^c]$ 之间,即 $s_i \leqslant \sqrt{wh} \leqslant e_i$ 认为该标注为有效。包含有效目标标注的子样本放入有效样本集 L_p 中,其余的子样本放入无效样本集 L_N。

步骤 4:无效样本集 L_N 中随机提取不包含任何真实标注的背景区域,和有效样本集 L_p 共同构成训练标注数据集 L。

由于多尺度图像金字塔表示,目标总有机会落在有效面积区间内参与训练,这种选择性学习方法下,只有在待测图像中目标尺度分布范围内的目标参与了训练,不在该范围内的部分标注在网络学习时被忽略,从而降低了训练集和测试集的尺度分布差异。

如果只用采样得到的有效样本集进行训练,模型的虚警可能升高,这是由于参与模型训练的数据都是包含真实标注的采样块,也即样本中均为目标附近的区域,而预测时输入的图像可能存在不包围任何真实标注的远离目标的背景区域,训练集和测试集的样本分布的不一致造成了网络训练过程可能没有学习到不包含目标的纯背景部分。因此,随机提取所有切片中不包含任何真实标注的视作纯背景区域,不做标注放入训练样本集中作为训练过程中的负样本。

4.2.5　模型训练策略

深度学习算法的训练和基准测试需要大量数据集,虽然目前的研究成果表明从头开始训练也能够同样取得很好的结果,但是在遥感图像目标检测的实际任务中难以获得自然图像数据集(如 ImageNet 包含上千万样本)这样大规模高质量的样本数据集,对复杂 CNN 的训练容易过拟合。

以 UC Mecerd Landuse[146] 数据集为例,共包含 21 类图像,每类 100 张,每张像素大小为 256×256,如图 4 – 14 所示。用简单的 LeNet 模型[147] 对其直接分类,每类训练集为 85 幅图像,验证集为 15 幅图像,训练结果如图 4 – 15 所示。可以看出,由于训练数据量较小导致模型过拟合,使得模型在训练集上很快达到极高的分类精度,但在测试集上分类精度较低。针对这一问题,本章采用了数据增强和迁移学习的方法,通过扩充训练集规模以及大规模数据集上预训练的特征迁移避免模型的过拟合,进而提高模型的泛化能力。

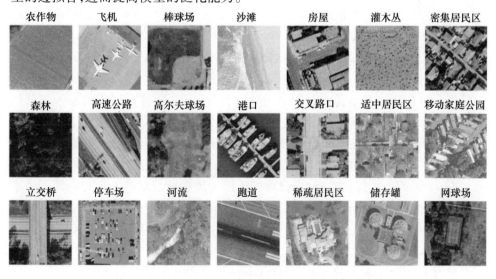

图 4 – 14　UC Mecerd Landuse 数据集部分图像(见彩图)

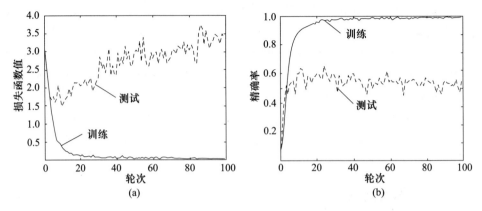

图 4-15　UC Mecerd Landuse 数据集分类模型训练结果

1. 数据增强

数据增强要考虑任务自身的特点,增强的数据要填补整个数据空间的稀疏部分,而不是创造新的数据。遥感图像的俯视角导致图像中目标朝向较自然物体图像多样性更强,因此对于目标检测的旋转不变性要求更高,本实验采用了旋转增强、随机翻转、随机裁剪的数据增强策略。k 个旋转变换 $T = \{T_{\phi_1}, T_{\phi_2}, \cdots, T_{\phi_K}\}$,$T_{\phi_k}$ 代表样本的一个旋转角度。$X = \{x_1, x_2, \cdots, x_N\}$ 变换为 $T_\phi x_i = \{T_{\phi_k} x_i | i = 1, 2, \cdots, N;$ $k = 1, 2, \cdots, K\}$,数据经旋转扩充后样本 $\chi = \{X, T_\phi X\}$,假设 $k = 12$ 则 $\phi = \{0, 30°, \cdots, 330°\}$。模型训练时还采取在线增强策略,采用随机裁剪、随机水平翻转、随机平移等增强策略。

2. 迁移学习

采用大规模数据集上预训练模型进行特征的迁移学习和模型微调模型仍然广泛使用。这种方法将目标检测框架中的骨干网络部分(例如,ZF、GoogLeNet、VGG和 ResNet)在大规模的图像分类数据集上进行预训练,在预训练模型的基础上用小规模的标记数据进行。Yosinski 等学者[148]证明了即使从较不相关任务中迁移学习的特征也比随机初始化参数学习的特征要好,同时随着预训练的任务与目标之间差异增大,特征的可迁移性也随之降低。Marmanis 等学者[149]使用在 ImageNet 中预训练的 CNN 模型,从中间层直接提取特征输入分类器,在遥感图像的场景分类上得到很好的结果。ImageNet 是一个用于研究视觉识别的大型数据库,拥有上千万条的标注数据,经典的骨干网络均在此数据集上进行训练。由于深度卷积神经网络的低层部分通常隐含较为通用的特征,通常选择预训练网络的高层部分进行微调。本章所提方法在训练时微调和迁移学习流程可分为四个步骤。

步骤 1:用 ImageNet 数据集对 Darknet-53 网络进行分类预训练。

步骤 2:用预训练后的 Darknet-53 模型的参数初始化基本 YOLOv3 模型,在

COCO 数据集上进行 YOLOv3 模型的微调训练。

步骤 3：用 COCO 数据集上得到的 YOLOv3 模型的参数初始化所提模型的参数,冻结(Freeze)检测模型骨干网络部分的参数,用遥感图像数据集对模型深层部分进行初次微调训练。

步骤 4：解冻(Unfreeze)骨干网络部分,对模型的全部参数使用遥感图像数据集进行再次训练最终得到用于遥感图像目标检测的模型。

3. 学习率预热与衰减

模型在训练的开始阶段,虽然采用了预训练模型进行初始化,相对于新任务仍可认为其中所有卷积核的参数为随机的值,各参数离最终的结果偏离比较大,如果直接使用较大的学习率可能出现数值的不稳定。因此训练过程使用学习率预热[150]的策略,训练开始阶段先用一个较小的学习率,当训练过程逐渐稳定时再调整学习率至预设值。当训练过程稳定的时候再调整学习率。本章模型的训练采用渐进式的学习率预热策略,线性地将学习率从 0 调整至优化器预设学习率。在前 m 批次采用预热策略,学习率为 η,则在第 i 批次的训练中 $(1 < i < m)$,学习率为 $i\eta/m$。待学习率调整到预设学习率后,训练稳定后使用逐渐降低学习率的衰减策略使得模型能够更快收敛,本章实验中采用余弦学习率衰减策略。

4.3 实例分析

4.3.1 实验环境及参数设置

本章实验采用了 DIUx 和 NGA 发布的 xView 数据集[129],该数据集是一个基于 WorldView-3 数据的大规模遥感图像数据集,覆盖 1400km^2,为了最大限度地减少图像采样的偏差,数据集包含矿山、港口、机场、沿海、内陆、城市和农村等多种地理场景,图像标注采用 QGIS 工具进行边界框标注。数据集中所有图像数据均已经过正射校正、光谱融合和大气校正。本章选用 xView 数据集中的车辆和飞机目标,训练集包含 846 幅图像,测试集包含 281 幅图像,每幅图像约对应 1 km^2 的地面面积,尺寸约为 3000 像素×3000 像素。数据集中包含 221593 个车辆目标标注和 1341 个飞机目标标注。将训练数据分别进行 1.5 倍上采样、0.75 倍和 0.5 倍下采样,得到数据四个尺度的表示,数据采样算法采用双线性插值算法。由于过大的输入图像带来的大量参数增加使得模型无法有效训练和预测,因此将各尺度下进行多尺度采样时切分的候选窗口尺寸设为 608 像素×608 像素,切分效果如图 4-16 所示。图 4-17 所示为数据集中部分车辆和飞机目标。

图 4 - 16　数据切分效果(见彩图)

图 4 - 17　部分车辆和飞机的标注样本示意图(见彩图)

4.3.2　实验结果与分析

对数据集中所有标注数据采用所提的多尺度锚点生成方法进行生成,得到锚点参数见表 4 - 1 和表 4 - 2,参数对比如图 4 - 18 和图 4 - 19 所示,图中表现了目标尺度的宽高分布以及密度分布。同时,还比较了本章所提的多尺度聚类锚点生成方法和 YOLOv3 默认锚点生成设置,以及采用直接 K - means 聚类方法所生成的锚点参数分布。

表 4 – 1　飞机目标检测锚点参数

方法/类型	尺度 1	尺度 2	尺度 3
YOLOv3 默认锚点生成	(10, 13) (16, 30) (23, 33)	(30, 61) (62, 45) (59, 119)	(116, 90) (156, 156) (373, 326)
K – means 聚类锚点生成	(33, 31) (47, 42) (65, 61)	(85, 36) (99, 83) (136, 101)	(112, 131) (178, 138) (207, 204)
多尺度聚类锚点生成	(31, 28) (46, 19) (22, 32)	(42, 36) (63, 55) (93, 79)	(121, 100) (135, 136) (207, 186)

表 4 – 2　车辆目标检测锚点参数

方法/类型	尺度 1	尺度 2	尺度 3
YOLOv3 默认锚点生成	(10, 13) (16, 30) (23, 33)	(30, 61) (62, 45) (59, 119)	(116, 90) (156, 156) (373, 326)
K – means 聚类锚点生成	(7, 11) (12, 7) (9, 15)	(14, 11) (18, 8) (12, 17)	(18, 17) (23, 12) (35, 30)
多尺度聚类锚点生成	(15, 8) (10, 14) (18, 16)	(31, 42) (48, 30) (85, 73)	—

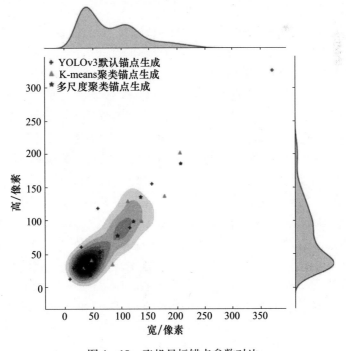

图 4 – 18　飞机目标锚点参数对比

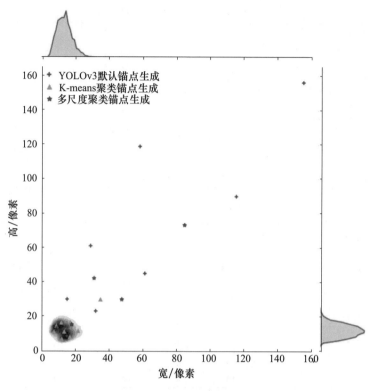

图 4 - 19　车辆目标锚点参数对比

可以看出,所提的方法能够得到各个特征图所对应尺度范围的锚点参数。一方面能够使得先验锚点更接近实际待检测目标的空间尺度分布;另一方面避免目标自身尺度和特征图分辨率的不匹配。以车辆目标的锚点参数生成为例,由于车辆目标主要集中于小尺度,因此采用默认的锚点参数设置会使得锚点和实际目标差距过大,而车辆目标在尺度分布上较为集中,直接采用 K - means 聚类得到的锚点参数又使得一部分小尺度锚点被分配至模型中层或深层特征图上,而该层较大的感受野以及较低的特征图分辨率难以实现对小目标的精确检测。

实验采用的软硬件条件与 3.3 节"软硬件环境"部分所述相同。实验时将数据集中 20% 的图像作为测试集不参与训练,用于模型性能的评价,所有对比实验均采用相同的数据集分布。模型训练采用 Adam 优化器,学习率 $LR = 0.001$,Momentum $= 0.9$,Decay $= 0.0005$, $\beta_1 = 0.9$, $\beta_2 = 0.999$, $\varepsilon = 10^{-8}$,轮次 $= 30$,前 20 轮次训练冻结模型的骨干网络部分进行微调,后 10 轮次解冻骨干网络部分,对全部参数进行训练。训练过程中学习率变化如图 4 - 20 所示,损失函数变化如图 4 - 21 所示。训练完成后用得到的模型对测试集中图像进行预测,用 AP 函数对预测结果进行分析。

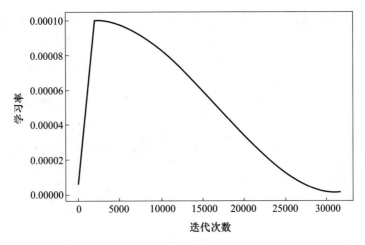

图4-20　学习率变化

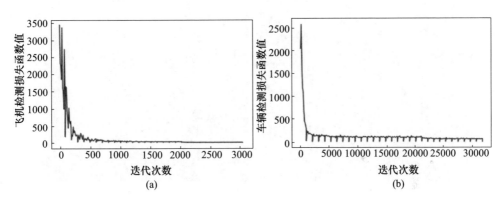

图4-21　训练过程损失变化

(a)飞机检测;(b)车辆检测。

图4-22和图4-23所示为训练完成后模型在测试集上的部分预测结果,真实值可视化为绿色矩形边界框,目标预测结果可视化为红色矩形边界框。此外分别对 Faster R-CNN(backbone 为 ResNet-101 网络,同样采用了 FPN 结构)、基本 YOLOv3 模型(baseline)、baseline + 锚点生成算法(+ anchor generator)、基本 YOLOv3 模型 +改进多任务损失(+ modified loss),和本章方法等多种方法进行比较试验。所有比较实验的模型训练过程均采用相同的训练集和数据增强方法,在相同的测试集下预测和分析。图4-24所示为所提模型和经典的 Faster RCNN 模型(backbone 为 ResNet-101,FPN 结构)、基本 YOLOv3 模型、SSD 模型的 PR 曲线比较。表4-3比较了各种方法对测试集进行预测得到结果的 AP,比较实验性能评价时 AP 计算 IoU 阈值均为 0.5。实验结果表明本章所提的方法 AP 较基本 YOLOv3 模型飞机检测提升了6.42%,车辆检测提升了8.44%。

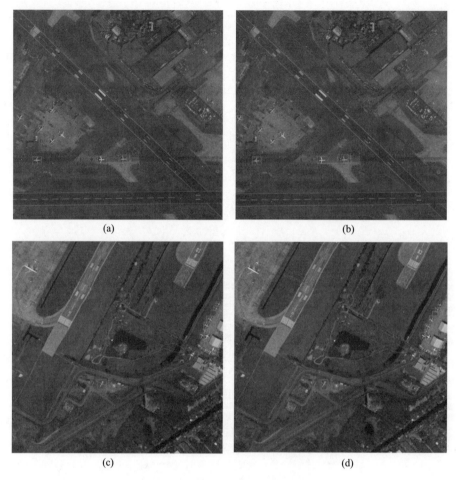

图 4 - 22　飞机目标检测结果(见彩图)

(a)(c)地面真实;(b)(d)检测结果。

(a)　　　　　　　　　　　　　　　(b)

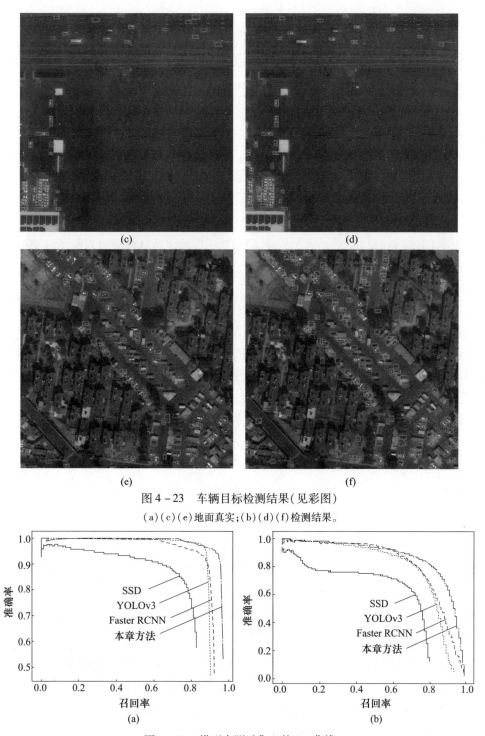

图 4 – 23　车辆目标检测结果（见彩图）

（a）（c）（e）地面真实；（b）（d）（f）检测结果。

图 4 – 24　模型在测试集上的 PR 曲线

（a）飞机检测；（b）车辆检测。

表 4 - 3   检测模型性能比较

方法	AP（飞机）	AP（车辆）
Faster R - CNN	90.54	81.58
SSD	76.00	58.34
YOLOv3	89.72	78.09
+ Sampling	92.31	81.32
+ Achor Generator	91.45	82.51
+ Modified Loss	92.64	82.22
本章方法	96.14	86.53

在评价模型性能 AP 时,采用不同 IoU 阈值所对应的性能,检测结果与地面真实大于 IoU 阈值时判断结果为 TP,否则为 FP,IoU 阈值越高评价时对检测结果的定位精度要求越高,通常默认 IoU 阈值为 0.5,如图 4 - 25 所示。实验比较了 IoU 阈值为[0.1, 0.2, 0.3, 0.4, 0.5, 0.6, 0.7, 0.8, 0.9 ,0.95]时模型对飞机和车辆目标检测的 AP。可以看出,在 IoU 阈值提高时模型仍能拥有较好的检测性能,IoU 阈值为 0.8 时模型即使在于较小的车辆目标上 AP 仍能达到 0.81 以上。这是由于所提的方法通过多尺度聚类和锚点扩展使得先验锚点和真实目标更为接近,同时 GIoU Loss 能够更准确地反映目标定位偏差,更容易得到定位精度较高的边界框预测结果。

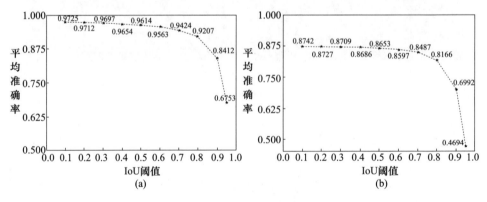

图 4 - 25   性能评价时 IoU 阈值和模型性能的关系

(a)飞机检测;(b)车辆检测。

从实验结果可以看出所提的改进方法能够显著提高模型的性能,特别是对于小目标较多的车辆目标检测性能提升更加突出。表 4 - 4 比较了算法的时间性能,预测测试集中的单幅图像用时约为 67ms。直接将 3360 像素 × 3360 像素的图像作为网络输入层大小(模型默认输入大小的 30 倍)预测时间约为 501ms。所提的方法在显著提高模型的性能的同时,检测效率和基本的 YOLOv3 模型相比仅有较少的降低,仍然具备较高的实时性,且检测速度和 AP 均优于经典通用物体检测算法 Faster R - CNN,AP 显著高于同样具有强实时性的 SSD 模型,特别是小目标为主的车辆检测优势更为显著。

表 4 - 4　模型预测时间比较

方法	Faster R - CNN	SSD	Baseline	本章方法
预测时间	153ms	47ms	56ms	66ms

模型在机场图像数据上进行了实际应用测试,测试的性能见表 4 - 5,测试的部分结果如图 4 - 26 所示。通过实际应用测试验证了所提的模型能够实现对高分辨率遥感图像的精确目标检测,且具有较好的稳健性和迁移性。

表 4 - 5　模型应用测试性能

样本数	正确检测	误检	漏检	准确率	召回率
312	295	19	17	93.95 %	94.55 %

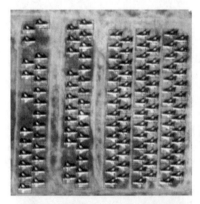

(a)

(b)

图 4 - 26　模型应用实例

(a)飞机坟场场景下的检测结果;(b)机场场景下的检测结果。

4.4　小　　结

尺度相关的方法能够利用目标的尺度先验信息,优化目标检测性能。针对不同分辨率下遥感图像中目标的尺度变化所产生的领域偏移问题,提出一种尺度相关的目标检测方法,基于改进的 YOLOv3 模型,通过对给定空间分辨率下遥感图像中目标尺度的分析,生成模型检测头部的特征金字塔中各尺度特征图所对应的锚点参数。通过构造图像金字塔的方式对训练图像进行多尺度表示,采用多尺度采样算法对各尺度下训练图像提取重点关注区域样本集,采用选择性学习策略进行训练,使得模型集中学习目标分辨率下目标尺度范围。从对 xView 数据集的实验中可以看出,所提的方法能够在仅增加少量运算时间的情况下显著提升模型检测的平均准确率,特别是对小目标提升更为显著。通过实际应用测试,验证了能够实现对高分辨率遥感图像的精确目标检测,且具有较好的稳健性和迁移性。

第5章 旋转卷积集成的光学遥感图像倾斜边界框回归检测

5.1 问题分析

目前基于CNN的目标检测模型多采用水平矩形边界框定义目标位置,通过边界框参数的回归对目标进行定位。比较经典的方法有 Faster RCNN 通过特征共享和 RPN 实现了高效和高精度的目标检测;YOLO 模型采用分网格直接回归目标坐标和分类置信度的方法进行目标检测,与 Faster RCNN 相比大幅提升了检测速度。这些方法在通用数据集(如 Pascal VOC、COCO 等)的目标检测问题中已经达到了领域内先进水平。而和自然物体图像多为水平视角不同,遥感图像高空俯视角使得图像中目标朝向更加多样化,对于密集相邻的大长宽比的目标。例如,典型的舰船目标,有着区别于自然图像中的目标和区别于遥感领域的其他典型地物目标(如飞机和车辆等)的特殊外观。传统的水平边界框标注方式难以有效对齐目标,标注范围内噪声信息较多干扰目标检测。同时,由于相邻目标边界框重叠度较高,对检测模型输出的后处理 NMS 边界框消减产生不利的影响。图 5-1 所示为舰船目标的水平和倾斜边界框两种标注方式,图 5-2 所示为不同长宽比下边界框倾斜角度和其在最小外接水平矩形中所占比例。

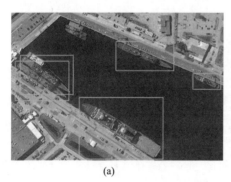 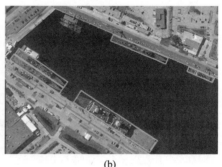

(a) (b)

图 5-1 边界框标注

(a)水平边界框;(b)倾斜边界框。

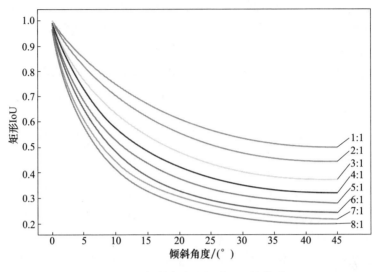

图 5 - 2　倾斜角度和矩形 IoU 的关系

从图 5 - 2 中可以看出,对于大长宽比目标,随着倾斜角度增加目标在其水平矩形边界框标注中占比快速降低。由于目标倾斜角度的多样性导致密集分布的(特别是停靠在港口的)舰船目标水平边界框重叠 IoU 过高,这种情况下训练过程中两个样本容易分配至同一锚点产生相互干扰,且后处理时进行边界框消减容易将其中一个目标错误抑制,因此降低了模型的召回率。

针对这一问题的解决方法主要有两种:一是采用基于语义分割的像素级检测方法;二是基于倾斜边界框的目标检测方法。像素级检测方法标注过程需要对每个像素进行标注(如二分类的标记),标注工作量较大且对于小目标分割精度较低。基于倾斜边界框的目标检测方法最早在图像人脸检测和文本检测中受到关注,并出现了一些优秀的研究成果。倾斜边界框检测方法主要有预设旋转锚点、直接回归倾斜角度、角度分类三种方法。预设旋转锚点通过一定旋转角度步长的预定义锚点对目标角度空间进行离散化。直接回归倾斜角度将目标的倾斜角度的预测转化为一个回归问题直接训练和预测。角度分类方法将目标的角度预测转化为对离散角度值的分类问题。

Shi 等学者[151]提出了一种基于渐进式校准神经网络(Progressive Calibration Network,PCN)的实时旋转不变性人脸检测方法,该方法采用由粗到细的渐进式校正的思想设计了包含三个阶段的流程。前两个阶段对角度进行离散分类的粗估计,第 1 级将检测到[-180°,180°]的人脸翻转到[-90°,90°],减少了一半的角度范围,第 2 级以 ±45°轴进行再次翻转使得角度范围校准到[-45°,45°],第 3 级使用角度偏差回归预测精确的角度。Ma 等学者[152]提出了一个旋转候选区域提取网络(Rotation Region Proposal Network,RRPN)用于文本区域检测,通过生成带角度信息的锚点生成任意方向的候选区域,通过旋转感兴趣区域(Rotation Region of Interest,RRoI)池化层将任意方向的候选区域映射到特征图上再进行最大池化,在面向大长宽比文本区域目标检测领域取得了很好的结果。

研究人员将基于倾斜边界框的目标检测方法用于遥感领域取得了一定的成果。Liu 等学者[153]提出利用形状分析检测舰船,基于旋转矩形框候选区域提取特征并打标签分类以剔除虚警。区域可旋转卷积神经网络(Rotational Region CNN,R2CNN)[154]基于经典的 RCNN 和 Faster RCNN 模型,通过旋转区域提取和 RRoI 池化技术实现倾斜边框的检测。该方法首先进行多个方向的候选区域提取,如,R2CNN 通过 RRPN 先定义步长为 $\pi/6$ 的旋转锚点对检测空间进行离散化以实现旋转角度的初步粗分类;然后将提取的带有方向信息的候选区域采用 RRoI 池化层调整为统一大小的特征;最后该特征进行分类、位置精确回归以及旋转角度细粒度的回归得到最终的旋转角度。该方法已经在文本检测等多个领域达到了先进水平,并被成功引入遥感图像目标检测领域,刘子坤等学者[155]将 R2CNN 引入舰船目标检测取得了很好的检测结果,Yang 等学者[156]先后将 Faster R2CNN 和 R – FPN 用于遥感图像的舰船目标检测在检测精度上取得了突破。

作为海上具有重要价值的目标,舰船目标的检测是一类特殊的检测任务,主要表现在其独特的长条形的基本形状以及外观和尺寸的多样性。因此,需将舰船目标检测作为一个独立的问题单独设计算法。遥感图像高空俯视角带来的目标朝向的多样性,使得对于舰船这样的大长宽比目标,目标检测模型的旋转不变性受到影响。主要表现在:一是当目标之间距离较近时,可能存在相邻两个目标的重叠度较高产生噪声干扰;二是 NMS 算法容易错误消减进而影响检测结果。

针对上述问题,本章对舰船目标检测模型的旋转不变性进行了研究,在 YOLOv3 模型基础上进行改进使得模型能够预测带倾斜角度的边界框表示的目标。本章的主要贡献有:①设计了一种基于改进 YOLOv3 的倾斜边界框目标检测模型,通过引入角度预测实现倾斜边界框回归;②提出一种旋转卷积集成模块,将目标边界框倾斜角度预测建模为由粗粒度到细粒度的角度分类问题,通过旋转卷积和旋转激活提高 CNN 特征图对于角度变化的响应能力;③将角度惩罚引入模型的多任务损失函数中,使得模型能够学习目标的角度偏移;④针对传统 NMS 方法容易抑制密集相邻目标的问题,提出一种倾斜软非极大值抑制算法,提高密集相邻目标的召回率。实现对高分辨率遥感图像中大长宽比舰船目标的高效检测。

5.2　旋转卷积集成的改进 YOLOv3 模型

5.2.1　模型结构

VOLOv3 模型结构如图 5 – 3 所示,其中带背景色的为改进部分,模型由骨干网络、倾斜边界框检测两个部分组成。模型预测阶段,输入图像重采样为模型的输入尺寸(默认为 608 像素 ×608 像素)后,经骨干网络(采用 Darknet – 53)进行特征提取,骨干网络中采用了类似 ResNet 的残差模块避免模型退化问题。将骨干网络提取的下采样 32 倍、16 倍和 8 倍的特征图采用类似 FPN 的多尺度特征融合结构进行融合,融合方式为跨层连接模式,得到三个尺度对应的不同分辨率的特征图。

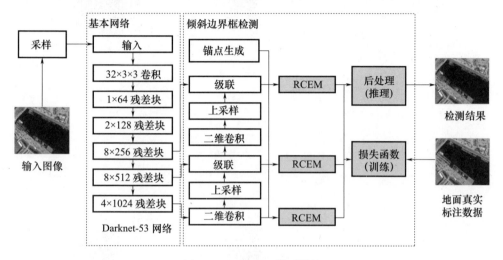

图 5 – 3　VOLOv3 模型结构

基于 Faster RCNN 模型改进的两阶段倾斜边界框目标检测方法在候选区域提取阶段时,可通过 RoI 池化区域的旋转变换以及 RoI 对齐两种策略实现对旋转角度的感知。而 YOLO 系列模型采用分网格直接回归的模式,虽然提高了检测效率但缺少了灵活可变的区域提取阶段,使得特征图难以准确反映目标角度变化信息。在 YOLOv3 模型的基础上改进了模型检测功能部分,将输出结果改为倾斜边界框表示方法,增加旋转卷积集成模块通过卷积核旋转和融合提高输出特征对目标旋转变换的敏感性,改进了损失函数使得模型能够有效学习角度偏差。将该特征金字塔输出的每层特征图经旋转卷积集成模块(Rotation Convolution Ensemble Module,RCEM)后得到最终带有倾斜边界框信息、置信度信息的预测结果。

5.2.2　倾斜边界框参数化描述

对于采用边界框来定位目标位置的目标检测方法,通常将边界框参数化为由中心点坐标和宽高 4 个变量组成,即 box $= (x, y, w, h)$。这种表示方式已经在本书第 4 章对光学遥感图像的飞机、车辆等检测问题中得到了研究,并证明了其有效性。对于高空俯视角下具有更强旋转多样性的遥感图像,这种表示方法难以精确描述大长宽比目标的尺寸,例如,舰船目标在图像中倾斜角度为 45°时目标区域在其最小外接边界框中占比可能不足 40% ,这就导致难以有效区分紧密相邻的目标。倾斜边界框是一种更精确表示目标位置的定义方法,倾斜边界框的标注通常采用其4个端点 box[1], box[2], box[3], box[4] 的坐标共8个参数 $[(x_1, y_1), (x_2, y_2), (x_3, y_3), (x_4, y_4)]$ 表示(如图5-4(a)所示)。这种表示方式一是参数冗余较多;二是目标边界框失去了矩形区域的形状强制约束,使得检测目标容易发生变形。MultiGrasp[157] 采用 $c = \cos\theta$、$s = \sin\theta$ 表示角度信息,将检测目标表示为一个七元组 $\{x, y, c, s, w, h, z\}$。

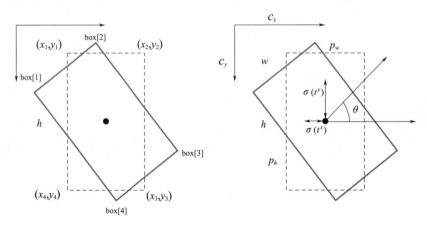

图5-4　倾斜边界框表示
(a)8参数表示;(b)5参数表示。

1. 倾斜边界框参数化

R2CNN 模型采用对角度信息的定义方式,将倾斜边界框参数化表示为一个五维向量 $\{x, y, w, h, \theta\}$(如图5-4(b)所示),其中包含中心点坐标 (x, y),方向角度 θ,宽度 w 和高度 h。方向角度 θ 为边界框中斜率 $k \leqslant 0$ 的边和 x 轴正方向的夹角,和目标分类概率 z 共同构成一个预测结果。预测结果可以表示为 $\{x, y, w, h, \theta, z\}$。$(x, y)$、$w$ 和 h 的定义与4.3节中边界框的定义相同,可用式(5-1)~式(5-4)表示。

$$x = \sigma(t^x) + c_x \qquad (5-1)$$

$$y = \sigma(t^y) + c_y \qquad (5-2)$$

$$w = p_w e^{t^w} \qquad (5-3)$$

$$h = p_h e^{t^h} \qquad (5-4)$$

式中:$\sigma(\cdot)$ 为 sigmoid 函数;p_w 和 p_h 分别为预定义锚点的宽和高;(c_x, c_y) 为该锚点所对应网格左上角坐标 $(c_x, c_y) \in \{(c_x, c_y) | c_x, c_y \in \{0, 1, \cdots, S-1\}\}$。

网络不直接预测目标中心点坐标 (x, y),而是预测 (x, y) 相对其对应网格左上角坐标 (c_x, c_y) 的偏移量,则满足 $c_x < x < c_x + 1$,$c_y < y < c_y + 1$。深度卷积网络直接预测 $\{t_i^x, t_i^y, \theta_i, t_i^w, t_i^h, t_i^z\}$。模型的预测结果位置参数根据锚点重新参数化为 t^w、t^h、

t^x、t^y，与$\{x,y,w,h,\theta\}$的映射关系如式$(5-1)\sim$式$(5-4)$。设定边界框倾斜角度参数范围为$[0,\pi]$，忽略目标头尾方向的区别。目标置信度得分定义为预定义锚点和地面真实标注的 IoU，见式$(5-5)$

$$z^g = \frac{\text{area}(P \cap G)}{\text{area}(P \cup G)} \tag{5-5}$$

式中：area$(\cdot)$表示区域的面积。

2. 先验锚点

基于锚点的方法在模型的骨干网络提取特征图后，对每个先验锚点预测该锚点是否包含目标以及目标位置(通常用中心点坐标表示)和外观尺寸(通常用宽高表示)的偏移量。模型训练时，首选选择与真实边界框匹配的先验锚点作为正样本，对模型的输出进行损失计算，采用反向传播算法迭代训练模型。锚点宽高参数的选择仍由数据集的分布决定，参数计算采用 K-means 聚类方法。

3. 倾斜边界框匹配

倾斜边界框匹配在基于倾斜边界框的目标检测中起到重要作用，如图$5-5$所示。模型训练过程中正样本锚点的选择，模型预测过程中 NMS 算法进行冗余边界框消减，以及模型性能评价时判断检测结果的正确性时都要用到旋转边界框匹配。通常用 IoU 表示边界框的匹配度。

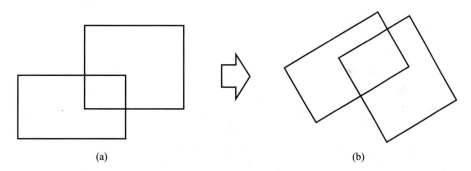

(a)　　　　　　　　　　　　　　　　(b)

图 $5-5$　边界框重叠示意图

(a)水平边界框；(b)倾斜边界框。

倾斜边界框的 IoU 计算复杂度较水平边界框高。设输入为一系列倾斜边界框矩形集合$\{R_1, R_2, \cdots, R_N\}$，输出为集合中边界框两两之间的 IoU。则每对边界框$\langle R_i, R_j \rangle (i<j)$的计算步骤如下。

步骤 1：初始化点集 $\text{PSet} \leftarrow \varnothing$。

步骤 2：将 R_i 和 R_j 的交点加入 PSet

$$(x_{ij}, y_{ij}) = \begin{cases} \text{null} & \text{if}((a_i b_j - a_j b_i) == 0 \text{ 或 } i == j) \\ \left(\dfrac{b_i c_j - b_j c_i}{a_i b_j - a_j b_i}, \dfrac{a_j c_i - a_i c_j}{a_i b_j - a_j b_i} \right), & ((a_i b_j - a_j b_i)! = 0 \text{ or } i! = j) \end{cases}$$

步骤 3：将在 R_j 内部 R_i 的顶点加入 PSet。

步骤 4：PSet 中所有点按照逆时针排序，得到两个矩形交集组成的凸包。

步骤 5：凸包的三角形分解。

步骤 6：计算所有三角形的面积并相加得到交集的面积 area(I)。

步骤 7：计算 IoU$[i,j]$，即

$$\mathrm{IoU}[i,j] = \frac{R_i \cap R_j}{R_i \cup R_j} = \frac{\mathrm{area}(I)}{\mathrm{area}(R_i) + \mathrm{area}(R_j) - \mathrm{area}(I)}$$

图 5-6 为倾斜边界框交集的两种示例，图 5-6(a)中交集可表示为两矩形交点所构成的凸包 $MHNB$ 所分解的三角形集合$\{\triangle MHN, \triangle MNB\}$的面积和，图 5-6(b)中交集可表示为凸包 $EMNOPQR$ 所分解得到的三角形集合$\{\triangle EMN, \triangle ENO,$ $\triangle EOP, \triangle EPQ, \triangle EQR\}$的面积之和。

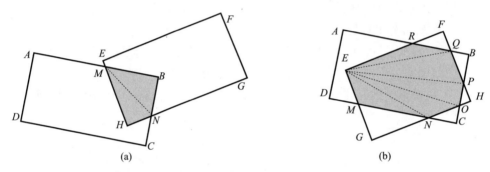

图 5-6　倾斜边界框交集示例

(a)凸包分解得到的 2 个三角形集合；(b)凸包分解得到的 5 个三角形集合。

5.2.3　旋转卷积集成模块

输入图像发生的变化对基于 CNN 模型的输出的影响是目标检测研究需要关注的问题。通常分为两类情况考虑其相关性：等变性和不变性。以 f 表示 CNN 模型，g 表示输入变化，则等变性可表示为 $f(g(\cdot)) = g(f(\cdot))$，不变性可表示为 $f(g(\cdot)) = f(\cdot)$。不变性要求模型的输入变化后得到的特征图保持不变。基于 CNN 模型的旋转变换的相关性问题，在图像分类、目标检测、特征识别等多个方向被广泛研究。在图像分类领域，要求经 CNN 输出的特征具有对输入的旋转和平移变换的不变性。通常采用的最大池化层能够使网络获得适应小幅度变化的能力，通过训练样本数据的旋转增强也能够在一定程度上提高神经网络学习到特征的不变性。Hinton 提出了一种变换自动编码器[158]，设计了胶囊网络，网络中每个胶囊学习和输入/输出相关的一个简单变换。Jaderberg 等学者[159]提出了空间变换网络（Spatial Transformer Networks, STN），通过学习图像或特征的空间变换参数对原图像或特征进行变换，有助于提高神经网络后续层的预测性能，随后根据 STN 出现多

个变种模型。

在检测和分割等对位置敏感的任务中,除了实现模型对于输入的变化的不变性外,还要求 CNN 对于输入的某些变化能够准确响应。也即经 CNN 获得的特征相对输入的变换具有一定的等变性。以平移变换为例,输入图像 I 经平移变换得到另外一幅图像 I',I 经 CNN 后输出特征图为 $f(I)$,$f(I)$ 经过同样的平移变换 ψ 得到特征图 $\psi[f(I)]$。平移等变性体现为 $f(I') = \psi[f(I)]$。CNN 中卷积层的滑动窗口操作,使得 CNN 模型具有良好的平移等变性,能够反映目标局部位置的平移变化。与传统的水平边界框检测要求旋转不变性不同,倾斜边界框预测的方法要求在输入目标角度变化时输出特征能够及时响应,使得模型能够有效区分目标的倾斜角度。Ciresan 等学者[160]提出一个多列深度神经网络方法,对每个变换单独训练一个模型然后将模型的输出进行平均。Worrall 等学者[161]提出的 Harmonic Networks 通过旋转卷积核来获取旋转等变特征。这些方法通过对输入的变换来实现数据驱动模型的等变性和不变性。

STN[159]和 Harmonic Networks[161]通过旋转卷积实现提高 CNN 模型特征图对输入图像角度的旋转变化感知能力,将其应用于图像分类任务中且证明了通过对滤波器的旋转变换能够满足要求。借鉴这一理念,本章所提的模型在检测头部的后半部分引入 RCEM 模块。RCEM 通过对局部卷积核的旋转变换实现对输入旋转变换的等变性,使得模型能够更好地捕获局部的旋转变化。

RCEM 模块结构如图 5 – 7 所示,模型输入的特征图有两个分支。一个分支得到初始预测结果 $\{t_1^x, t_1^y, \theta_1, t_1^w, t_1^h, t_1^a\}$,在对特征进行多个方向的旋转卷积后,通过增加分支的初始预测角度类别决定作为旋转激活的权重将旋转卷积提取的特征进行集成;另一个分支经旋转卷积后根据初始预测的角度信息采用旋转激活决定卷积

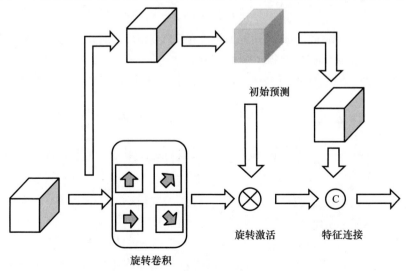

初始预测

旋转激活　　　特征连接

旋转卷积

图 5 – 7　旋转卷积集成模块

核权重。RCEM 的引入使得模型输出的特征对于输入图像的倾斜角度变化更加敏感,有利于 CNN 模型感知目标角度的差异。同时采用由粗粒度到细粒度的分两阶段校准的角度预测方法能够降低模型角度预测的偏差。

1. 旋转卷积

传统卷积输入特征图 $f \in R^{H \times W \times C}$,$N = H \times W$ 是总像素数,C 是通道数。$g_l \in R^{K_1 \times K_2 \times C}$,$l = 1,2,\cdots,n_f$ 表示一个卷积核,其中 K_1 和 K_2 是卷积核的空间维度,通常定义 $K_1 = K_2 = K$ 每个通道包含 n_f 个卷积核。对权重采用 n_r 旋转来获得每个通道的 $n_f \cdot n_r$ 旋转权重。二维卷积核的旋转矩阵为式(5-6)。式中,r 为旋转索引,旋转权重可表示为式(5-7)。

$$R(r) = \begin{bmatrix} \cos\left(\dfrac{r\pi}{4}\right) & -\sin\left(\dfrac{r\pi}{4}\right) & 0 \\ \sin\left(\dfrac{r\pi}{4}\right) & \cos\left(\dfrac{r\pi}{4}\right) & 0 \\ 0 & 0 & 1 \end{bmatrix} \tag{5-6}$$

$$g_l^{(i)} = R_i(g_l), i = 1,2,\cdots,n_r, l = 1,2,\cdots,n_f \tag{5-7}$$

式中:R_i 为角度 $(i-1) \cdot 2\pi/n_r$ 的旋转操作。

可将每个滤波器通道的旋转操作看作有矩阵乘法表示的坐标变换 $R^\psi \overline{\psi}$,其中 $\overline{\psi}$ 为通道 ψ 的向量化,对于旋转角度不是 $n\pi/2$ 的情况,坐标旋转无法直接用一个像素得到,需要采用四个相邻像素的双线性插值来生成,为方便计算将插值操作集成入 R_i 操作,这一操作使得 R_i 不再保持为对 90° 旋转的对称群,即 R_i 不再可逆。对于每个滤波器和旋转角度,可以使用传统的平面相关计算特征图二维卷积核的旋转矩阵,即

$$z_l^i = g_l^i * f, i = 1,2,\cdots,4, l = 1,2,\cdots,n_f \tag{5-8}$$

当角度不为 0 和 $\pi/2$ 时,旋转变换矩阵存在小数形式,而元素的下标索引不存在小数表达,而取最近邻方式获得近似像元的方法不能进行梯度下降来回传梯度。因此采用双线性插值法,即式(5-9)。对该函数求偏导则有式(5-10)和式(5-11):

$$V_i^c = \sum_n^H \sum_m^W U_{nm}^c \max(0, 1 - |x_i^s - m|) \max(0, 1 - |y_i^s - n|) \tag{5-9}$$

$$\frac{\partial V_i^c}{\partial V_{nm}^c} = \sum_n^H \sum_m^W \max(0, 1 - |x_i^s - m|) \max(0, 1 - |y_i^s - n|) \tag{5-10}$$

$$\frac{\partial V_i^c}{\partial x_i^s} = \sum_n^H \sum_m^W U_{nm}^c \max(0, 1 - |y_i^s - n|) \begin{cases} 0, |m - x_i^s| \geq 1 \\ 1, m \geq x_i^s \\ -1, m \leq x_i^s \end{cases} \tag{5-11}$$

对 y_i^s 的偏导计算方式相似,通过双线性插值法使得模型能够实现梯度回传。

2. 旋转激活

旋转卷积集成模块中采用跨层连接结构提取网络未经旋转卷积之前的特征图。该特征图用于在每格中获取网络的初始预测结果 $\{t_1^x, t_1^y, \theta_1, t_1^w, t_1^h, t_1^z\}$。将角度 θ_1 的从连续的回归问题转化为一个从 $[0, \pi]$ 之间的一系列离散候选角度中进行选择的分类问题。定义 $\theta_1 \in \{0, \pi/4, \pi/2, 3\pi/4\}$。初步预测的 θ_1 作为旋转卷积的激活函数的输入。则旋转激活函数为

$$h_l = \sum_{i=1}^{4} \frac{t_1^z \theta_1^i z_l^i}{4} \qquad (5-12)$$

式中：θ_1^i 为 θ_1 对应的第 i 个角度的激活值。

在旋转卷积集成模块中，将初始输出 $\{t_1^x, t_1^x, \theta_1, t_1^w, t_1^h, t_1^z\}$ 用于旋转激活，初始输出的角度分类粒度较粗（步长为 $\pi/4$），$\theta_1 \in \{0, \pi/4, \pi/2, 3\pi/4\}$。

将最终较为精确的倾斜角度采用基于分类的方法从有限的角度候选集合中选择实际倾斜角度，而不是采用基于边框回归的方法直接估计 θ 值。集合空间中步长的选择原则有两点：一是减少分类个数有利于模型的正确分类；二是保证预测值和真实值角度偏差在角度集合一个步长内 IoU 大于 0.3。设步数为 $\text{step} > 4$，则 π/step 为步长，图 5-8 和图 5-9 所示为偏差为一个步长时各个长宽比下 step 和目标 IoU 的关系。可以看出 $\text{step} = 18$ 时在 1 个步长内，最极端长宽比（12：1）下 IoU 仍满足任务要求。因此将最终角度建模为步长为 $\pi/18$ 的有限集合空间，$\theta_2 \in \{0, \pi/18, \cdots, 17\pi/18\}$。

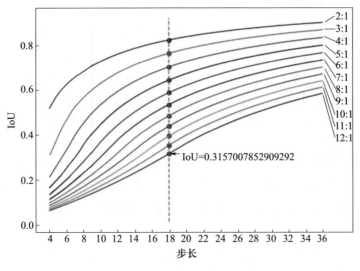

图 5-8　角度偏差一个步长对 IoU 的影响

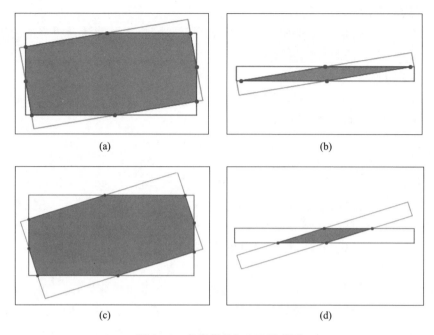

图 5 - 9 角度偏差与 IoU 示意图

(a)长宽比 2∶1,偏差 $\pi/18$,IoU = 0.8254;(b)长宽比 12∶1,偏差 $\pi/18$,IoU = 0.3157;

(c)长宽比 2∶1,偏差 $\pi/10$,IoU = 0.7290;(d)长宽比 12∶1,偏差 $\pi/10$,IoU = 0.1559。

5.2.4 带角度惩罚的多任务损失函数

模型训练时损失函数的设计对目标检测网络的训练至关重要。YOLOv3 采用一种多任务损失函数联合优化目标检测模型,默认的损失函数由位置损失 L_{coord}、置信度损失 $L_{\text{confidence}}$ 和分类损失 L_{class} 组成,位置损失由中心点坐标损失 L_{xy}、尺度缩放损失 L_{wh} 组成,置信度损失由不包含目标 L_{noobj} 和包含目标 L_{obj} 组成。所提的模型预测结果和基本的 YOLOv3 模型相比有两点不同:①基于倾斜边界框的检测模型在训练时还需要能够惩罚预测和真实值之间的角度偏差;②对模型的初步输出结果和最终输出结果联合计算损失函数。损失函数的设计结合 YOLOv3、R2CNN 和 PCN 模型的设计思想,用 MSE 损失表示回归的位置误差和置信误差,交叉熵损失表示角度分类误差。本章设计的带角度惩罚的多任务损失函数(Multi - task Loss with Angle Punishment,MLAP)为

$$\text{MLAP} = \sum_{r=1}^{2} rL(t_r^x, t_r^y, \theta_r, t_r^w, t_r^h, t_r^z) \tag{5-13}$$

其中

$$L(t^x, t^y, \theta, t^w, t^h, t^z) = \lambda_{\text{coord}} \sum_{i=1}^{s^2} \sum_{j=1}^{A} m_{ij}^{\text{obj}} \left[(x_i^g - x_i) + (y_i^g - y_i) \right]$$

$$+ \lambda_{\text{coord}} \sum_{i=1}^{s^2} \sum_{j=1}^{A} m_{ij}^{\text{obj}} \left[(w_{ij}^g - w_{ij}) + (h_{ij}^g - h_{ij}) \right]$$

$$+ \lambda_{\text{prb}} \sum_{i=1}^{s^2} \sum_{j=1}^{A} m_{ij}^{\text{obj}} \left[(z_i^g - z_i)^2 \right]$$

$$+ \lambda_{\text{cls}} \sum_{i=1}^{s^2} \sum_{j=1}^{A} m_{ij}^{\text{obj}} \text{CrossEntropy}(\theta_i^g, \theta_i) \qquad (5-14)$$

式中:S^2 为特征图的网格数;A 为锚点数。

设 $\lambda_{\text{crd}} = 1, \lambda_{\text{prb}} = 5, \lambda_{\text{cls}} = 1$。当样本真实值中心点坐标 (x^g, y^g) 在第 i 格上则损失计算时设 $m_{ij} = 1$,否则设 $m_{ij} = 0$。与经典 YOLOv3 类似,采用 MSE 损失作为模型预测的定位损失,以及锚点包含目标的置信度损失。由于将倾斜角度的预测转化为对离散化角度值的分类问题,角度偏差的损失采分类问题常用的交叉熵损失,式(5-14)中 CrossEntropy(·)表示用于角度多分类的交叉熵损失 $-\sum p(x) \log q(x)$,$p(x)$ 为样本标注,$q(x)$ 为模型预估值。

5.2.5　倾斜软非极大值抑制算法

模型预测的输出是在各尺度特征图上每个网格预测一组边界框值,而遥感图像中目标数通常远小于锚点个数,因此预测的结果存在较大冗余,通常在结果的后处理时通过置信度阈值过滤预测结果,通过非极大值抑制对冗余结果进行消减。本章设计了倾斜软非极大值抑制算法(Inclined Soft Non – Maxima Suppression, IS-NMS),将倾斜边界框匹配和软非极大值[162]策略引入传统的 NMS 算法中,实现倾斜边界框的冗余消减的同时避免了相邻高置信度目标的错误抑制。

NMS 是一个经典的目标检测后处理算法,用于将检测模型得到的大量的边界框集合进行消减。传统 NMS 方法仅采用 IoU 阈值 T_{IoU} 作为冗余边界框的消减因子。非极大值抑制算法从一系列检测到的边界框列表 B 和其对应的得分列表 S 出发,在选择最大得分 M 后,将其加入检测结果列表 D 中,同时移除和其重叠度大于阈值 N_t 的边界框。对列表 B 中所有边界框重复上述操作最终得到检测结果。NMS 基本算法流程如下。

步骤 1:将所有检测输出的边界框列表按分类置信度划分不同子类的边界框集合。

步骤 2:在每个子类集合内根据各个边界框的分类置信度做降序排列,得到一个降序的 list_k。

步骤 3:从 list_k 中分类置信度中最高的 bbox_i 开始,计算该 bbox_i 与 list_k 中其他边界框 bbox_j 的 IoU,若 IoU 大于阈值 T 则剔除该 bbox_j,将 bbox_i 移至输出列表。

步骤 4:继续重复步骤 3 中的迭代操作,直至 list_k 中所有项都完成筛选。

经典 NMS 算法计算与得分最大的边界框的 IoU 并将 IoU 大于某个阈值 N_t 的

边界框得分置零,若存在目标 IoU 大于该阈值,则该目标将会因置信度被抑制而被漏检,进而影响检测精度。

$$s_i = \begin{cases} s_i, & \text{IoU}(M, b_i) < N_t \\ 0, & \text{IoU}(M, b_i) \geqslant N_t \end{cases} \tag{5-15}$$

Soft NMS 不直接移除该检测结果,而是将检测结果的得分降低,这样该边界框仍存在列表 B 中。由于重叠度高的边界框更可能是冗余的检测结果,因此降低得分的原则是让重叠度高的边界框得分下降更快。式(5-16)表示一种线性加权的改进方法。

$$s_i = \begin{cases} s_i, & \text{IoU}(M, b_i) < N_t \\ s_i(1 - \text{IoU}(M, b_i)), & \text{IoU}(M, b_i) \geqslant N_t \end{cases} \tag{5-16}$$

该方法将阈值大于 N_t 的检测结果以和 IoU 相关的线性函数的方式进行降低。因此距离 M 较远的边界框不会受到影响,距离近的边界框的置信度得分将受到更大的衰减。

这种方法对 IoU 是非连续的,当 IoU 达到阈值时,置信度得分会出现突然的下降。采用连续函数更为合理,否则会导致检测列表的排序出现突然变化。该连续函数要满足在 IoU 较低时缓慢降低得分,当 IoU 较高时显著降低得分。考虑到上述需求,采用(5-17)式所示的高斯加权法。

$$s_i = s_i e^{-\frac{\text{IoU}(M, b_i)^2}{\sigma}}, \forall\, bi \notin \tag{5-17}$$

图 5-10 比较了几种加权法对得分的影响,图(a)为传统 NMS,图(b)为线性加权和高斯加权的 soft NMS,其中 NMS 和线性加权 soft NMS 的阈值 $N_t = 0.5$,高斯加权的 $\sigma = 0.3$。soft NMS 具有更好的抗遮挡能力,在目标之间存在相邻或标注可能存在干扰的情况下能够避免错误地消除目标,提高模型整体的召回率。

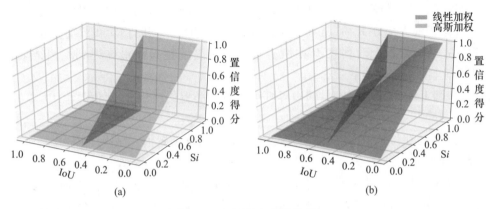

图 5-10 NMS 加权法比较

(a) NMS;(b) soft NMS。

5.3　实例分析

5.3.1　实验环境及参数设置

实验采用了舰船目标数据集 HRSC2016[125] 进行算法验证,该数据集从公开数据源收集到的 1061 幅包含倾斜边界框标注的,图像分辨率在 0.4 ~ 2m 之间。数据集中包含海面场景图像和近岸舰船图像,如图 5 – 11 所示。其中包括 70 张海面图像有 90 个样本,991 张近岸图像有 2886 个样本。按照训练集和测试集 4∶1 的比例划分数据集,数据分布见表 5 – 1。样本数据经旋转增强,以 30° 为旋转增强的步长,样本规模增大至原来的 12 倍。

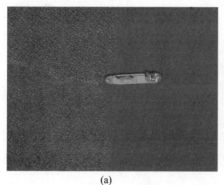
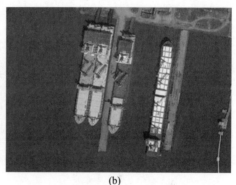

(a)　　　　　　　　　　　　　　　　(b)

图 5 – 11　数据集中图像示例(见彩图)
(a)海面舰船目标;(b)近岸舰船目标。

表 5 – 1　数据集数据分布

数据集	海面图像	海面样本	近岸图像	近岸样本	总图像数	总样本数
训练验证集	41	55	576	1693	617	1748
测试集	29	35	415	1193	444	1228
总计	70	90	991	2886	1061	2976

对训练数据的尺度分布进行分析,如图 5 – 12 所示,可以看出样本数据中多数舰船目标长宽比较大,最小长宽比为 2∶1,大部分集中在 6∶1 左右。将标注数据作为输入采用多尺度聚类方法可得到锚点参数,如图 5 – 13 所示。

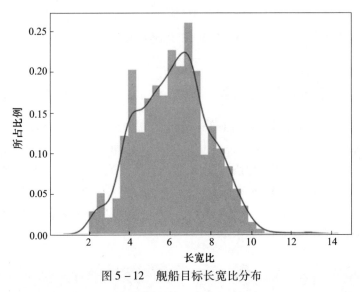

图 5 - 12   舰船目标长宽比分布

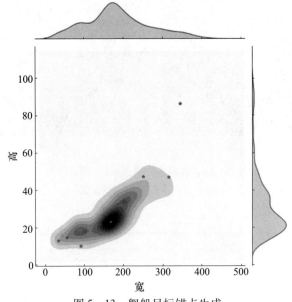

图 5 - 13   舰船目标锚点生成

5.3.2   实验结果与分析

模型训练时采用 Adam 优化器,参数有 Momentum = 0.9, Decay = 0.0005, β_1 = 0.9, β_2 = 0.999, $\varepsilon = 10^{-8}$, 学习率 η = 0.001, 训练轮次为 50。训练过程使用特征迁移方法,前 30 轮次训练冻结模型的骨干网络部分,在 COCO 数据集预训练的 Darknet - 53 上微调网络参数,后 20 轮次解冻骨干网络,然后训练全部参数。训练中采用了学习率预热和衰减策略。模型训练过程损失函数变化如图 5 - 14 所示。

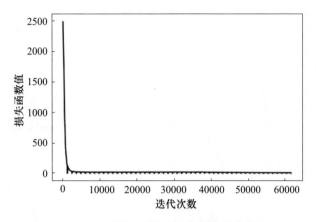

图 5 - 14　模型训练过程损失函数曲线

　　实验过程分别采用了水平边界框检测的 SSD 模型、Faster R - CNN(骨干网络为 Resnet 101 网络)、YOLOv3 模型、倾斜边界框检测的 R2CNN 和 R - DFPN 等多种经典的基于 CNN 的目标检测模型方法进行比较实验。同时还在所提的去除改进方法的基本模型进行比较实验,以分析各改进方法对性能的影响。所有比较实验的模型训练均采用相同的训练集和测试集分布,以及相同的数据增强方法。水平边界框检测模型的训练样本的边界框标注采用数据集中样本倾斜边界框的最小外接矩形表示。图 5 - 15 所示为训练完成后模型在测试集上的部分检测结果,真

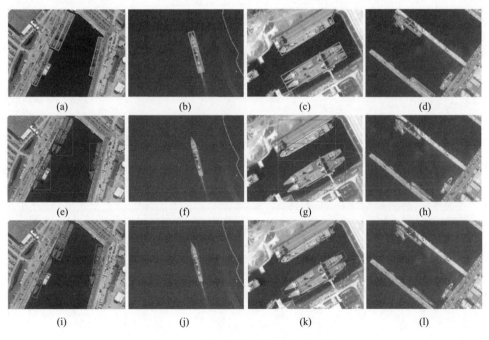

图 5 - 15　模型检测结果比较(见彩图)

(a)(b)(c)(d)地面真实标注;(e)(f)(g)(h)YOLOv3 模型;(i)(j)(k)(l)所提模型。

实值可视化为绿色矩形区域,目标检测结果可视化为红色矩形框,图5-16表示部分误检情况,可以看出由于模型训练样本中包含大量近岸舰船,与舰船外观较为接近的部分码头设施易被误检为舰船。

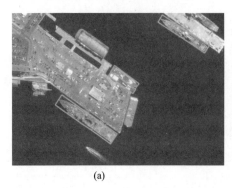 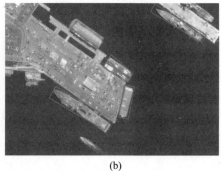

(a)   (b)

图5-16 模型误检情况(见彩图)

(a)地面真实标注;(b)检测结果。

用 AP 函数对最终的模型性能进行评估,考虑到 AP 计算时 TP 的计算采用倾斜 IoU 作为衡量标准,而大长宽比目标的倾斜边界框 IoU 对角度变化较为敏感。例如,比例为 1:7 的舰船目标,其倾斜边界框偏移 15° 时 IoU 仅为 0.38。而 IoU 阈值 $T_{IoU}=0.5$ 时该边界框将被过滤。故进行 AP 计算时采用 $T_{IoU}=0.3$。表5-2比较了各种方法在测试集下进行检测的 AP,表中 Incline BBox 表示倾斜边界框、RCEM 表示旋转卷积集成模块、ISNMS 表示倾斜软非极大值抑制、RPN 表示区域提取方法。"本章方法1""本章方法2""本章方法3"分别表示不经过 RCEM 直接检测最终结果、带 RCEM 不使用 ISNMS,以及包含各种改进方法的所提方法,如图5-17所示。

表5-2 模型平均准确率比较

方法	Incline BBox	RCEM	ISNMS	RPN	AP/%
SSD	×	×	×	×	65.9
Faster R-CNN	×	×	×	√	77.4
YOLOv3	×	×	×	×	76.0
R2CNN	√	×	×	√	87.6
R-DFPN	√	×	×	√	89.6
本章方法1	√	×	×	×	82.9
本章方法2	√	√	×	×	86.3
本章方法3	√	√	√	×	87.9

注:1. √表示该模型使用了该方法,2. ×表示该模型未使用该方法。

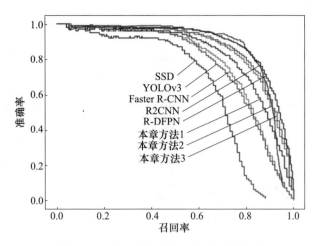

图 5-17 模型在测试集上的 PR 曲线比较

从实验结果可以看出,所提的方法较基本 YOLOv3 模型提升 12.7% 的舰船目标检测平均准确率,较 R2CNN 模型提升了 0.3%,性能基本相当。RCEM 和直接检测倾斜边界框的检测方法相比 AP 提高了 3.4%,ISNMS 算法较 NMS 方法 AP 提高了 1.6%。从数据集的分布可以看出,测试数据中多数目标为近岸舰船,出现密集相邻的概率较高,因此改进的方法对总体性能提升较为显著。表 5-3 比较了各种方法在单幅图像上的检测速度,可以看出所提的方法检测时间开销远小于经典的倾斜边界框检测方法。从对检测结果的分析可以看出,水平边界框标注训练的 YOLOv3 模型在海面目标和一部分位置较散的近岸目标能够得到很好的检测结果,但是对于密集近岸目标漏检率较高,如图 5-18 所示。本章所提的方法较水平边界框检测经典的 SSD、Faster RCNN 和 YOLOv3 模型相比性能均有大幅提升,证明了倾斜边界框回归的方法在检测近岸舰船这样大长宽比密集目标上的优势,同时检测效率和基本的 YOLOv3 模型相比仅有较少的降低,与基于 Faster RCNN 的倾斜边界框检测模型 R2CNN 相比性能略优,虽略低于 R-DFPN 模型,但其单阶段目标检测模型的特点使其具有中间过程少、资源开销低以及检测效率高的优点,检测时间消耗不到 R2CNN 模型的 1/4。

表 5-3 模型检测速度比较

方法	SSD	Faster RCNN	R2CNN	R-DFPN	YOLOv3	本章方法
检测时间/ms	47	153	492	381	56	102

模型在港口遥感图像数据上的应用实例如图 5-19 所示。实验数据中存在的 46 个舰船目标中准确检测其中的 41 个,准确率为 83.7%,召回率为 89.1%,见表 5-4。可以看出,实验得到的模型对于遥感图像舰船目标检测具有较强稳定性和泛化能力。

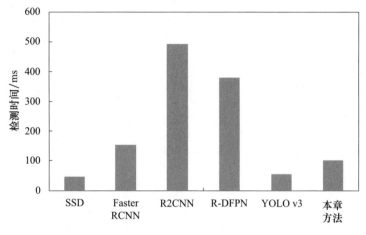

图 5 – 18　模型检测速度比较

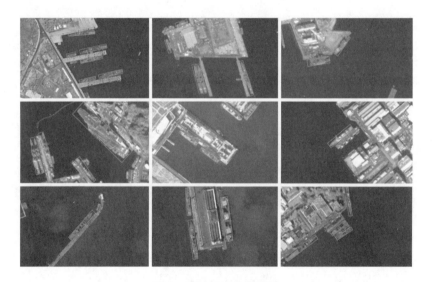

图 5 – 19　模型应用实例

表 5 – 4　模型应用性能

总数	正确检测	误检	漏检	准确率	召回率
46	41	8	5	0.837	0.891

5.4　小　　结

遥感图像高空俯视角带来的目标方向的多样性,使得对于舰船这样的大长宽比目标模型的旋转不变性受到影响。主要表现在两个方面:一是当目标之间距离较近时,相邻两个目标的检测结果可能重叠度较高;二是非极大值抑制算法进行预测边界框消减时容易抑制正确的检测结果,影响模型整体性能。针对这些问题本章对目标检测模型的旋转不变性进行了研究,在 YOLOv3 模型基础上进行改进使得模型能够预测带倾斜角度的边界框表示的目标检测方法。本章的主要工作如下:①设计了一种基于改进 YOLOv3 的倾斜边界框目标检测模型,通过引入角度预测实现倾斜边界框回归;②提出一种旋转卷积集成模块,通过旋转卷积和旋转激活提高 CNN 特征图对于目标角度变化的响应能力,将目标边界框倾斜角度预测建模为由粗粒度到细粒度的两次角度分类问题;③将角度惩罚引入模型的多任务损失函数中,使得模型能够学习目标的角度偏移;④针对传统 NMS 方法容易抑制密集相邻目标的问题,将 Soft NMS 和倾斜 IoU 计算结合的 ISNMS 后处理算法,避免了对相邻高置信度倾斜边界框的错误抑制。通过在包含近岸舰船和海面舰船的高分辨率遥感图像数据集上的实验验证了所提的方法能够有效提高目标检测性能。通过对某型成像卫星获取的数据的实际应用,验证了模型对港口近岸舰船的检测能力以及模型的泛化能力。

SAR 图像篇

    本篇主要阐述面向舰船目标检测的 SAR 图像相干斑抑制和海陆分割两个预处理问题，重点针对无锚框轻量化模型检测精度降低问题、边框偏移量度量问题和目标检测模型参数冗余问题，设计了基于全卷积网络的无锚框检测模型、基于评分图的改进型 U – Net 模型、基于知识蒸馏的模型轻量化压缩方法，包括第 6 章面向舰船目标检测的 SAR 图像预处理、第 7 章基于全卷积网络的 SAR 图像舰船目标检测、第 8 章基于评分图的 SAR 图像舰船目标检测、第 9 章基于知识蒸馏的 SAR 图像舰船目标检测模型轻量化压缩。

第6章　面向舰船目标检测的 SAR 图像预处理

由 SAR 系统相干成像机理产生的相干斑噪声会对舰船目标预筛选和鉴别产生较大干扰,因此研究 SAR 图像相干斑抑制方法有助于提高海上舰船目标检测的准确率。传统基于局部计算模型提出的降斑方法仅考虑了图像的局部邻域信息,而没有利用图像的结构信息进行降斑,存在图像纹理细节保持效果不好的问题。针对上述问题,研究人员提出了基于非局部均值的相干斑抑制方法,不仅有效抑制了相干斑噪声,而且较好地保持了图像的几何结构,但仍存在图像块相似性度量不准确、稳健性不高等问题。因此,寻找一种具有良好去噪效果和纹理保持效果的相干斑抑制方法,是本章所要解决的一个关键问题。

星载 SAR 系统获取的 SAR 图像幅宽从几千米到几百千米不等,如"高分"三号卫星最大能够获取到幅宽为 650km 的 SAR 图像。在实际应用宽幅星载 SAR 图像对我国领海范围内的舰船目标进行监视时,所用图像中难免包含陆地区域。为避免陆地区域对舰船目标检测的干扰,需开展 SAR 图像海陆分割方法研究。宽幅 SAR 图像内容复杂、像素数目庞大,传统的海陆分割算法将单个像素作为分割的基本单元,容易导致算法实现复杂,给实际应用带来一定困难。基于区域合并的分割法联合了低水平与高水平的分割策略实施海陆分割,能够较为明显提高分割的效率,但分割的准确率仍有待进一步提高。因此,针对宽幅 SAR 图像的特点,寻找一种拥有较为准确的海陆分割效果的算法,是本章所要解决的另一个关键问题。

针对 SAR 图像相干斑抑制中存在的图像块相似性度量不准确、稳健性不高等问题,本章提出了一种基于自适应块匹配的非局部均值去噪框架,以提高块相似性度量的准确性,从而达到依据图像统计特性去除相干斑噪声的目的;利用 Gabor 滤波器重新定义了块相似性度量函数,以增强块相似性度量的稳健性,并结合所提框架,设计了基于 Gabor 滤波器的自适应非局部均值算法;对 SAR 图像进行去噪实验以验证所提算法的降斑效果和纹理保持特性。针对宽幅 SAR 图像海陆分割中存在分割准确率低的问题,分析了提高海陆分割准确性的途径,以此为指导,提出了基于改进 SLIC 的超像素生成算法和由粗糙到精细的超像素合并策略;利用宽幅 SAR 图像进行海陆分割的实验结果表明,所提算法能够取得较高的分割准确率。

6.1 基于自适应非局部均值的 SAR 图像相干斑抑制

6.1.1 问题分析

基于非局部均值的相干斑抑制方法通过改进块相似性度量和采用不同的邻域窗以在去除相干斑噪声的同时,尽量保持滤波后图像的边缘纹理。然而 SAR 图像内容丰富,不同内容的统计特性具有较大的差异性,在去除相干斑噪声时,应针对图像统计特性的差异采用不同的方法。Nezry 等学者[163]首先计算图像局部区域的方差系数,依据其大小将图像分成同质区和异质区,之后采用不同的滤波方法去除噪声。刘书君等学者[164]提出了基于非局部分类处理的降斑方法,首先将图像分为同质区和异质区,然后分别采用加权平均和三维变换域硬阈值收缩方法进行去噪,在降斑性能和视觉效果方面均取得了较好的效果。

上述对 SAR 图像进行分区域降斑的方法,是将图像分为同质区和异质区两类,然后分别对两类不同区域进行去噪。然而图像内容千变万化,图像不同区域的特性差异较大,将其分为两类的方法具有一定的局限性,难以准确反映图像不同区域的差异性,从而使得图像的去噪效果不明显和纹理细节丢失。因此,本章通过研究 SAR 图像不同区域的统计特性,找到了刻画图像纹理复杂程度的度量,并以此为指导设计了相干斑抑制算法。

6.1.2 基于自适应块匹配的非局部均值去噪框架

本节首先介绍传统的非局部均值算法,提出基于平滑度的自适应块匹配,给出能够刻画图像纹理复杂程度的平滑度的定义,以便自适应地确定图像块和搜索窗口的大小,最后提出基于自适应块匹配的非局部均值去噪框架。

1. 非局部均值算法

非局部均值算法利用了图像本身的冗余性,以块相似性度量为准则在图像中寻找与目标图像块含有相似真实信号的图像块,并依据相似度的取值大小,计算不同图像块对应的滤波权重,最后进行加权平均确定目标图像块中心像素的估计值。

对于像素 i,滤波后的估计值为

$$NL[u](i) = \sum_{j \in \Omega} w(i,j) u(j) \qquad (6-1)$$

式中:Ω 为搜索窗口;$u(j)$ 为像素 j 对应的图像块中的像素;权值 $w(i,j)$ 取决于像素 i 和像素 j 的相似性,并且满足 $0 \leq w(i,j) \leq 1$ 和 $\sum_j w(i,j) = 1$。

两像素的相似性由像素所在邻域窗的灰度向量的相似性决定。灰度向量间的相似性通过高斯加权的欧式距离确定,其表达式为

$$d(i,j) = \| \boldsymbol{u}(N_i) - \boldsymbol{u}(N_j) \|_{2,\alpha}^2 \qquad (6-2)$$

式中:N_i 为以 i 为中心的邻域窗;$\boldsymbol{u}(N_i)$ 为 N_i 的灰度向量;$\alpha > 0$ 为高斯核的标准差。

$d(i,j)$ 的取值越小,表明两个灰度向量的相似性越大,对应的像素点的权重也越大,故定义权重为

$$w(i,j) = \exp(-d(i,j)/h^2)/z(i) \qquad (6-3)$$

式中:$z(i) = \sum_j \exp(-d(i,j)/h^2)$ 为归一化常数,参数 h 控制指数函数的衰减速度。

2. 基于平滑度的自适应块匹配

由非局部均值算法的原理可知,算法去噪效果的优劣取决于像素间相似性度量的准确性,即块匹配的准确性。影响块匹配准确性的两个关键因素是图像块的大小和搜索窗口的大小。对于图像平滑区域,像素间的差值较小,通过较小的范围就能找到与目标图像块较为相似的图像块,故在块匹配时,理应增大图像块的大小而减小搜索窗口的大小。对于图像纹理复杂区域,可能含有较强的散射点,块匹配时难以找到与之相似的图像块,故在匹配时中,理应减小图像块的大小而增加搜索窗口的大小。由分析可知,图像纹理复杂程度较好地反映了图像的统计特性,若在块匹配时,依据图像纹理复杂程度自适应地确定图像块的大小和搜索窗口的大小,则能够提高块匹配的准确性,从而进一步增强 SAR 图像相干斑抑制效果。

为实现自适应确定图像块的大小和搜索窗口的大小,需要定量描述图像的纹理复杂程度。首先给出平滑度的定义。

1)平滑度的定义

定义 1　令 X 表示图像像素集合,像素 $X_{ij} \in X$ 表示图像中位于(i,j)处的像素,像素 X_{ij} 的 8 邻域的位置关系如图 6-1 所示。像素 X_{ij} 的平滑度 δ_{ij} 定义为

$$\delta_{ij} = (|X_{i-1,j-1} - X_{ij}| + |X_{i-1,j} - X_{ij}| + |X_{i-1,j+1} - X_{ij}| + |X_{i,j-1} - X_{ij}| +$$
$$|X_{i,j+1} - X_{ij}| + |X_{i+1,j-1} - X_{ij}| + |X_{i+1,j} - X_{ij}| + |X_{i+1,j+1} - X_{ij}|)/8$$

$$(6-4)$$

$X_{i-1,j-1}$	$X_{i-1,j}$	$X_{i-1,j+1}$
$X_{i,j-1}$	X_{ij}	$X_{i,j+1}$
$X_{i+1,j-1}$	$X_{i+1,j}$	$X_{i+1,j+1}$

图 6-1　X_{ij} 的 8 邻域像素

由平滑度的定义可知,平滑度 δ_{ij} 的大小取决于 X_{ij} 与其 8 邻域像素的差值。差值越大,平滑度值越大。对于图像同质区,其纹理较为平滑,邻域像素差值较小,其平滑度值较小;对于图像异质区,其纹理较为复杂区域,邻域像素差值较大,其平滑度值较大。因此,平滑度值越大,像素所在位置纹理越复杂。

下面通过实验进一步验证平滑度取值与图像纹理复杂程度的关系。图 6 - 2 (a)所示为一幅 512 像素 ×512 像素大小的 SAR 图像。根据定义 1 计算图像中每一像素的平滑度 δ。之后,将平滑度归一化到 $[0,255]$,用图 6 - 2(b) 表示平滑度的分布图。图像中亮度值较大的区域代表图像纹理复杂区域,即异质区,图像中较暗的区域代表图像平滑区域,即同质区。对比图 6 - 2(a)和(b)可见,图 6 - 2(a)中的纹理复杂区域、边缘区域和一些强散射点的平滑度较大,平滑区域的平滑度较小。因此所定义的平滑度能够有效衡量图像纹理复杂程度,可依据其取值大小自适应地确定图像块的大小和搜索窗口的大小。

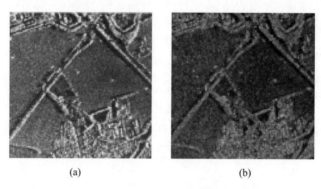

(a)   (b)

图 6 - 2　SAR 图像及其平滑度分布

(a) SAR 图像;(b)平滑度分布。

2)自适应块匹配

对于具有不同平滑度的像素,其对应的图像块的大小和搜索窗口的大小应不同。并且随着平滑度取值的增大,图像块应减小,搜索窗口应增大。为此,本章设计了两个自适应匹配函数 f_1 和 f_2。

$$f_1 = 10 - \left\lfloor \frac{\delta}{\delta_{\max}} \times 8 \right\rfloor \tag{6-5}$$

$$f_2 = \left\lfloor \frac{\delta}{\delta_{\max}} \times 20 \right\rfloor + 15 \tag{6-6}$$

式中:$\lfloor \ \rfloor$ 为向下取整的操作;$\delta_{\max}$ 为整个图像平滑度的最大值;δ 为当前像素对应的平滑度。

f_1 表示当前像素在块匹配过程中图像块的大小,其值随着平滑度 δ 取值的增大而减小,取值范围 $[2,10]$。该函数既能够保证在图像同质区使用较大的图像块以更加准确地估计中心像素值,又能保证在异质区应用较小的图像块,以寻找到相似图像块。

f_2 表示当前像素在块匹配过程中搜索窗口的大小,其值随着平滑度 δ 取值的增大而增大,取值范围是 $[15,35]$。该函数的值随着图像纹理复杂度的变化而变化,既保证了块匹配过程中较高的准确率,同时又一定程度上降低了计算复杂度。

综上所述,利用上述两个自适应匹配函数,自适应确定了块匹配过程中图像块的大小和搜索窗口的大小,能够在有效去除平滑区域相干斑的同时,较好地保持图像的边缘和纹理细节。

3. 框架设计

传统的非局部均值算法在实施块匹配的过程中没有考虑图像内容统计特性的差异,而是将整幅图像的不同区域不加区分进行相干斑抑制,算法的去噪效果有待提高。本章所提自适应块匹配能够依据图像纹理复杂程度自适应地确定图像块和搜索窗口的大小,具有较高的准确性。因此,将所提自适应块匹配代替传统非局部均值算法中的块匹配,提出了基于自适应块匹配的非局部均值去噪框架,如图6-3所示。

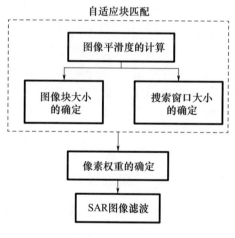

图 6-3　去噪框架

该框架下滤波计算公式为

$$N\tilde{L}[u](i) = \sum_{j \in \Omega_i} w(i,j)\,\tilde{u}(j) \tag{6-7}$$

式中:Ω_i 为像素 i 的搜索窗口;$\tilde{u}(j)$ 为像素 i 对应的图像块中的像素;权值 $w(i,j)$ 为式(6-3)定义的权重,并且满足 $0 \leqslant w(i,j) \leqslant 1$ 和 $\sum_j w(i,j) = 1$。

依据基于自适应块匹配的非局部均值去噪框架设计滤波算法时:首先根据式(6-4)计算图像的平滑度,并根据式(6-5)和式(6-6)给出的自适应匹配函数确定图像块和搜索窗口的大小;然后根据式(6-3)计算像素对应的权重;最后根据式(6-7)对 SAR 图像进行滤波,去除相干斑噪声。该框架考虑了图像块和搜索窗口大小对块匹配准确性的影响,能够根据图像纹理复杂程度自适应地确定图像块和搜索窗口大小,使之能较为准确地确定图像像素的权重,也就是能较好地反映图像像素在滤波中所发挥的作用,因此能够有效提高相干斑抑制效果。

6.1.3 基于 Gabor 滤波器的自适应非局部均值算法

传统的非局部均值算法是针对图像中的加性噪声而提出的,通过计算灰度向量的欧几里得距离来表征图像块的相似性。而 SAR 图像中的相干斑噪声是乘性噪声,此时图像块的相似性难以用欧几里得距离进行较为精确的表征。将非局部均值应用到 SAR 图像降斑时,需要先对图像进行对数变换,将乘性噪声转化为加性噪声,之后再进行去噪处理。然而,原始 SAR 图像像素值的差异经过对数变换后变得更小且没有较好地利用图像的纹理和边缘特征,导致利用这种方法处理图像容易使得图像纹理和边缘部分变得模糊。以上说明传统的非局部均值算法在度量块相似性时稳健性不高。

Gabor 滤波器是一种多方向、多尺度的分析工具,能够对图像的纹理、边缘进行准确描述。鉴于纹理和边缘等细节具有较好的抗噪能力,利用 SAR 图像 Gabor 滤波后的系数构造块相似性度量函数,理论上能够增强块相似性度量的稳健性。因此,本节首先利用 Gabor 滤波器重新定义了块相似性度量函数,以提高块相似性度量的稳健性;然后将提出的块相似性度量与所提框架相结合,设计了一种基于 Gabor 滤波器的自适应非局部均值(Adaptive Non-Local Means based on Gabor, GA-NLM)算法。

1. 基于 Gabor 滤波器的块相似性度量

利用 Gabor 滤波器进行块相似性的度量,需要先给出 Gabor 核函数的定义[165]

$$\boldsymbol{\Psi}(x,y,\omega,\theta) = \frac{1}{2\pi\sigma^2} \exp\left(\frac{-(x_0^2 + y_0^2)}{2\sigma^2}\right)\left(\exp(j\omega x_0) - \exp\left(\frac{-\omega^2\sigma^2}{2}\right)\right) \quad (6-8)$$

式中:$x_0 = x\cos\theta + y\sin\theta$;$y_0 = -x\sin\theta + y\cos\theta$;$x$ 和 y 为图像的空间域;σ 为高斯核函数的标准差;ω 为中心频率;θ 为滤波方向。

通过改变 ω 和 θ,可以构造不同的 Gabor 核函数。Gabor 滤波就是采用 Gabor 核函数与图像进行卷积运算,表达式为

$$\boldsymbol{C}(x,y,\omega,\theta) = \boldsymbol{I}(x,y) * \boldsymbol{\Psi}(x,y,\omega,\theta) \quad (6-9)$$

式中:$*$ 为卷积运算符号;$\boldsymbol{I}(x,y)$ 为原图像;$\boldsymbol{C}(x,y,\omega,\theta)$ 为用频率为 ω、方向为 θ 的滤波器对图像卷积后的结果。

$\boldsymbol{C}(x,y,\omega,\theta)$ 为复数,记为

$$\boldsymbol{C}(x,y,\omega,\theta) = \mathrm{Re}\boldsymbol{C}(x,y,w,\theta) + \mathrm{Im}\boldsymbol{C}(x,y,w,\theta)\mathrm{i} \quad (6-10)$$

故卷积后的图像为

$$I'(x,y) = \sqrt{\mathrm{Re}\boldsymbol{C}(x,y,w,\theta)^2 + \mathrm{Im}\boldsymbol{C}(x,y,w,\theta)^2} \qquad (6-11)$$

通过改变 ω 和 θ，构造多种 Gabor 滤波器对图 6-2(a) 的图像进行卷积，得到的滤波图像如图 6-4 所示。在图 6-4 中，每一行的图像为仅利用不同方向的 Gabor 滤波器卷积所得图像，每一列的图像为仅利用不同尺度的 Gabor 滤波器卷积所得图像。从图 6-4 中能够看出，SAR 图像在不同方向、不同尺度上的边缘和纹理细节能够被清晰地捕捉。

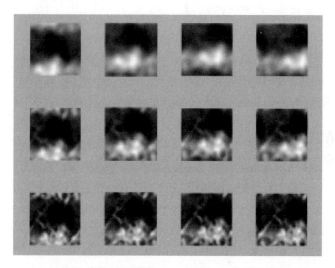

图 6-4　不同方向、不同尺度的 Gabor 滤波器对原图像滤波后的图像

由于图像的边缘和纹理细节具有良好的抗噪能力，因此利用能捕获图像边缘和纹理细节的 Gabor 系数进行块相似性度量，具有较高的稳健性，也有利用于保持图像的纹理和边缘部分。综上，本章利用 Gabor 滤波器来度量图像块相似性。

下面通过调节 ω 和 θ，构造不同的 Gabor 滤波器，与原图像卷积得到滤波系数，构造 Gabor 系数向量。设中心频率的取值共有 m 个，$\boldsymbol{\omega}_k(k=1,\cdots,m)$ 表示第 k 个中心频率，滤波方向的取值共有 n 个，$\boldsymbol{\theta}_l(l=1,\cdots,n)$ 表示第 l 个滤波方向，则 Gabor 系数向量为

$$\boldsymbol{Y}(i) = \{\boldsymbol{v}^{(1,1)}(i),\cdots,\boldsymbol{v}^{(1,n)}(i),\boldsymbol{v}^{(2,1)}(i),\cdots\boldsymbol{v}^{(m,1)}(i),\cdots,\boldsymbol{v}^{(m,n)}(i)\}$$
$$(6-12)$$

式中：$\boldsymbol{v}^{(k,l)}(i)$ 为利用频率为 $\boldsymbol{\omega}_k$、方向为 $\boldsymbol{\theta}_l$ 的滤波器卷积后的图像中，以 i 为中心的方形邻域系数向量，也称为 i 处的第 $k\times l$ 维邻域特征，以下记为 $\boldsymbol{v}^p(i)(p=1,\cdots,m\times n)$。

将上述 Gabor 系数向量与所提出的自适应非局部均值去噪框架结合，得到基于 Gabor 滤波器的块相似性度量，计算公式为

$$\widetilde{w}(i,j) = \exp\Big(-\sum_{p=1}^{D}\|\boldsymbol{v}^p(i)-\boldsymbol{v}^p(j)\|_{2,\alpha}^2/h_p^2\Big)/z(i) \qquad (6-13)$$

式中:$z(i)$ 为归一化参数;h_p 为第 p 维尺度因子,控制指数函数的衰减速度;$D = m \times n$ 为 Gabor 系数向量的维数。

式(6-13)中,h_p 的计算方法为 $h_p = \gamma \sigma_p$,其中 σ_p 为对应的图像的系数标准差,γ 为控制尺度因子大小的常量。为保证 h_p 的取值合理,γ 的取值范围为 $[90,100]$。

2. 算法设计

将基于 Gabor 滤波器的块相似性度量与自适应非局部均值去噪框架相结合,设计了 GA-NLM 算法,其表达式为

$$N\hat{L}[u](i) = \sum_{j \in \Omega_i} \tilde{w}(i,j)\tilde{u}(j) \qquad (6-14)$$

式中:Ω_i 为像素 i 的搜索窗口;$\tilde{u}(j)$ 为像素 i 对应的图像块中的像素;权值 $\tilde{w}(i,j)$ 为式(6-13)定义的块相似性度量,并且满足 $0 \leqslant \tilde{w}(i,j) \leqslant 1$ 和 $\sum_j \tilde{w}(i,j) = 1$。

综上所述,GA-NLM 算法流程如图 6-5 所示。

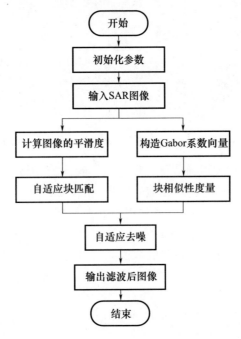

图 6-5　基于 Gabor 滤波器的自适应非局部均值算法流程图

基于 Gabor 滤波器的自适应非局部均值算法步骤如下。

步骤1:初始化参数 γ,输入原始 SAR 图像。

步骤2:根据式(6-4)计算原始 SAR 图像的平滑度 δ。

步骤3:根据自适应块匹配函数,计算得到图像块的大小和搜索窗口的大小。

步骤4:对原始 SAR 图像进行 Gabor 滤波,根据式(6-12)构造 Gabor 系数向量 $Y(i)$。

步骤 5：计算滤波图像的系数标准差 σ_p，依据式(6 - 13)计算块相似性。

步骤 6：依据公式(6 - 14)对原始 SAR 图像进行滤波去噪，生成滤波后的 SAR 图像。

6.1.4　实例分析

1. 实验设置

为验证本章所提算法的降斑效果,对仿真舰船目标 SAR 图像和实测 SAR 图像进行降斑实验,仿真舰船目标 SAR 图像采用基于回波信号的舰船目标 SAR 图像仿真算法生成,实验所用的仿真图像如图 6 - 6 所示。图 6 - 6 是一幅分辨率为 1m×1m,大小为 171 像素×171 像素的仿真舰船目标 SAR 图像,记为 SAR$_1$。

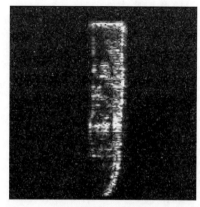

图 6 - 6　实验所用的仿真舰船 SAR 图像

实验所用实测 SAR 图像如图 6 - 7 所示。图 6 -7(a)图像来自"高分"三号卫星数据,分辨率为 1m×1m,大小为 1000 像素×1000 像素,记为 SAR$_2$;图 6 - 7(b)图像来自 Sentinel - 1 卫星数据,分辨率为 5m × 5m,大小为 1000 像素 × 1000 像素,记为 SAR$_3$。

实验对比的算法有 Lee 滤波算法、PPB 算法[166]、SAR - BM3D 算法[167] 和 DSNLM[168]。其中,本章算法 GA - NLM 中,参数 γ 设置为 95,取三个频率、四个方向共生成 12 个 Gabor 滤波器。

(a)　　　　　　　　　　(b)

图 6 - 7　实验所用的实测舰船 SAR 图像

(a)实测图像 SAR$_2$;(b)实测图像 SAR$_3$。

2. 算法评价指标

SAR 图像相干斑抑制效果的评价主要包括主观评价和客观评价。主观评价主要依赖人眼对降斑后的图像进行观察,观察其目标和纹理细节保持情况。客观评价依赖具体的指标进行评价,主要包括均值、方差、等效视数、边缘保持指数。

1)均值和方差

SAR 图像的相干斑噪声模型通常建模为乘性模型,并且服从均值为 1 的 Gamma 分布,因此理论上滤波图的均值与原图越接近越好,方差越小越好。

2)等效视数

等效视数(Equivalent Number Of Looks, ENL)[169]用于定量评估相干斑噪声的去除效果,定义为

$$ENL = \frac{\mu^2}{\sigma^2} \tag{6-15}$$

式中:μ 为图像灰度值均值;σ^2 为方差。

ENL 值越大,表示图像中含有的相干斑噪声越少,说明算法的去噪能力越强。ENL 要在平滑区域块上计算得到,本章选取一块 100 像素 × 100 像素的同质区域,每种算法的结果均在该区域计算,选取的同质区域如图 6-7 所示的白色方框。由于本章实验所用图为幅度图,ENL 要乘以变差系数的平方,即 $4/\pi - 1$。

3)边缘保持指数

边缘保持指数(Edge Preservation Index, EPI)[170]定量评估了去噪前后图像水平方向或垂直方向上边缘的变化量,定义为

$$EPI\_H = \frac{\sum_{i=1}^{m} \sum_{j=1}^{n-1} |I'_{i,j+1} - I'_{i,j}|}{\sum_{i=1}^{m} \sum_{j=1}^{n-1} |I_{i,j+1} - I_{i,j}|} \tag{6-16}$$

$$EPI\_V = \frac{\sum_{j=1}^{n} \sum_{i=1}^{m-1} |I'_{i+1,j} - I'_{i,j}|}{\sum_{j=1}^{n} \sum_{i=1}^{m-1} |I_{i+1,j} - I_{i,j}|} \tag{6-17}$$

式中:I 为原始图像像素值;I' 为去噪后的图像像素值;m 为图像像素行数;n 为列数。

EPI 的取值越大,表明算法的边缘保持能力越强。

3. 实验结果

利用 5 种相干斑抑制算法分别对仿真舰船 SAR 图像 SAR₁进行降斑,得到的结果如图 6-8 所示。

从图 6-8 中可以看出,经过 Lee 滤波算法去噪后,所得图像仍存在大量的相干斑噪声,并且去噪后舰船目标变得模糊不清;PPB 算法的去噪效果要好于 Lee 滤

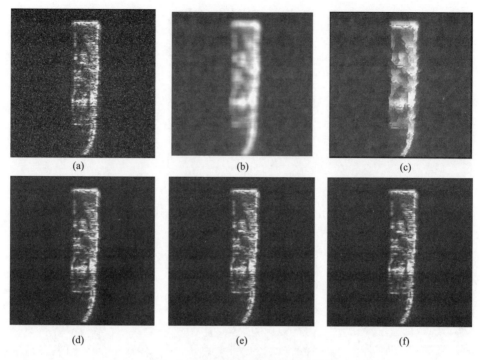

图 6 - 8　仿真舰船图像降斑后的结果
(a) SAR$_1$;(b) Lee;(c) PPB;(d) SAR - BM3D;(e) DSNLM;(f) GA - NLM。

波,但同样难以保持舰船目标的轮廓和细节信息;SAR - BM3D、DSNLM 和所提
GA - NLM算法能够较好地去除图像中的相干斑噪声,并且能较好地保持舰船目标
的纹理和结构等。这是因为仿真舰船 SAR 图像背景较为单一、均匀,SAR - BM3D、
DSNLM 和所提 GA - NLM 算法对平滑区域的去噪效果相差不多。

　　为了验证不同相干斑抑制算法对实测舰船 SAR 图像的降斑效果,对两幅实测
舰船 SAR 图像进行降斑,得到的结果如图 6 - 9 和图 6 - 10 所示。

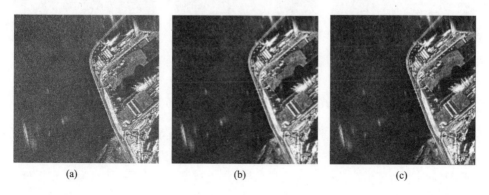

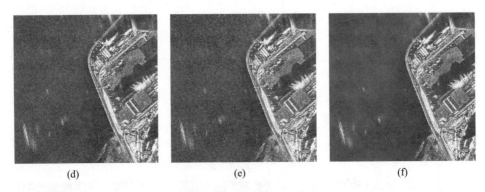

图 6-9 SAR₂降斑后的图像

(a) SAR_1；(b) Lee；(c) PPB；(d) SAR – BM3D；(e) DSNLM；(f) GA – NLM。

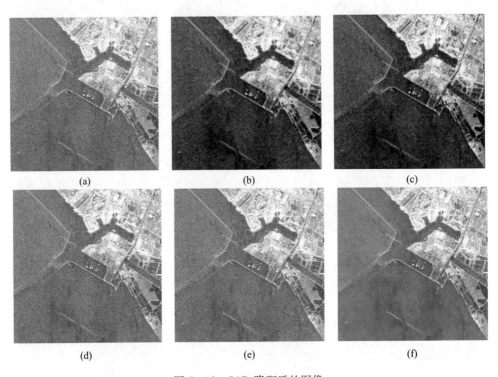

图 6-10 SAR₃降斑后的图像

(a) SAR_1；(b) Lee；(c) PPB；(d) SAR – BM3D；(e) DSNLM；(f) GA – NLM。

图 6-9 和图 6-10 分别展示了不同算法对两幅实测 SAR 图像的降斑结果，可见 Lee 滤波算法和 PPB 算法的相干斑抑制能力较弱，并且细节保持能力也较弱；PPB 算法对平滑区域降斑效果较明显，容易产生过度平滑现象，使得海陆交界处变得较为模糊；SAR – BM3D 处理纹理较为复杂的陆地区域的优势较为明显，对于平

滑的海洋区域降噪效果不好;DSNLM 能够对整个图像进行去噪,但对平滑的海洋区域去噪效果有待提高;本章提出的 GA – NLM 则能够同时较好地对复杂的陆地区域和平滑的海洋区域进行降斑,并且降斑后的图像也较为清晰。

为较好地分析各算法对图像中舰船目标的处理情况,本章将图 6 – 10 中 SAR$_3$ 包含舰船目标区域的降斑结果放大,得到图 6 – 11。从图 6 – 10 中可以看出,Lee 滤波算法和 PPB 算法降斑后,图像的舰船目标虽然存在,但图像较为模糊,降斑效果不明显;SAR – BM3D 算法和 DSNLM 算法较好地保持了舰船目标,但只去除了部分相干斑;本章所提 GA – NLM 算法既保持了舰船目标,又最大限度地去除了相干斑噪声,具有较好的降斑效果。

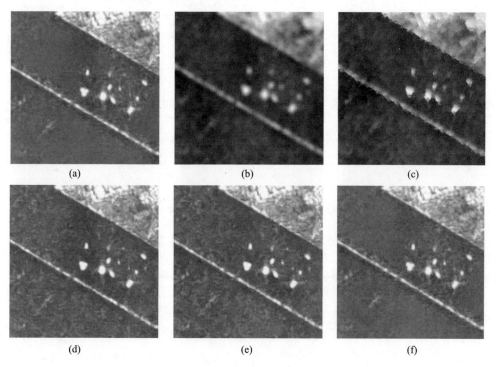

图 6 – 11　SAR$_3$ 降斑后图像的细节对比

(a) SAR$_1$;(b) Lee;(c) PPB;(d) SAR – BM3D;(e) DSNLM;(f) GA – NLM。

两幅实测 SAR 图像降斑后的客观评价参数见表 6 – 1 和表 6 – 2。从表 6 – 1 和表 6 – 2 中可以看出,几种算法处理后的图像均值都与原图比较接近,GA – NLM 算法的方差最小;从等效视数 ENL 来看,GA – NLM 算法的值最大,表示其对相干斑的抑制效果最好;从边缘保持指数 EPI_H 和 EPI_V 值来看,GA – NLM 算法和 DSNLM 算法较为领先,表示在边缘细节方面均有较强的保持能力。综上,所提 GA – NLM算法的去噪效果最好,并且能够较好地保持图像纹理和舰船目标信息。

表 6 - 1   几种去噪算法在 SAR_2 图像上的性能比较

	均值	方差	ENL	EPI_H	EPI_V
原始 SAR_2	74.9435	3143.6	4.4420	—	—
Lee	73.9964	2988.3	7.9915	0.2077	0.2357
PPB	73.9207	2967.8	9.3996	0.3669	0.3927
SAR - BM3D	74.8406	2946.4	11.4763	0.5624	0.5545
DSNLM	73.5281	2670.4	16.4589	0.6902	0.7053
GA - NLM	74.1892	2443.1	21.0812	0.6893	0.6959

表 6 - 2   几种去噪算法在 SAR_3 图像上的性能比较

	均值	方差	ENL	EPI_H	EPI_V
原始 SAR_3	109.5846	3371.2	19.5427	—	—
Lee	108.7236	4062.2	24.4513	0.2425	0.2355
PPB	108.8219	4178.0	28.3474	0.3197	0.3365
SAR - BM3D	109.5336	3229.4	35.9797	0.5885	0.5854
DSNLM	109.5846	3142.9	44.7688	0.7599	0.7760
GA - NLM	109.3628	2983.6	48.2541	0.7576	0.7658

6.2   基于超像素合并的 SAR 图像海陆分割

6.2.1   问题分析

基于区域合并的分割法是采用某种方式先对 SAR 图像进行预分割,得到若干个子区域,并保证每一子区域内部具有较好的相似性,然后将子区域作为区域合并的基本单元,能够大大降低海陆分割算法的计算复杂度。从已有研究可知,图像预分割效果的优劣会对后续区域合并的结果产生影响,并且良好的区域合并策略不仅能够取得较为准确的分割结果,而且能够明显减小算法的复杂度。因此,本章以基于区域合并的分割法为基础展开研究。设计具有较高分割精度和运行效率的海陆分割算法需要从以下两个方面开展研究。

1. 待合并区域的生成

如何生成待合并区域是实现基于区域合并的分割法首先要解决的问题。要求待合并区域内部是相似的、同属一类的,即待合并区域的像素全部属于海洋区域,或者全部属于陆地区域。超像素由若干个在距离、颜色等方面较为相似的像素构成。SAR 图像海陆分割的本质是将属于海洋的像素聚集到一起,将属于陆地的像素聚集到一起,从而实现海洋与陆地部分的分割。将超像素分割作为图像海陆分割的预分割步骤,生成的超像素必定是属于海洋区域或者陆地区域,而不是同时包含海洋和陆地像素。因此,本章将超像素作为区域合并的基本单元。一方面能够保证海陆分割的准确性;另一方面用超像素代替像素进行合并,能够大幅缩减算法的计算复杂度。作为一种超像素分割算法,SLIC 算法[171]实现较为简单,分割准确性高,运算速度快,常用于对图像进行分割。然而,SLIC 是为实现光学图像的分割而设计的。对于单极化 SAR 图像而言,图像中只包含强度信息或幅度信息,无法直接应用 SLIC 进行图像预分割。因此,需要针对单极化 SAR 图像的特点,分析 SLIC 算法原理,重新定义两像素的差异值,生成待合并的超像素。

2. 区域合并策略

良好的区域合并策略是实现基于区域合并的分割法亟待解决的难点和重点。李智等学者[61]通过计算超像素的显著值,对超像素进行显著值聚类完成区域合并,然而在依据显著值对超像素进行聚类时需要依据经验设定阈值。朱鸣等学者[62]提出了一种分层区域合并规则,该规则只利用了像素块之间的相似度进行合并,缺乏对图像边缘和纹理部分的考虑。为了尽量合并类别相同的超像素,避免合并类别不同的超像素,需要研究超像素之间的差异性。已有海陆分割算法缺乏对超像素差异性的分析,导致分割的效果仍有待进一步提高。

基于上述分析,针对宽幅 SAR 图像的特点,本章首先设计了一种改进 SLIC 超像素分割算法,完成超像素生成,得到合并阶段所需的子区域。然后,提出了超像素合并的三个准则,并在此基础上设计了一种由粗糙到精细的超像素合并策略,以完成海陆分割。

6.2.2　基于改进 SLIC 的超像素生成

本节通过介绍传统 SLIC 算法的原理,然后分析了 SAR 图像的特点,设计了一种改进 SLIC 算法。

1. 传统的 SLIC

传统 SLIC 的基本思想是将图像从 RGB 颜色空间转换到 CIE – Lab 颜色空间,得到五维空间$[l,a,b,x,y]$,其中$[x,y]$表示像素的位置,$[l,a,b]$表示像素的颜色值,之后计算像素间的差异值,利用 K – means 算法依据像素间的差异值对像素进行聚类生成超像素。像素间差异值的计算方法如下。

设像素 i 的五维空间为$[l_i,a_i,b_i,x_i,y_i]$,像素 j 的五维空间为$[l_j,a_j,b_j,x_j,y_j]$,则像素 i 和像素 j 的 CEI – Lab 颜色差异值 d_p 定义为

$$d_p = \sqrt{(l_i - l_j)^2 + (a_i - a_j)^2 + (b_i - b_j)^2} \qquad (6-18)$$

距离差异值 d_s 定义为

$$d_s = \sqrt{(x_i - x_j)^2 + (y_i - y_j)^2} \qquad (6-19)$$

像素 i 和像素 j 的差异值 $D(i,j)$ 定义为

$$D(i,j) = \sqrt{\left(\frac{d_p}{m}\right)^2 + \left(\frac{d_s}{S}\right)^2} \qquad (6-20)$$

式中:m 为控制 d_p 和 d_s 相对权重的参数;$S = \sqrt{N/K}$,N 为图像的像素数,K 为生成的超像素的个数。

两像素的差异值 $D(i,j)$ 取值越大,表示两像素的差异性越大。

2. 改进的 SLIC

对 SAR 图像实施超像素分割,需要先定义两像素的差异值,依据差异值对像素进行聚类以生成超像素。

1)差异性度量

两像素的亮度差异值通常用两像素的差值来表示,但由于相干斑噪声的存在,可能会出现亮度值较大或较小的杂波,若仅用两像素的差值来衡量亮度差异性,则会导致分割效果变差。为解决上述问题,本节提出利用图像块的亮度均值和像素亮度值来共同度量像素的亮度差异性。像素 i 和像素 j 的亮度差异值 d'_p 定义为

$$d'_p = \sqrt{(I_i - I_j)^2 + (\overline{I}_{u_i} - \overline{I}_{u_j})^2} \qquad (6-21)$$

式中:u_i 和 u_j 分别为以像素 i 和像素 j 为中心的图像块;$\overline{I}_{u_i}$ 和 $\overline{I}_{u_j}$ 分别为像素块 u_i 和 u_j 的像素均值。

利用像素块的均值来表示中心像素的值,避免了由于单个像素亮度过大或过小所产生的干扰。并且为了使像素块能更好地表示中心像素,像素块的大小不应过大,本章取 5 像素 ×5 像素大小的图像块。

两像素的距离差异值仍用欧几里得距离表示,即式(6-19)。综上,SAR 图像中像素 i 和像素 j 的差异值 $D'(i,j)$ 表示为

$$D'(i,j) = \sqrt{d'_p + \lambda \cdot d_s} \qquad (6-22)$$

式中:λ 为平衡亮度差异值和距离差异值权重的参数。

2)图像预分割

在完成两像素的差异值定义的基础上,利用 K-means 算法原理依据式(6-22)对像素进行聚类生成超像素,实现对 SAR 图像的预分割。具体步骤如下。

步骤 1:设要生成的超像素个数为 K,在图像网格上以间距 S 选择像素,初始化聚类中心 C_k,$k=1,2,\cdots K$。为了保证生成的超像素的中心点不处于图像边缘像素上,将聚类中心 C_k 改为其 3 像素 ×3 像素大小的邻域中梯度最小的像素点,设置像素 i 的标签 $l(i) = -1$,差异值为 $d(i) = \infty$。

步骤 2:对聚类中心 C_k,$k=1,2,\cdots$,在其 $2S \times 2S$ 大小的邻域内,依据式(6-22)计算像素 i 与聚类中心的差异值 D',若满足 $D'(i) < d(i)$ 则设置差异值为 $d(i) = D'$,标签 $l(i) = k$,直到所有的聚类中心都执行完成此操作。

步骤 3:选择每类坐标位置的中心作为新的聚类中心 C_k,$k=1,2,\cdots$。

步骤 4：重复执行步骤 2 和步骤 3 的操作,直到聚类中心的位置足够稳定,此时超像素分割完成。

对于图像预分割,影响分割效果的参数有两个:超像素个数 K 和紧密度系数 C。参数的取值将通过实验确定。

6.2.3　基于超像素合并的海陆分割算法

本节给出了超像素合并准则,并依据准则,设计了超像素合并策略,最后给出算法流程。

1. 超像素合并的准则

为了实现超像素的正确合并,即合并同类超像素,避免合并类别不同的超像素,需要给出超像素合并的准则。通常情况下,在海洋内部或陆地内部,两个相邻超像素属于同一类别。因此,可依据两超像素是否相邻,来判断其是否属于同一类别。但是对于海洋与陆地的交界处,即图像边缘部分,两相邻超像素可能属于不同类别。因此,要先判断超像素是否位于图像边缘,再判断其类别。对于处理图像边缘的超像素,判断其类别,则要依据超像素的相似性进行类别判断。基于上述分析,本节给出了三个超像素合并准则:相邻性准则、边缘性准则和相似性准则。

1)相邻性准则

相邻性准则用于判断两个超像素在空间上是否相邻。设一对超像素用 (s_i, s_j) $(i \neq j, i, j = 1, 2, \cdots, N_s)$ 表示,其中,N_s 表示图像中超像素的个数。则相邻性定义为

$$C_1(i,j) = \begin{cases} 1, s_i \text{ 与 } s_j \text{ 相邻} \\ 0, s_i \text{ 与 } s_j \text{ 不相邻} \end{cases} \qquad (6-23)$$

$C_1(i,j)$ 表示两个超像素在空间位置上的相对关系。$C_1(i,j) = 1$ 表示超像素 s_i 和 s_j 在空间上相邻,满足相邻性准则。$C_1(i,j) = 0$ 表示超像素 s_i 和 s_j 在空间上不相邻,不满足相邻性准则。

2)边缘性准则

边缘性准则用于判断超像素是否位于图像的边缘。本章利用多方向比例边缘检测器检测图像的边缘,其结构如图 6-12 所示。参数 $K_f = \{l, w, d, \theta_f\}$ 分别表示检测器的长度、宽度、两个矩形之间的距离和检测器的方向。对于某一方向的检测器来说,首先计算中心像素 (x, y) 的两边矩形区域的像素均值 $\overline{R}_1(x, y, \theta_f)$ 和 $\overline{R}_2(x, y, \theta_f)$,然后计算 θ_f 方向上的比例边缘强度映射 $r(x, y, \theta_f)$,即

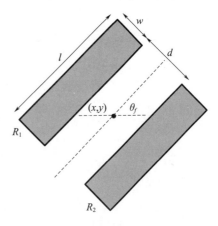

图 6-12　多方向比例边缘器的结构

$$r(x,y,\theta_f) = \min\left(\frac{\overline{R_1}(x,y,\theta_f)}{\overline{R_2}(x,y,\theta_f)}, \frac{\overline{R_2}(x,y,\theta_f)}{\overline{R_1}(x,y,\theta_f)}\right) \tag{6-24}$$

通过调节 θ_f 的不同取值,可得到不同方向的比例边缘强度映射。

定义像素(x,y)的边缘强度为

$$g(x,y) = 1 - \prod_{f=1}^{K} r(x,y,\theta_f) \tag{6-25}$$

式中:K 为多方向比例边缘检测的方向数。

对于图像边缘及其附近的像素点,其比例边缘强度映射 $r(x,y,\theta_f)$ 具有各项异性,越靠近边缘方向,$r(x,y,\theta_f)$ 的取值越小,越靠近边缘的垂直方向,$r(x,y,\theta_f)$ 的取值越大。因此,在图像边缘处,边缘强度 $g(x,y)$ 的取值较大,接近于 1。对于图像内部的像素点,其比例边缘强度映射 $r(x,y,\theta_f)$ 各项同性,各个方向上的 $r(x,y,\theta_f)$ 都比较大,接近于 1。因此,在图像内部,边缘强度 $g(x,y)$ 的取值较小,接近于 0。边缘强度 $g(x,y)$ 利用图像边缘像素的各向异性特性增强了边缘强度映射,利用图像内部像素的各向同性特性抑制了边缘强度映射,使得可依据 $g(x,y)$ 取值判断像素点是否位于图像边缘。

对于任一超像素 $s_i, i=1,2,\cdots,N_s$,其边缘强度 $C_2(i)$ 定义为

$$C_2(i) = \frac{\sum_{(x,y)\in s_i} g(x,y)}{s_i} \tag{6-26}$$

3)相似性准则

相似性准则用于衡量两个超像素的相似程度。本章首先提取超像素的特征向量,然后用向量匹配程度(Vector Degree of Match,VDM)[172]来表示两个特征向量的相似程度,用来衡量两个超像素的相似程度。

对于超像素 $s_i(i=1,2,\cdots,N_s)$,其特征向量 $\boldsymbol{F}(i)$ 可通过如下步骤提取。

步骤 1:计算超像素 $s_i(i=1,2,\cdots,N_s)$ 中每一个像素的特征向量 $\boldsymbol{F}(x,y)$,$(x,y)\in s_i$。

步骤 2:依据式(6-27)计算超像素 $s_i(i=1,2,\cdots,N_s)$ 的特征向量为

$$\boldsymbol{F}(i) = \frac{\sum_{(x,y)\in s_i} \boldsymbol{F}(x,y)}{|s_i|} \tag{6-27}$$

对于步骤 1,通过计算图像的亮度特征和纹理特征来计算像素的特征向量为

$$\boldsymbol{F}(x,y) = [w_1, w_2] \times \begin{bmatrix} F_1(x,y) \\ F_2(x,y) \end{bmatrix} \tag{6-28}$$

式中:$F_1(x,y)$ 为像素(x,y)的亮度特征;$F_2(x,y)$ 为像素(x,y)的纹理特征;w_1 和 w_2 分别为像素亮度特征和纹理特征的权重,并且满足 $w_1+w_2=1$。

像素的亮度特征 $F_1(x,y)$ 可通过将图像像素归一化到$[0,1]$得到。Gabor 滤波

器是一种多方向、多尺度的分析工具,能够较好地表征图像的纹理细节,本章利用 Gabor 滤波器提取像素的纹理特征 $F_2(x,y)$。首先利用 Gabor 滤波器卷积 SAR 图像生成 Gabor 系数,之后将 Gabor 系数归一化到 $[0,1]$。通过变换 Gabor 滤波器的方向和频率,能够得到 Gabor 系数向量,即 $F_2(x,y)$。设 Gabor 滤波器的中心频率为 $\omega_k(k=1,2,\cdots,N_\omega)$,方向为 $\theta_l(l=1,2,\cdots,N_\theta)$,则 Gabor 系数向量的权重满足

$$\sum_{k=1}^{N_\omega} \sum_{l=1}^{N_l} w_2(\omega_k,\theta_l) = w_2 \tag{6-29}$$

为像素 (x,y) 的 Gabor 系数都分配相同的权重,则

$$w_2(\omega_k,\theta_l) = \frac{w_2}{N_\omega \times N_\theta} \tag{6-30}$$

通过计算单个像素的特征向量,再依据式 $(6-27)$,可得到超像素 s_i 的特征向量 $\boldsymbol{F}(i)$。

对于超像素对 (s_i,s_j),$i \neq j$,$i,j=1,2,\cdots,N_s$,设其特征向量分别为 $\boldsymbol{F}(i)$ 和 $\boldsymbol{F}(j)$,能量差为 σ_1,则

$$\sigma_1(\boldsymbol{F}_i,\boldsymbol{F}_j) = \min\left\{\frac{|\boldsymbol{F}_i|}{|\boldsymbol{F}_j|},\frac{|\boldsymbol{F}_j|}{|\boldsymbol{F}_i|}\right\} \tag{6-31}$$

式中:$|\boldsymbol{F}_i|$ 和 $|\boldsymbol{F}_j|$ 分别为向量 $\boldsymbol{F}_1$ 和 $\boldsymbol{F}_2$ 的模。

角度差为 σ_2,则

$$\sigma_2(\boldsymbol{F}_i,\boldsymbol{F}_j) = \frac{(\pi-\alpha)}{\pi} \tag{6-32}$$

式中:$\alpha = \arccos(\boldsymbol{F}_i \circ \boldsymbol{F}_j/(|\boldsymbol{F}_i| \cdot |\boldsymbol{F}_j|))$,$\boldsymbol{F}_i \circ \boldsymbol{F}_j$ 为向量 $\boldsymbol{F}_i$ 和 $\boldsymbol{F}_j$ 进行点积。

VDM 的取值为

$$\sigma(\boldsymbol{F}_i,\boldsymbol{F}_j) = \sigma_1(\boldsymbol{F}_i,\boldsymbol{F}_j) \cdot \sigma_2(\boldsymbol{F}_i,\boldsymbol{F}_j) \tag{6-33}$$

将 σ 归一化到 $[0,1]$。σ 的取值越大,表示向量 $\boldsymbol{F}_i$ 和 $\boldsymbol{F}_j$ 越相似。

2. 由粗糙到精细的超像素合并策略

依据人眼视觉特征,人们在观察一幅图像时,最先注意到的往往是图像中的不同目标,之后才会观察目标的细节,如目标的边缘、形状等。基于此,本章提出了一种由粗到细的超像素合并策略,包括两个阶段:粗糙合并阶段和精细合并阶段。图像经过预分割得到的超像素大致可分为两类:一类是位于海洋区域内部或陆地区域内部,能够较为明显地判断其类别的超像素;另一类是位于海洋和陆地的交界处,难以判断其类别的超像素。粗糙合并阶段就是合并那些类别容易判别的超像素,精细合并阶段就是合并那些类别较难判断的超像素。

1) 粗糙合并阶段

粗糙合并阶段根据相邻性准则和边缘性准则合并超像素。首先,依据相邻性准则,寻找超像素对 D_1,即

$$D_1 = \{(s_i,s_j) \mid C_1(i,j)=1, i \neq j, i,j=1,2,\cdots,N_s\} \tag{6-34}$$

然后,根据边缘性准则从 D_1 中选取满足非边缘性要求的超像素对 D_2,即

$$D_2 = \{(s_i, s_j) \mid C_2(i) \leq \beta, C_2(j) \leq \beta, (s_i, s_j) \in D_1\} \quad (6-35)$$

式中: β 为控制参与粗糙合并的超像素比例的参数。

若 β 取值过大,则大部分超像素都在粗糙合并阶段完成合并,影响海陆分割的准确性。若 β 取值过小,则导致那些类别较为容易判断的超像素在精细合并阶段进行合并,增大了算法的计算复杂度。实验表明, β 在 $[4/5, 9/10]$ 范围内时,能够获得较好的分割效果。

在合并开始时,需要分别在超像素中选择出"海洋种子"和"陆地种子"作为起始合并的超像素。设"海洋种子"为 $\mathrm{Seed_{sea}}$,"陆地种子"为 $\mathrm{Seed_{land}}$,则

$$\mathrm{Seed_{sea}} = \arg \min_{s_i} \left(\frac{\sum_{(x,y) \in s_i} I(x,y)}{|s_i|}, C_2(i) \leq \beta \right) \quad (6-36)$$

$$\mathrm{Seed_{land}} = \arg \max_{s_i} \left(\frac{\sum_{(x,y) \in s_i} I(x,y)}{|s_i|}, C_2(i) \leq \beta \right) \quad (6-37)$$

粗糙合并阶段的步骤如下。

步骤 1:选择出"海洋种子"和"陆地种子"分别作为起始合并的超像素。

步骤 2:依据式(6-34),寻找所有相邻的超像素对 D_1 。

步骤 3:依据式(6-35),寻找满足非边缘性要求的超像素对,进行超像素合并,直到没有满足式(6-36)的超像素对。

2)精细合并阶段

经过粗糙合并阶段,合并后的海洋区域表示为 R_{sea} ,合并后的陆地区域表示为 R_{land} 。未合并的超像素位于海洋和陆地交界处,仅利用其亮度值难以判断其类别。本章根据相似性准则判断超像素的类别进行精细合并。

设未合并的超像素为 $s_i (i=1,2,\cdots,N_u)$, N_u 表示超像素的个数。

粗糙合并阶段的步骤如下。

步骤 1:在未合并的超像素 s_i 周围寻找属于海洋和陆地的超像素,即 $s_s \in R_{\mathrm{sea}}$, $s_l \in R_{\mathrm{land}}$ 。

步骤 2:根据式(6-27)分别计算超像素 s_i 、 s_s 和 s_l 的特征向量,分别记为 $\boldsymbol{F}_i$ 、 $\boldsymbol{F}_s$ 和 $\boldsymbol{F}_l$ 。

步骤 3:根据式(6-33)分别计算 $\sigma(\boldsymbol{F}_i, \boldsymbol{F}_s)$, $\sigma(\boldsymbol{F}_i, \boldsymbol{F}_l)$,并比较二者的大小。若 $\sigma(\boldsymbol{F}_i, \boldsymbol{F}_s) > \sigma(\boldsymbol{F}_i, \boldsymbol{F}_l)$,则超像素 s_i 属于海洋区域,否则超像素 s_i 属于陆地区域。

步骤 4:根据上述步骤依次对其他未合并的超像素类别进行判断,直到所有的超像素都完成合并。

3. 算法流程

结合基于改进 SLIC 的超像素生成方法,本章提出了一种基于超像素合并的 SAR 图像海陆分割算法,算法流程图如图 6 – 13 所示。具体实现步骤如下。

步骤 1:输入 SAR 图像,利用改进的 SLIC 进行图像预分割,生成超像素。

步骤 2:根据相邻性准则和边缘性准则进行超像素合并,实现粗糙合并。

步骤 3:根据相似性准则进行超像素合并,实现精细合并,完成海陆分割。

步骤 4:输出海陆分割结果。

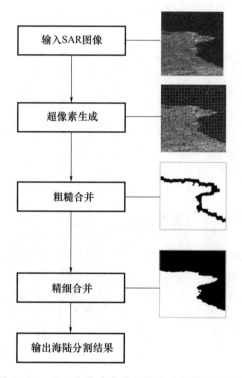

图 6 – 13　基于超像素合并的海陆分割算法流程图

6.2.4　实例分析

为验证本章所提海陆分割算法的有效性,利用分辨率为 5m × 20m,模式为干涉宽幅(Interferometric Wide, IW)的 Sentinel – 1A 图像进行海陆分割实验。二维 Otsu 法是较为经典、使用广泛的海陆分割法,MKAORM 法属于基于区域合并的海陆分割法,是该领域代表性方法。利用二维 Otsu 法、MKAORM 法和所提海陆分割法分别对实验图像进行海陆分割,能够有效验证所提算法的分割效果。

实验中,首先要确定参数 K 和 C,其他参数设置如下:Gabor 滤波器的频率数为 3、方向数为 4,通过改变参数的取值,以寻找使得图像预分割达到最佳效果的参数值。

图 6 – 14 所示为不同参数设置下图像预分割的结果。图 6 – 14(a)为一幅大小为 1300 像素 × 1300 像素的 SAR 图像，记为 SAR_1。图 6 – 14(b) ~ (f)为不同参数条件下的分割结果。从图 6 – 14(b) ~ (d)能够看出，若超像素个数 K 取值过小，则会出现海洋和陆地分割到同一超像素中的情况。若超像素个数 K 取值过大，则会使得算法的计算效率大大降低。从图 6 – 14(e) ~ (f)可以看出，若紧密度系数 C 取值过小，则会使生成的超像素形状极其不规则。若紧密率系数 C 取值过大，则会使得某些细节出现较为明显的分割错误。综上，在预分割 SAR_1 时，本章取 $K = 500$，$C = 100$。

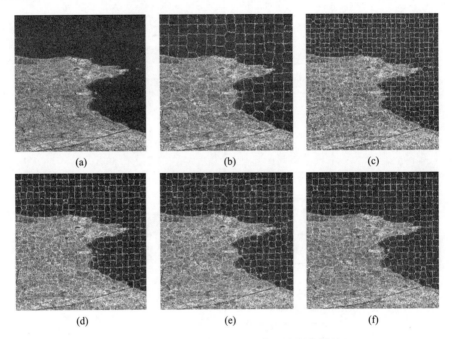

图 6 – 14　不同参数设置下图像预分割的结果

(a) SAR_1 图像；(b) $K = 200$，$C = 100$；(c) $K = 800$，$C = 100$；(d) $K = 500$，$C = 100$；

(e) $K = 500$，$C = 80$；(f) $K = 500$，$C = 120$。

图 6 – 15 为 SAR_1 图像分别使用三种算法进行海陆分割的结果。图 6 – 15(a)为原始 SAR_1 图像，图 6 – 15(b)为二维 Otsu 法分割的结果，图 6 – 15(c)为 MKAORM 法分割的结果，图 6 – 15(d)为本章所提算法的分割结果。

从图 6 – 15 的海陆分割结果可以看出，在海洋与陆地对比度较大的区域，三种算法都能取得较为不错的分割结果。为了更好地观察海洋与陆地对比度较小区域的分割情况，文中将图 6 – 15(a)中白色方框区域内的图像放大，对比三种算法的海陆分割效果，如图 6 – 16 所示。

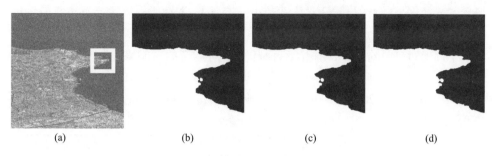

图 6 - 15　不同算法的海陆分割结果

(a)SAR$_1$；(b)二维 Otsu 算法；(c)MKAORM 算法；(d)本章算法。

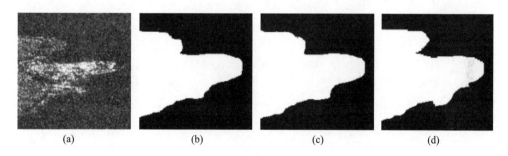

图 6 - 16　SAR$_1$ 图像的局部海陆分割结果

(a) SAR$_1$ 的局部区域；(b)二维 Otsu 算法；(c) MKAORM 算法；(d)本章算法。

从图 6 - 16 中可以看出，在海洋与陆地对比度较小的区域，二维 Otsu 算法和 MKAORM 算法都出现了将海洋误分割为陆地的情况，而本章所提算法能够较为准确地分割海洋与陆地。

为了定量评估不同海陆分割算法的分割效果，采用分割品质[173]来衡量算法的分割精度。分割品质的定义为

$$分割品质 = \frac{N_{dt}}{N_{rt} + N_{fd}} \qquad (6-38)$$

式中：N_{dt} 为分割后真正属于海洋的像素个数；N_{rt} 为实际属于海洋的像素个数；N_{fd} 为分割后被误认为是海洋的像素个数。

分割品质综合考量了漏检率与虚警率，其取值越接近 1，分割效果越好。

以人工标定的海陆分割结果作为参考，得出三种算法的分割品质见表 6 - 3。

表 6 - 3　分割品质比较

海陆分割算法	二维 Otsu 算法	MKAORM 算法	本章所提算法
分割品质	95.79	96.53	98.72

表 3 - 3 的结果表明，与二维 Otsu 算法和 MKAORM 算法相比，本章所提算法具有更高的分割精度。综合以上实验结果可以得出结论，在 SAR 图像中存在不同

场景的异质区域、海洋与陆地对比度较小的情况下，本章所提算法能够取得较为准确的海陆分割结果。

下面通过计算对 SAR_1 图像进行海陆分割所运行的时间来比较三种分割算法的性能。实验运行环境为 32 - GB RAM 和 Inter Core i5 - 10210U CPU@ 3.7 GHz，代码利用 MATLAB 2016b 编写完成。表 6 - 4 给出了不同算法的计算时间。

表 6 - 4   不同算法的计算时间

海陆分割算法	二维 Otsu 算法	MKAORM 算法	本章所提算法
运行时间	10.5132s	15.6153s	12.0261s

从表 6 - 4 中算法的计算时间角度来看，二维 Otsu 算法消耗最短的时间，MKAORM 算法花费最长的时间，大约为二维 Otsu 算法的 1.5 倍，本章所提算法所用时间比二维 Otsu 算法多，但远少于 MKAORM 算法。这是因为二维 Otsu 算法原理简单，易于快速实现，MKAORM 算法和本章所提算法都采用了对图像预分割再进行合并的策略实现海陆分割，运行时间要更长。但相比于 MKAORM 算法，本章所提算法的计算时间要更短，说明所提算法具有更高的运行效率，更适合于针对宽幅 SAR 图像进行海陆分割。

6.3   小   结

本章针对舰船 SAR 图像预处理中的相干斑抑制和海陆分割问题，研究了基于自适应非局部均值的 SAR 图像相干斑抑制和基于超像素合并的海陆分割方法。

1. 基于自适应块匹配的非局部均值去噪框架设计

分析了传统非局部均值算法，给出了平滑度的定义，用来刻画图像不同区域的纹理复杂程度；设计了自适应匹配函数，自适应地确定图像块和搜索窗口的大小；在此基础上，提出了自适应非局部均值去噪框架。

2. 基于 Gabor 滤波器的自适应非局部均值去噪算法的提出与实验验证

考虑 Gabor 滤波器对图像纹理细节较好的描述能力，构造 Gabor 系数向量重新定义块相似性度量函数，并以所提框架为依据，提出了基于 Gabor 滤波器的自适应非局部均值算法；对仿真舰船 SAR 图像和实测舰船 SAR 图像的去噪结果表明，所提算法具有较好的相干斑抑制能力，并且较好地保持了图像的纹理和舰船目标信息。

3. 基于改进 SLIC 的超像素生成

综合考虑像素间的亮度差异值和距离差异值，定义了两像素的差异性度量；在此基础上，依据两像素的差异性度量，利用 K - means 算法对像素进行聚类生成超像素，实现对 SAR 图像的预分割。

4. 基于超像素合并的海陆分割算法的提出与实验验证

给出了超像素合并准则,并依据人眼视觉特性,提出了由粗糙到精细的超像素合并策略,以完成海陆分割;利用对 Sentinel – 1A 卫星 IW 模式的图像数据对算法进行验证,实验结果表明所提算法不仅能够较为准确地对宽幅 SAR 图像进行海陆分割,而且具有较高的运行效率。

第7章 基于全卷积网络的 SAR 图像舰船目标检测

7.1 问题分析

在理论上,无锚框的模型相较于基于锚框的模型更符合深度学习"端到端"的思想,在计算开销和泛化性能上也具有优势,但在基于 SSDD 的代表性模型性能基准上可以看出,无锚框的模型在精度上却有显而易见的劣势。此外,在 SAR 图像舰船目标检测场景中,模型结构的过于复杂以及参数上的冗余是不可忽视的问题。因此,本章在进行 SAR 图像舰船目标检测方法研究时,首先确定无锚框的模型框架,接着在算法实现中,以轻量化为总体原则,针对无锚框模型中的各个薄弱环节进行改进,以获得高精度的无锚框轻量化检测模型。

针对无锚框的检测,Joseph 等学者在 YOLO 中就进行了尝试。YOLO 对自 Fas-ter R – CNN 开始形成的目标检测范式有两点突破:一是将 RPN – RoIHead 耦合,直接对特征图上的网格进行边框回归并计算置信度,这种思想在其后的基于边框回归的模型中都得到了延续,如 SSD、RetinaNet 等;二是在回归时不再显式枚举锚框,去除了预设锚框所需的一系列超参数,使目标检测向端到端更近一步。但是,YO-LO 由于在每个网格内只检测至多一个目标,且只利用了最后一层特征图,导致对小目标的召回率较低,这个缺陷在遥感图像目标检测这类小目标较多的场景下会更加突出。之后的无锚框模型开始采用基于关键点的检测思路,例如,CornerNet 和 CenterNet[174]。顾名思义,CornerNet 检测目标的对角点,CenterNet 检测中心点,但二者都是目标检测的无锚框探索中的过渡成果,存在一些缺陷,例如,CornerNet 的角池化主要基于目标边缘,而目标内部信息难以被充分利用,后者的检测基于类别热图上的峰值点,而如果两个目标的中心在特征图上重合,漏检将会发生。总而言之,早期的无锚框模型均未脱离目标检测的总体范式。全卷积一阶段目标检测(Fully Convolutinal One – Stage Object Detection,FCOS)采用全卷积网络的思想,为目标检测打开了新的思路,将目标检测和实例分割整合成一类问题,直接对原图上的每个像素进行分类,基于对边框合理的编码/表示,完成边框回归。全卷积网络减少了检测头后端采用全连接层导致的空间信息损失,此外,FCOS 所使用的中心度量、基于 FPN 的多级预测等方法,有力弥补了无锚框模型的缺陷,使其在本章需要研究的问题中具有很大的参考价值和改进潜力。对于使用无锚框模型进行 SAR 图像舰船目标检测的研究较少。注意力机制已在通用目标检测领域被大量成果证明有效,但会增加模型的计算量,降低检测的速度。本章将在不增加额外计算量的前提下,提升基线模型的检测精度。

针对模型的轻量化,研究人员内已经有了一些尝试。使用深度可分离卷积来减少 SAR 图像舰船目标检测模型的层数和参数量。但何恺明等学者[111]通过实验证明,深度可分离卷积有可能带来低参数量、高推断时间的问题,这限制了模型的部署应用场景。因此,本章试图通过不含深度可分离卷积或者其他复杂结构的常规骨干网络,在确保模型性能的情况下,使模型的轻量化程度达到领域内先进水平。

通过上述分析,本章首先参考 FCOS,建立基于全卷积网络的无锚框检测模型框架,抽象出极坐标系下舰船目标检测的数学过程;然后,针对 SAR 图像舰船目标检测特点,提出轻量化的 SARNet 骨干网络,并对模型框架进行适配,建立基线模型;接着,对基线模型分别进行中心度量权重共享、GIoU 损失函数以及自适应样本选择(Adaptive Training Sample Select,ATSS)改进;最后,通过消融实验和对比实验,证明所提出的模型和改进方法的有效性,及相对于其他方法的优势。

7.2　模型框架

本章的模型框架借鉴 FCOS 的基本思想,整个流程不需要定义和枚举锚框,并且可以通过简单的改造扩展到语义、实例分割任务,增强了模型的可拓展性,如图 7−1 所示。具体地,首先,由轻量级的骨干网络 SARNet 提取 SAR 图像特征,骨干网络最后三个阶段输出为 $\{C_3, C_4, C_5\}$;然后,在 FPN 中,对应 $\{C_3, C_4, C_5\}$,通过 1×1 卷积及上采样生成 $\{F_3, F_4, F_5\}$,与 FCOS 不同的是,考虑到舰船目标的尺寸普遍较小,下采样次数过多会导致小目标特征丢失,于是只对 F_5 进行下采样以生成一层新的特征图 F_6;最后,由具有两路卷积分支的密集检测头逐像素进行分类、边框回归和中心度量计算,检测头对所有级别的特征图都是共享的,以有效节省计算开销。本章使用的检测头也与 FCOS 原论文中的不同,对边框回归和中心度量计算实施了权重共享。

7.2.1　特征图映射与舰船目标编码

模型分别在四个特征图上检测不同尺寸的目标,具体地,$F_l \in \mathbb{R}^{(H/s_l \times W/s_l \times 64)}$ 为第 l 层特征图,$H/s_l \times W/s_l \times 64$ 表示特征图 F_l 的高×宽×通道数,s_l 为该特征图的下采样率。对于四个特征图 $\{F_3, F_4, F_5, F_6\}$,F_5 由骨干网络的 C_5 使用 1×1 卷积生成,F_3、F_4 先由 C_3、C_4 使用 1×1 卷积,再融合上一级特征图通过最近邻插值上采

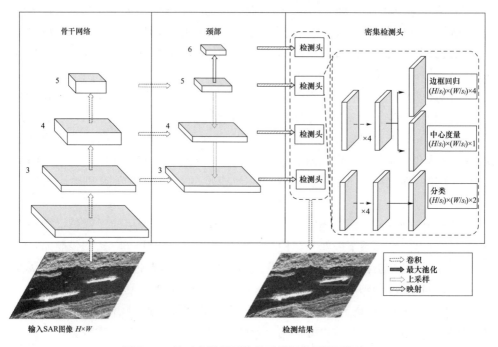

图 7 - 1　基于全卷积网络的无锚框检测模型框架

样生成的特征图。F_6 从 F_5 上使用一个步长为 2 的 2×2 最大池化生成，F_3 到 F_6 的下采样率分别为 8、16、32 和 64。上述过程可描述为

$$F_l = \begin{cases} \text{Upsample}(F_{l+1}) + \text{Conv}_{1\times1}(C_l), l = 3,4 \\ \text{Conv}_{1\times1}(C_5), l = 5 \\ \text{Maxpool}_{2\times2}(F_5), l = 6 \end{cases} \quad (7-1)$$

对特征图上的每个点，都会进行前景/背景的二分类，因此需要先确定特征图上的点与原图上像素点的对应关系。对于特征图 F_l 上的每个点 (x_l, y_l)，都可以通过式(7-2)将其映射回原图的 (x_l', y_l') 中去。

$$(x_l', y_l') = \left(\frac{s_l}{2} + x_l s_l, \frac{s_l}{2} + y_l s_l \right) \quad (7-2)$$

真实边界框被定义为 $B_{gt} = (x_0, y_0, x_1, y_1) \in \mathbb{R}^4$，其中 (x_0, y_0) 和 (x_1, y_1) 代表真实边框的左上角和右下角坐标。对于特征图 F_l 上的任一点 (x_l, y_l)，经式(7-2)映射回原图后的点 (x_l', y_l') 只要落在 B_{gt} 内，即视为正样本。

本章的舰船目标表示使用极坐标系的退化情况，如图 7-2 所示。具体地，对于映射回原图的中心点 (x_l', y_l')，实例边缘的每个点可以用 (ρ, θ) 表示，其中，ρ 为极径，θ 为极角。可以将实例边缘的极坐标表示用于实例分割，而在目标检测中，可以使用极坐标系的退化情况，即从该点发出四条射线，角度分别为 $\theta = 0, 90°$，

$180°$，$-90°$。于是，回归目标用四维向量(d_r, d_u, d_l, d_b)表示，使用式$(7-3)$计算。

$$\begin{cases} d_r = x_1 - x_l{}' \\ d_u = y_0 - y_l{}' \\ d_l = x_l{}' - x_0 \\ d_b = y_l{}' - y_1 \end{cases} \qquad (7-3)$$

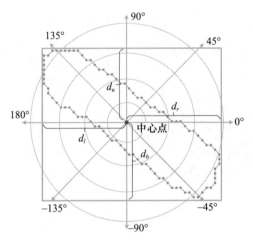

图 7-2　极坐标系下的舰船目标表示

通过上述编码，便可将 SAR 图像舰船目标检测任务表示为点$(x_l{}', y_l{}')$的二分类和以该点为中心输出的四维向量$(\hat{d}_r, \hat{d}_u, \hat{d}_l, \hat{d}_b)$的回归问题。

7.2.2　中心度量

由于模型将真实边框内的点扩散出的边框均作为正样本，可能出现回归质量较低的边框取得较高的分类置信度，从而获得更高的得分，进而使高质量的边框反而在 NMS 后处理过程中被移除。为此，可以引入中心度量来强化对边框质量的评价。中心度量表示预测框和真实框中心点之间的标准化距离，具体表示为

$$\hat{\mathrm{ctn}} = \sqrt{\frac{\min(d_l, d_r)}{\max(d_l, d_r)} \cdot \frac{\min(d_u, d_b)}{\max(d_u, d_b)}} \qquad (7-4)$$

显然，中心度量的取值范围介于 0 和 1 之间，可以使用二元交叉熵为损失函数进行训练。在推断阶段，边框质量得分由中心度量和分类置信度相乘得到。因此，通过引入中心度量，可以有效地降低远离真实框的预测框得分，增加了低质量预测框被 NMS 后处理操作移除的概率。

7.2.3　基于 FPN 的多级预测

无锚框的目标检测模型往往面临以下两个问题：一是过大的下采样率可能会

导致召回率的下降,基于锚框的模型能够通过向不同尺度的特征图分配不同尺寸的锚框缓解,但这在无锚框的模型中无法实现;二是当一个点落入两个以上重叠的真实框时会成为"模糊样本",即无法很好地判断该样本归属于哪一个实例,从而导致在训练中难以确定合适的回归目标。模糊样本所对应的多个真实边框尺寸差异通常较大,SAR 图像中的模糊样本如图 7 - 3 所示。

(a)

(b)

图 7 - 3   SAR 图像中的模糊样本示例

为了解决上述问题,本章所建模型直接对每一级特征图上的边框的回归尺度范围进行限定。具体地,$[m_{l-1}, m_l)$ 是特征图 F_l 负责回归的尺度范围,对于每个点生成的边框 $(\hat{d}_r, \hat{d}_u, \hat{d}_l, \hat{d}_b)$。若 $\max(\hat{d}_r, \hat{d}_u, \hat{d}_l, \hat{d}_b) \notin [m_{l-1}, m_l)$,这类点将在对应的 F_l 上被视为负样本。在模型中,$m_2 \sim m_6$ 分别设为 $0, 64, 128, 256$ 和 ∞。因为大多数样本点在不同真实框间的重叠现象都只会发生在尺寸差异显著的目标之间,所以通过基于 FPN 的多级预测机制,将不同尺寸的目标分配给不同级别的特征图,可以显著地减少模糊样本的数量。这一过程的效果类似于在基于锚框的模型中,对不同级别的特征图分配不同尺度的锚框,从而可以进一步弥补与基于锚框的模型之间的差距。

7.2.4 损失函数

在前面几节的基础上,对整个模型的损失函数定义如下:

$$L(\{\boldsymbol{p}_{x,y}, \boldsymbol{t}_{x,y}\}) = \frac{1}{N_{\text{pos}}} \sum_l \sum_{x,y} \{L_{\text{cls}}(c_{xy}^l, \hat{c}_{xy}^l) + \lambda_1 [c_{xy}^l = 1] L_{\text{ctn}} +$$
$$\lambda_2 [c_{xy}^l = 1] L_{\text{GIoU}}(\text{GIo}\hat{\text{U}}_{xy}^l)\} \tag{7 - 5}$$

式中:$\boldsymbol{p}_{x,y}$ 为特征图 F_l 中的点 (x, y) 映射回原图后的模型预测输出 $(\hat{d}_r, \hat{d}_u, \hat{d}_l, \hat{d}_b, \hat{c}_{xy}, \hat{\text{ctn}})$;$l$ 为特征图的级别;$\boldsymbol{t}_{x,y}$ 为真实标签;N_{pos} 为正样本数量;$L_{\text{cls}}(c_{xy}^l, \hat{c}_{xy}^l)$ 为分类损失;$[c_{xy}^l = 1]$ 为指示函数,当 $c_{xy}^l = 1$ 时,表示点 (x, y) 映射回原图后位于真实边框

内,此时 $\left[c_{xy}^{l}=1\right]=1$,反之为 0;$L_{\text{ctn}}$ 为中心度量的二元交叉熵损失;λ_1 和 λ_2 分别为损失函数权重因子;L_{GIoU} 为 GIoU 损失函数,对于基线模型,仍然使用传统的 IoU 损失函数。

考虑到无锚框的检测模型直接进行密集检测,缺少 PRN 的正负样本分类,正负样本失衡的现象较为严重,于是对于分类损失 $L_{cls}\left(c_{xy}^{l},\hat{c}_{xy}^{l}\right)$,选择焦点损失函数,使用式(7-6)计算。

$$L_{\text{cls}}\left(c_{xy}^{l},\hat{c}_{xy}^{l}\right) = -\left(1-c_t\right)^{\gamma}\log\left(c_t\right) \qquad (7-6)$$

其中

$$c_t = \begin{cases} \hat{c}_{xy}^{l}, & c_{xy}^{l}=1 \\ 1-\hat{c}_{xy}^{l}, & \text{其他} \end{cases} \qquad (7-7)$$

本章使用 GIoU 代替 IoU 作为预测框与真实框距离的度量。GIoU 损失函数表示为

$$L_{\text{GIoU}}\left(\hat{\text{GIoU}}_{xy}^{l}\right) = 1 - \hat{\text{GIoU}}_{xy}^{l} \qquad (7-8)$$

式中:$\hat{\text{GIoU}}_{xy}^{l}$ 为第 l 层特征图上点 (x,y) 的预测框与对应真实框的 GIoU。

7.3　算法实现

确定了基于全卷积网络的模型框架后,为了在实现模型大幅度轻量化的同时,弥补与基于锚框的模型间的差距,本节基于模型框架建立了轻量化的基线模型,并以不增加额外计算开销为前提,对基线模型进行中心度量权重共享、GIoU 损失函数和 ATSS 三项改进。

7.3.1　SARNet 骨干网络

常用的骨干网络(如 ResNet-50、ResNet-101)在 SAR 图像舰船目标检测中存在可观参数冗余的定性判断。MoblieNets 是轻量化目标检测模型中广泛使用的骨干网络,主要针对移动设备设计,最主要的特点是采用了深度可分离卷积,参数量在 10M 的数量级。在其后的 EfficientNets 也采用了大量的深度可分离卷积。虽然采用包含大量深度可分离卷积的骨干网络可以对参数量的下降带来立竿见影的效果,但本节没有考虑包含了深度可分离卷积的骨干网络,主要考虑两个问题:一是深度可分离卷积在部分情形下会出现低参数量、高推断时间的现象;二是力求排除卷积类型的改变对实验结果带来的影响,以充分探索使用常规卷积可以达到的轻量化程度。

基于上述分析,为了充分探索骨干网络参数量的下限,本章以 ResNet-18 为基础,针对 SAR 图像特点进行了下述改进,提出 SARNet 骨干网络:首先进行通道数目删减,删减比例为 3/4。选择该比例的原因为:SAR 图像是单通道灰度图像,

理论上,单通道灰度图在信息量上只有 RGB 图像的 1/3。基于这一先验,去除 Res-Net – 18 中的 2/3 的通道是潜在的可行方案。但是,在 CNN 的设计过程中,通道数量一般设置为 2 的整数幂,如,32、64、128 等。若仅保留 1/3 的通道将出现 10 或 11、21 或 22 等不规整的通道数量,不利于训练时的 GPU 硬件加速以及在终端上的部署。因此,本节最终只保留原 ResNet – 181/4 的通道数量,提出了针对 SAR 图像舰船目标检测的轻量化骨干网络 SARNet,其具体参数见表 7 – 1。

表 7 – 1 SARNet 网络结构

输出	操作	输入大小 /像素 × 像素	卷积核 个数	卷积/ 池化大小	步长	输出大小 /像素 × 像素	参数量
C_1	Conv0	$1333 \times 800 \times 3$	16	7×7	2	$666 \times 400 \times 16$	2384
C_2	Pool1	$666 \times 400 \times 16$	—	3×3	2	$333 \times 200 \times 16$	—
	Conv1	$333 \times 200 \times 16$	16	3×3	1	$333 \times 200 \times 16$	2336
	Conv2	$333 \times 200 \times 16$	16	3×3	1	$333 \times 200 \times 16$	2336
	Res1	$333 \times 200 \times 16$	—	—	—	$333 \times 200 \times 16$	—
	conv3	$333 \times 200 \times 16$	16	3×3	1	$333 \times 200 \times 16$	2336
	conv4	$333 \times 200 \times 16$	16	3×3	1	$333 \times 200 \times 16$	2336
	Res2	$333 \times 200 \times 16$	—	—	—	$333 \times 200 \times 16$	—
C_3	Conv5	$333 \times 200 \times 16$	32	3×3	2	$166 \times 100 \times 32$	4672
	Conv6	$166 \times 100 \times 32$	32	3×3	1	$166 \times 100 \times 32$	9280
	Res3	$333 \times 200 \times 16$	32	1×1	2	$166 \times 100 \times 32$	1088
	Conv7	$166 \times 100 \times 32$	32	3×3	1	$166 \times 100 \times 32$	9280
	Conv8	$166 \times 100 \times 32$	32	3×3	1	$166 \times 100 \times 32$	9280
	Res4	$166 \times 100 \times 32$	—	—	—	$166 \times 100 \times 32$	—
C_4	Conv9	$166 \times 100 \times 32$	64	3×3	2	$83 \times 50 \times 64$	18560
	Conv10	$83 \times 50 \times 64$	64	3×3	1	$83 \times 50 \times 64$	36992
	Res5	$166 \times 100 \times 32$	64	1×1	2	$83 \times 50 \times 64$	2176
	Conv11	$83 \times 50 \times 64$	64	3×3	1	$83 \times 50 \times 64$	36992
	Conv12	$83 \times 50 \times 64$	64	3×3	1	$83 \times 50 \times 64$	36992
	Res6	$83 \times 50 \times 64$	—	—	—	$83 \times 50 \times 64$	—
C_5	Conv13	$83 \times 50 \times 64$	128	3×3	2	$41 \times 25 \times 128$	73984
	Conv14	$41 \times 25 \times 128$	128	3×3	1	$41 \times 25 \times 128$	147712
	Res7	$83 \times 50 \times 128$	128	1×1	2	$41 \times 25 \times 128$	16640
	Conv15	$41 \times 25 \times 128$	128	3×3	1	$41 \times 25 \times 128$	147712
	Conv16	$41 \times 25 \times 128$	128	3×3	1	$41 \times 25 \times 128$	147712
	Res8	$83 \times 50 \times 128$	—	—	—	$83 \times 50 \times 64$	—

由表 7 - 1 可知,SARNet 有 17 层,由于 SAR 图像分辨率较高,仍然保持 4 次下采样,即一共有 4 残差块,每组重复次数为 2 次。SARNet 的参数量总计约为 0.71M,分别为 ResNet - 18、ResNet - 50 和 ResNet - 101 的 6.2%、2.7% 和 0.8%。

在使用了 SARNet 骨干网络之后,需要对模型框架进行针对性的适配。具体地,FPN 输入通道数分别为 {32,64,128},F_3 至 F_6 的输出通道数均为 64,检测头的输入通道数与 FPN 的输出通道数相同。基于 SARNet 骨干网络对模型框架进行了适配后,即得到本章实验的基线模型。基线模型的总参数量仅为 1.16M。

7.3.2　中心度量权重共享

在 FCOS 论文中,检测头部分的三个输出分属两个分支:边框回归属于一个分支,类别回归与中心度量共享一个分支,如图 7 - 4 所示。对于基线模型的检测头,使用的是图 7 - 4,即 FCOS 论文中的结构。作者采用该设计的原因为:中心度量与类别均描述目标的"似物性",因此模型应该在同一分支中预测中心度量与类别两种变量。然而,本章后续的实验结果表明,该"直觉"式思考存在不足,即中心度量计算与边界框回归在同一分支中的预测效果优于原始设计,如图 7 - 5 所示。同时,从原理出发,中心度量权重共享并不会给 FCOS 增加额外的计算开销。

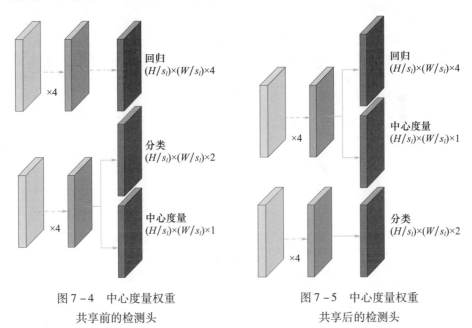

图 7 - 4　中心度量权重
共享前的检测头

图 7 - 5　中心度量权重
共享后的检测头

7.3.3　自适应样本选择

基线模型沿用了 FCOS 的思想,对落在目标边框范围内的像素点直接确定为正样本。但由于目标边框为矩形,纳入了在数量上不可忽视的背景像素,若直接将目标边框范围内的点全部视为正样本,显然会导致许多更适合确定为负样本的点(背景)被确定为正样本。这将增加模型训练的难度,且会对模型精度造成负面影响。因此,应当对基线模型的正负样本选择方法进行改进。从这一动机出发,本节采用 ATSS 方法以替代基线模型的正负样本选择方法。在基线模型上使用的 ATSS 计算流程见表 7 – 2。

表 7 – 2　ATSS 算法流程

输入:
　　B:图像中的真实边框集合;
　　l:特征图级别;
　　D_l:特征图 F_l 上生成的预测边框集合;
　　D:所有预测边框的集合;
　　k:在 F_l 上选取的候选预测边框个数;
输出:
　　P:正样本集合
　　N:负样本集合;
　计算流程:
begin
for B_{gt} **in** B **do**
　//生成候选正样本框的空集
　$C_p \leftarrow \varnothing$
　for l **in** $[3,6]$ **do**
　　$S_l \leftarrow$ 按照与 B_{gt} 的中心点 L_2 距离由小到大从 D_l 中选取出的 k 个预测边框
　　$C_p = C_p \cup S_l$
　end
　//计算 C_p 中各预测边框与 B_{gt} 的交并比
　$I_p = \mathrm{IoU}(C_p, B_{gt})$
　//计算交并比的平均值
　$m = \mathrm{Mean}(I_p)$
　//计算交并比的标准差
　$v = \mathrm{Std}(I_p)$
　//计算正负样本区分阈值
　$t = m + v$
　for C **in** C_p **do**
　　if $\mathrm{IoU}(C, B_{gt}) \geq t$ **then**
　　　$P = P \cup C$
　　end
　end
　$N = D - P$
　return P, N
end

　　ATSS 的实质是根据真实边框与预测边框的统计特性自动对正负样本进行选择。需要指出的是,ATSS 将会引入一个超参数,即基于与真实边框的 L_2 距离在不同级别特征图上的候选预测框的个数 k。但实验表明,模型对这个超参数是稳健的,可以近似认为 ATSS 并没有增加超参数,且从原理出发,ATSS 对计算开销的影响可以忽略不计。

7.4　实例分析

基于前面的分析和设计,本节在基线模型的基础上对中心度量共享、GIoU 损失函数和 ATSS 三项进行了改进,以及对改进集成后的模型分别进行消融实验,并在同样的实验设置下与基于锚框的模型进行对比实验,并分析实验结果。

7.4.1　实验环境及参数设置

实验基于 Linux 操作系统、Pytorch 深度学习框架和 MMdetection 目标检测框架完成。硬件平台为 Intel Xeon Gold6319＠2.3GHz、两块 NVIDIA V100 GPU(16GB 显存)和一块 NVIDIA GeForce TITAN V GPU(12GB 显存)。模型的训练阶段分批次在两块 NVIDIA V100 GPU 上完成,而推断测试均在 NVIDIA GeForce TITAN V 单 GPU 上进行。

本章使用 SSDD 数据集作为主要的实验数据集,主要是出于以下几点考虑:首先,SSDD 数据集已经可以在不需要数据增强的前提下提供足够的训练样本,因此,使用更大规模的数据集进行训练并非必要,也不适应当下深度学习领域小样本学习的趋势;其次,虽然后来的部分数据集提供了整景的图像,但由于当前计算硬件的限制,在输入模型时,对整景图像仍然要进行裁切处理,裁切得到的 SAR 图像切片分辨率与 SSDD 仍处于同一级别;再次,在 CV 领域,检测与分割属于两类任务,且舰船目标检测比分割在特定应用上的需求更加迫切;最后,SSDD 是研究领域内广泛使用的数据集,使用 SSDD 开展实验,有助于研究成果在更大的范围内进行横向比较,以提供更多的理论和技术参考价值。

由于 SSDD 并未划分训练集与测试集,本章将尾号为 1 和 9 的图像作为测试集(232 张),其余(928 张)作为训练集。对于预处理,由于 SSDD 中图像大小不一,在输入模型时,统一将图像大小调整为 1333×800,在调整大小的过程中,图像的高宽比保持不变,空白部分用 0 填充。为了更为真实地反映模型本身的性能,本章实验力求排除数据集等外部因素的影响,没有对数据集进行除上述操作外的任何数据增强。

对于训练参数设置,全部模型使用 SGD 进行优化,动量设置为 0.9,权重衰减设置为 0.0001,每块 GPU 的批处理大小为 4。对于学习率,采用了热身和衰减策略,具体地:先用正常学习率的 1/3 进行 500 次迭代,之后逐渐恢复至 0.001 的正常学习率;在总迭代次数的 8/12 与 11/12 时,学习率衰减为 0.0001 与 0.00001。总训练周期为 120 轮次。

对于测试参数设置,所有模型仅使用单尺度测试,本章所提出模型的目标得分阈值为0.05,NMS 阈值为0.6,对比模型的目标得分阈值与 NMS 阈值均为各自的默认值。

7.4.2　实验结果与分析

1. 基线实验结果

基线模型训练过程中的 Loss 和 AP 曲线分别如图7-6和图7-7所示。其中,Loss 曲线分别为分类损失、中心度量损失、边框回归损失和加权损失。通过图7-6可以看出,在训练轮次为10左右时,模型损失函数值已经快速衰减。在学习率下降后,模型的损失函数有两次阶梯形衰减,最后逐渐收敛。验证集上的 AP 曲线表明模型没有发生过拟合。上述过程证明本章所采用的训练策略合理,实验结果可信。

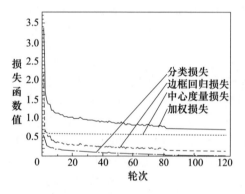

图7-6　基线模型在训练集上
的 Loss 曲线

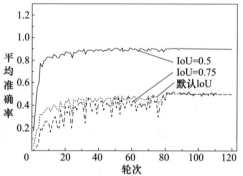

图7-7　基线模型在验证集上
的 AP 曲线

基线模型实验结果见表7-3,基线模型在 SSDD 上的 AP 为0.521、在检测 IoU 阈值设置为0.50时的准确率较高(0.919),当检测 IoU 阈值较严格(0.75)时仍保持0.555的准确率。模型前向推断一张 1333×800 分辨率的图像只需要21.5ms。针对不同大小的目标,基线模型在中等大小目标上表现最佳,小目标和大目标上性能较差。由于本章的研究重点在于实现模型的高检测精度与轻量化间的平衡,因此对模型的精度主要关注整体的 mP 和 mR。

表7-3　基线模型实验结果

模型	mP	mP_{50}	mP_{75}	mP_S	mP_M	mP_L	mR	mR_S	mR_M	mR_L	$T_{inf.}$	N
基线模型	0.521	0.919	0.555	0.502	0.603	0.424	0.613	0.580	0.678	0.550	21.5	1.16

上述实验结果证明,基于 SARNet 的基线模型在实现极为可观的轻量化的同时,仍然展现了可靠的精度,具有经过改进达到较高精度的潜力。

2. 消融实验结果

本节对在基线模型上完成的三项改进进行了消融实验。消融实验结果见表 7-4,标题行中的(1)表示中心度量权重共享,(2)表示 GIoU 损失函数,(3)表示 ATSS,ATSS 中候选预测框的个数 $k = 9$。由于所完成的改进对计算开销的影响可以忽略不计,各模型的推断时间与参数量与表 7-5 相同。

表 7-4　消融实验结果

模型	(1)	(2)	(3)	mP	mP_{50}	mP_{75}	mP_S	mP_M	mP_L	mR	mR_S	mR_M	mR_L
基线模型				0.521	0.919	0.555	0.502	0.603	0.424	0.610	0.580	0.678	0.550
(a)	✓			0.526	0.915	0.577	0.510	0.586	0.430	0.611	0.587	0.660	0.560
(b)		✓		0.528	0.931	0.568	0.515	0.573	0.470	0.614	0.590	0.660	0.580
(c)			✓	0.530	0.921	0.595	0.516	0.589	0.447	0.613	0.590	0.661	0.550
(d)	✓	✓		0.531	0.926	0.585	0.513	0.592	0.495	0.616	0.591	0.664	0.585
(e)		✓	✓	0.534	0.923	0.571	0.516	0.593	0.481	0.621	0.593	0.677	0.555
(f)			✓	0.533	0.929	0.597	0.521	0.588	0.454	0.620	0.598	0.665	0.560
集成模型	✓	✓	✓	0.535	0.927	0.587	0.597	0.597	0.458	0.620	0.593	0.675	0.545

由表 7-4 的(a)~(c)可以看出,分别执行三项改进均给模型精度带来提升;由表 7-4(d)~(f)可以看出,三项改进间的相互组合都能比单独使用实现更好的效果;本章集成模型的精度提升显著,相比于基线模型在 mP 上提升了 0.014,在 mR 上提升了 0.01,其余指标的优势也总体占优,达到了先进水平。集成模型在训练集上的 Loss 曲线和在验证集上的 AP 曲线如图 7-8 和图 7-9 所示。

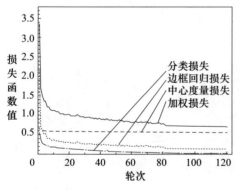

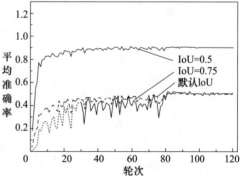

图 7-8　集成模型在训练集上的 Loss 曲线　　图 7-9　集成模型在验证集上的 AP 曲线

图 7-10 对集成模型在测试集上的推断进行了可视化,图中各列图像所属的模型与表 3-5 对应。从图中可以看出,对于远海目标,各模型都能稳定检出。而对于近岸环境,模型普遍出现了少量的漏检和虚警,但集成模型相比于基线模型以及单项改进模型(表 7-4(a)~(c))有显著改善。

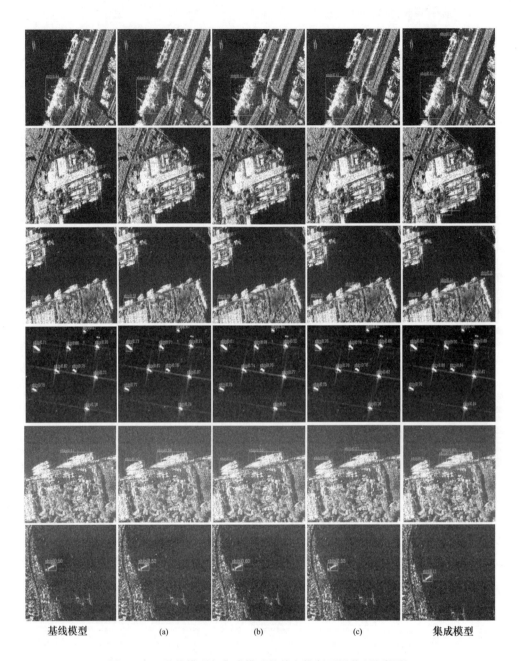

| 基线模型 | (a) | (b) | (c) | 集成模型 |

图 7-10　基线模型与集成模型的前向推断可视化(见彩图)

3. 对比实验结果

本节选取代表性的基于锚框的目标检测模型与本章所提集成模型进行横向对比,具体地,分别选取基于区域候选的 Faster R – CNN 和基于边框回归的 Reti-

naNet、YOLOv3。由于在 Faster R－CNN 和 RetinaNet 上使用 ResNet－50 或者 Res-
Net－101 将导致它们与本章提出的模型间的参数量过于悬殊,因此本节在 Faster
R－CNN 和 RetinaNet 上配置的是 ResNet－18 骨干网络,网络结构、参数设置与文
献[175]保持一致,且都按照原论文描述[119]加入了 FPN。实验结果见表 7－5。

表 7－5　对比实验结果

模型	骨干网络	mP	mP_{50}	mP_{75}	mP_S	mP_M	mP_L
Faster R－CNN	ResNet－18	0.479	0.862	0.520	0.486	0.481	0.384
RetinaNet	ResNet－18	**0.545**	0.919	**0.608**	0.509	**0.617**	**0.554**
YOLOv3	DarkNet－53	0.525	**0.946**	0.538	0.500	0.579	0.463
集成模型	SARNet	0.535	0.927	0.587	**0.515**	0.597	0.458
模型	骨干网络	mR	mR_S	mR_M	mR_L	$T_{inf.}$	N
Faster R－CNN	ResNet－18	0.571	0.560	0.603	0.470	36.5	17.6
RetinaNet	ResNet－18	**0.628**	0.586	**0.697**	**0.660**	33.5	8.4
YOLOv3	DarkNet－53	0.604	0.583	0.649	0.525	45.5	61.5
集成模型	SARNet	0.620	**0.593**	0.675	0.545	**21.5**	**1.16**

从实验结果可以看出,本章提出的集成模型取得了显著高于 Faster R－CNN
的检测精度,在 mP 和 mR 上分别取得了 0.056 和 0.049 的明显优势。另一方面,
集成模型的参数量仅为采用了 ResNet－18 的 Faster R－CNN 的 6.6%,在推断速度
上也明显占优。对于 YOLOv3,集成模型在 mP 和 mR 上分别取得了 0.01 和 0.016
的优势,参数量、推断耗时分别仅为 YOLOv3 的 1.9%、47.2%。相比于使用了 Res-
Net－18 的 RetinaNet,本章提出的模型在精度上存在细微差距(－0.010mP,
－0.008mR),但综合考虑参数量和推断速度上的显著优势,以及避免了锚框机制
带来的诸多弊端,本章提出的模型在实际应用中较之 RetinaNet 具有综合比较
优势。

7.5　小　　结

本章从解决基于锚框的模型所存在的弊端以及参数冗余问题出发,采用实例
分割的思想,进行了基于全卷积网络的检测方法研究。在模型框架方面,参考了
FCOS 的基本结构,但针对本章所研究问题的特点,对 FPN 进行了调整;在算法实
现方面,对 ResNet－18 完成轻量化改进,提出 SARNet 骨干网络,并对模型框架适
配,建立基线模型,再在不增加计算开销的前提下,分别完成三项改进并给出了实
验支撑。

(1)针对模型的轻量化,相对于使用深度可分离卷积替代常规卷积的方法,本

章直接选取常规骨干网络,基于先验对 ResNet – 18 进行了大幅度的轻量化改进,提出仅包含 0.71M 参数量的 SARNet 骨干网络,并对模型框架进行适配,建立基线模型,为解决 SAR 图像舰船目标检测模型的参数冗余问题提供了一个通用的解决办法,同时也为探索模型所需的参数下限提供了支持。

(2)针对检测头中 3 个输出在两个卷积分支中的分配问题,本章将中心度量改进为与边框回归共享权重,提升了中心度量在监督学习中的贡献度,为强化基于中心度量的边框质量评价提供了借鉴。

(3)针对传统的 IoU 损失函数有可能导致误差无法反传,以及对边框间的距离在一定情形下无法准确度量,本章使用 GIoU 损失函数替代 IoU 损失函数,提高了边框回归的质量,为优化舰船目标检测中的边框回归过程提供了参考。

(4)针对模型在正负样本选择方法上的不合理,本章使用 ATSS 进行正负样本选择,为改进无锚框模型的正负样本分配策略提供了思路。

综上所述,本章在实现检测模型的无锚框、轻量化的同时,以不增加计算开销为前提,对模型的改进方法进行了较为充分的探索。并且,即使在未来需要进一步引入通道注意力或空间注意力等提高模型精度的机制,本章所提出的集成模型也能够作为合适的初始模型或参考。

第8章 基于评分图的 SAR 图像
舰船目标检测

8.1 问题分析

  基于实例分割的 SAR 图像舰船目标检测方法通过逐像素分类的方式完成目标检测任务,可以避免铺设锚框,且能降低模型的复杂度,在取得较高检测精度的同时,实现了相对于现有检测模型的显著轻量化。在前一章的研究中,FPN 和检测头在模型的总参数量中占据较大比重,具有可观的改进空间。此外,中心度量在模型训练中的贡献不高,虽然进行了中心权重共享改进,但精度提升幅度也较为有限,这表明在强化对边框偏移量的度量方面,也有较大的改进空间。因此,本章从前一章得到的结论出发,开展基于评分图的 SAR 图像舰船目标检测方法研究。本章研究仍然遵循从整体到局部、从总体框架到具体实现的路径展开。

  针对模型框架的总体设计,由于需要实现无锚框的检测,仍然沿用将目标检测与实例分割视为同一类问题的思路,进行逐像素的检测。但是在前一章的研究中,虽然使用了检测头对多级特征图共享权重的机制,但检测头中所级联的卷积所包含的参数量仍然占到模型整体参数量相当高的比例。此外,FPN 对于一阶段目标检测模型来说十分重要。以上两点意味着,对于无锚框的一阶段目标检测模型来说,在骨干网络之后的模块上,很难有继续进行轻量化改进的空间。因此,需要突破 Backbone – FPN – DenseHead 的范式,探索全新的模型框架。

  针对算法的具体实现,在骨干网络的设计方面,由于用于目标检测的骨干网络通常在整体上是一个编码器结构,即特征图的尺寸整体上随网络层数的增加而减小。基于这类骨干网络,要实现逐像素的检测,往往依靠特征图映射实现。但既然已经将目标检测视为与实例分割同类的问题,就可以考虑不使用目标检测的骨干网络,直接选取基于编码器 – 解码器机制的骨干网络,以避免特征图映射所带来的空间信息损失。用于分割任务的骨干网络 U – Net 是编码器 – 解码器结构的典型代表,可以使网络输出尺寸与输入尺寸保持一致,以直接进行逐像素的检测。此外,U – Net 中的跨层连接操作使得骨干网络本身就具备了 FPN 的性质,理论上具备了在模型中去除 FPN 的条件。因此,对于骨干网络的设计,可以从 U – Net 出发进行。

针对边框偏移量的度量,前一章已经表明,中心度量在训练中的效果不好,Dai[176]中的评分图为目标边框中心偏移量的表示提供了参考。但是,需要针对SAR图像舰船目标检测的特点,对评分图进行改进。

基于上述分析,本章将从以下几个方面开展研究。首先,重新设计针对性的检测模型框架,采用两个子网并行的机制,去除骨干网络之后的FPN,以及检测头中级联的多层卷积。尽管使用了并行的两个子网,但在轻量化骨干网络的基础上,由于节省了FPN和检测头的参数,可以将整个模型的参数量控制在与前一章提出的模型一个数量级内。其次,基于U – Net的思想与原理,提出针对本章所研究问题的U – Net – SAR骨干网络。然后,提出评分图以替代上一章使用的中心度量,并对评分图回归网络和边框回归网络的回归目标和损失函数进行定义。最后,使用soft – NMS对模型的众多预测边框进行后处理。

8.2　模型框架

本章提出的基于评分图的检测模型框架如图8 – 1所示。模型由边框回归网络和评分图回归网络并行组成,两个子网都使用U – Net – SAR骨干网络提取特征,并直接对最后一层输出进行回归,在模型中没有单独的检测头模块。在推断阶段,使用级联实例融合模块以进行后处理。对于模型目标的编码,将目标检测定义为点(x,y)为舰船实例中心的概率预测和从该点发出的四维向量$(\hat{d}_r, \hat{d}_u, \hat{d}_l, \hat{d}_b)$的回归问题。评分图回归网络负责预测一个二维概率分布,其中每个位置(x,y)的得分表示当前位置作为舰船实例中心的可能性,其作用与中心度量类似,通过引入额外监督以强化对边框偏移的纠正。

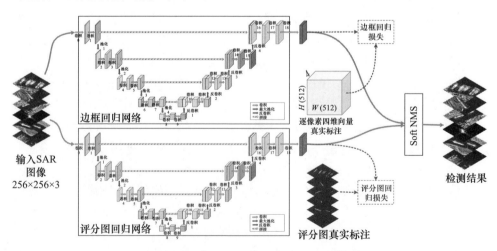

图 8 – 1　基于评分图的 SAR 图像舰船目标检测模型框架

尽管 SAR 图像舰船边界框回归和评分图回归具有相关性,但它们是两种不同类型的回归任务。如果仅使用一个 U – Net – SAR 来提取特征,意味着在检测头中不可避免地需要使用多层卷积(第 7 章中的层数为 4),这将带来两个问题:一是检测头的参数量占整个网络参数量的比重较高;二是会导致 U – Net – SAR 的多尺度信息难以反向传播。因此,使用两个并行子网分别执行边框回归和评分图回归是必要的。由于相邻预测框通常具有相似的得分并导致虚警,因此使用 soft – NMS 进行舰船实例融合。

8.2.1　评分图回归网络

使用中心度量能够强化对预测框和真实框之间位置偏移的纠正。但是在实验中发现,中心度量损失在训练初始的几个轮次后很快收敛,这意味着对监督学习的持续贡献作用不明显,于是本章考虑使用评分图作为位置偏移量的度量。

评分图在 R – FCN 中被提出,用于解决分类的位置不敏感性与边框回归的位置敏感性之间的矛盾。本章使用评分图 S 来评价 SAR 图像上的点 (x, y) 处于舰船实例中央的概率。具体地,对于舰船实例内部的点 (x, y),它位于舰船实例中心点的概率用 $s(x, y)$ 表示。$s(x, y)$ 的计算步骤如下:首先,计算 (x, y) 与其最近的属于背景的像素间的距离,这一距离用 $d(x, y)$ 表示,显然,越大的 $d(x, y)$ 表示像素 (x, y) 距实例边缘越远,即越接近目标的中心;然后,对 $d(x, y)$ 进行归一化处理,即得到得分 $s(x, y)$。S 是整个图像上所有点的真实评分图,如图 8 – 2(b)所示。

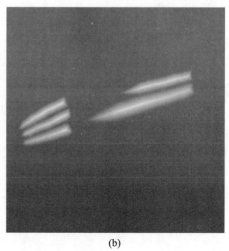

(a)　　　　　　　　　　　　　　　(b)

图 8 – 2　输入 SAR 图像和对应的评分图

(a)输入 SAR 图像;(b)对应的评分图。

定义评分图之后，可以对评分图回归损失函数进行定义。由于舰船目标通常只占输入 SAR 图像的一小部分，而背景占图像的大部分面积，是典型的正/负样本失衡情况（负样本过多）。如果直接使用 L_2 损失函数，则有

$$L_2 = \frac{1}{2} \sum_{x,y} |\hat{s}(x,y) - s(x,y)|^2 \qquad (8-1)$$

式中：$\hat{s}(x,y)$ 为模型在点 (x,y) 上的输出得分。

对于 S 和预测评分图 $\hat{S}$ 中为 0 的区域，误差将为 0。于是，基于以下两个假设：① $\hat{S}$ 中的非零区域（例如 $\hat{S} > 10^{-4}$）应收敛至 S 的非零区域；② $\hat{S}$ 中的非零区域与对应位置 S 之间的差异应收敛为零，定义了如下更为有效的评分图损失函数 L_{score}。

$$L_{\text{score}} = L_{\text{dist}} + L_{\text{closeness}} \qquad (8-2)$$

$$L_{\text{dist}} = 1 - \frac{2 \times g(\hat{S}) \cap g(S)}{g(\hat{S}) \cup g(\hat{S})} \qquad (8-3)$$

$$L_{\text{closeness}} = \frac{1}{<g(S)>} \sum_{\forall (x,y) \in g(S)} [\hat{S}(x,y) - S(x,y)]^2 \qquad (8-4)$$

式中：L_{dist} 为 $\hat{S}$ 和 S 的非零区域之间的 IoU 损失函数；$L_{\text{closeness}}$ 为度量非零区域的评分值的接近度；$g(\cdot)$ 为一个返回输入矩阵所有非零坐标列表的函数；$<\cdot>$ 为输入矩阵中非零值的数量。

基于上述定义，评分图回归网络以 U - Net - SAR 作为骨干网络，在最后的卷积层输出 $512 \times 512 \times 2$ 的特征映射，并使用 Softmax 函数输出归一化的概率预测。

8.2.2 边框回归网络

本章对于边框的表示仍然使用极坐标系的退化情形。对于边框回归损失函数，类似于 IoU 损失函数，定义如下：

$$L_{\text{bbox}} = 1 - \frac{2 \times |B_p \cap B_{\text{gt}}|}{|B_p| + |B_{\text{gt}}|} \qquad (8-5)$$

式中：B_p 和 B_{gt} 分别为预测边框与真实边框；$|\cdot|$ 为返回输入矩形区域的函数。

如图 8-3 所示，IoU 可以通过下式计算：

$$|B_p \cap B_{\text{gt}}| = [\min(d_r, \hat{d}_r) + \min(d_l, \hat{d}_l)] \times [\min(d_u, \hat{d}_u) + \min(d_b, \hat{d}_b)]$$
$$(8-6)$$

边框回归网络也以 U - Net - SAR 作为骨干网络，但最后的卷积层输出 $512 \times 512 \times 4$ 的特征映射，用以分别回归 $(\hat{d}_r, \hat{d}_u, \hat{d}_l, \hat{d}_b)$。

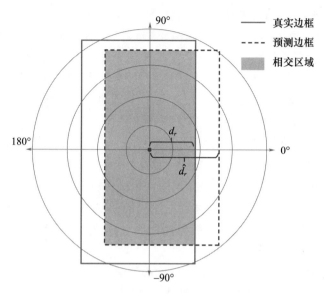

图 8 - 3　IoU 的表示

8.3　算法实现

8.3.1　U - Net - SAR 骨干网络

本章使用的骨干网络基于 U - Net 简化而来,称为 U - Net - SAR,网络输出的特征图与原图像素一一对应。U - Net - SAR 的结构如图 8 -4 所示。

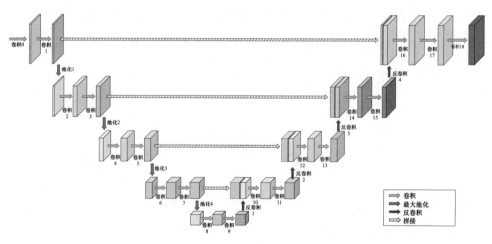

图 8 -4　U - Net - SAR 骨干网络结构

U - Net - SAR 遵循编码器—解码器框架,由一个收缩路径(左分区)和一个扩展路径(右分区)组成。收缩路径(即编码器)遵循 CNN 典型结构,通过重复使用由 2 个 3×3 卷积层、1 个 ReLU 层、一个步长为 2 的 2×2 最大池化层所组成的卷积块,来完成编码器的构建。通过上述卷积块,编码器可对图像进行下采样,在每次下采样操作之后都增加卷积核的数量,从而获取更多的图像特征。扩展路径(即解码器)中的每个步骤都包括对特征图进行上采样(3×3 反卷积),然后同收缩路径的同一级别进行跨层连接操作,最后进行两个 3×3 卷积运算,与编码器类似,每个卷积层都后接一层 ReLU 层。

对输入图像进行上、下采样是 CNN 的常用操作。下采样可以增强模型对扰动的稳健性(如旋转、翻转等),也增加卷积网络的感受野,得到图像的全局特征,并且可以降低网络过拟合的可能性,提升网络的计算速度等。上采样的作用即把提取的特征图逐步还原至原始尺寸。

不同于其他基于分类骨干网络的目标检测模型,U - Net - SAR 的跨层连接操作体现了 FPN 结构的概念和作用。具体地,随着网络层越深,图像的空间特征逐渐减少、语义特征逐渐增多。因此,为了在深层网络添加空间特征,就使用跨层连接操作将左、右分支同分辨率的特征图连接在一起,以实现对空间特征和语义特征的融合。鉴于 U - Net - SAR 所具备的上述性质,FPN 是非必要的,这可以大大降低计算开销,并加快模型收敛速度。U - Net - SAR 中并没有全连接层,而全部由卷积层代替。全连接层需要对特征图进行平铺,这样会使得二维特征转为一维特征,不仅会使得网络的参数量增多,也会使空间信息丢失。

第 7 章介绍了骨干网络轻量化的下限,为 U - Net - SAR 的设计提供了参考。表 8-1 列出了基于 512 像素×512 像素输入 SAR 图像大小的 U - Net - SAR 详细配置,并说明了每一层所包含的参数量。最后的卷积层"Conv18"将特征图分别映射到四个通道(边框回归子网)和两个通道(评分图回归子网)。

表 8 - 1　U - Net - SAR 网络参数

操作	输入大小 /像素×像素×像素	卷积核 个数	卷积/池化 大小	步长	输出大小 /像素×像素×像素	参数量
Conv0	512×512×3	16	3×3	1	512×512×16	448
Conv1	512×512×16	16	3×3	1	512×512×16	2320
Pool1	512×512×16	—	2×2	2	256×256×16	—
Conv2	256×256×16	32	3×3	1	256×256×32	4640
Conv3	256×256×32	32	3×3	1	256×256×32	9248
Pool2	256×256×32	—	2×2	2	128×128×32	—
Conv4	128×128×32	48	3×3	1	128×128×48	13872

续表

操作	输入大小 /像素×像素×像素	卷积核 个数	卷积/池化 大小	步长	输出大小 /像素×像素×像素	参数量
Conv5	$128 \times 128 \times 48$	48	3×3	1	$128 \times 128 \times 48$	20784
Pool3	$128 \times 128 \times 48$	—	2×2	2	$64 \times 64 \times 48$	—
Conv6	$64 \times 64 \times 48$	64	3×3	1	$64 \times 64 \times 64$	27712
Conv7	$64 \times 64 \times 64$	64	3×3	1	$64 \times 64 \times 64$	36928
Pool4	$64 \times 64 \times 64$	—	2×2	2	$32 \times 32 \times 64$	—
Conv8	$32 \times 32 \times 64$	64	3×3	1	$32 \times 32 \times 64$	36928
Conv9	$32 \times 32 \times 64$	64	3×3	1	$32 \times 32 \times 64$	36928
Deconv1	$32 \times 32 \times 64$	32	3×3	3	$64 \times 64 \times 32$	18464
Conv10	$64 \times 64 \times 96$	64	3×3	1	$64 \times 64 \times 64$	55360
Conv11	$64 \times 64 \times 64$	64	3×3	1	$64 \times 64 \times 64$	36928
Deconv2	$64 \times 64 \times 64$	32	3×3	2	$128 \times 128 \times 32$	18464
Conv12	$128 \times 128 \times 80$	48	3×3	1	$128 \times 128 \times 48$	34608
Conv13	$128 \times 128 \times 48$	48	3×3	1	$128 \times 128 \times 48$	20784
Deconv3	$128 \times 128 \times 48$	32	3×3	2	$256 \times 256 \times 32$	13856
Conv14	$256 \times 256 \times 64$	32	3×3	1	$256 \times 256 \times 32$	18464
Conv15	$256 \times 256 \times 32$	32	3×3	1	$256 \times 256 \times 32$	9248
Deconv4	$256 \times 256 \times 32$	32	3×3	2	$512 \times 512 \times 32$	9248
Conv16	$512 \times 512 \times 48$	48	3×3	1	$512 \times 512 \times 48$	20784
Conv17	$512 \times 512 \times 48$	48	3×3	1	$512 \times 512 \times 48$	20784
Conv18(1)	$512 \times 512 \times 48$	4	1×1	1	$512 \times 512 \times 4$	196
Conv18(2)	$512 \times 512 \times 48$	2	1×1	1	$512 \times 512 \times 2$	98

注:Conv18(1):对于边框回归网络,卷积核数和输出特征映射组大小分别为4和512像素×512像素×4;

　　Conv18(2):对于评分图回归网络,卷积核数和输出特征映射组大小分别为2和512像素×512像素×2

本章提出的U – Net – SAR骨干网络仅包含约0.47M参数量,与DarkNet – 19(19.81M)、DarkNet – 53(61.89M)、VGG – 16(138.36M)、ResNet – 50(46.16M)、ResNet – 101(85.21M)、ResNext – 101(44.01M)的参数量相比,分别仅占它们的2.37%、0.76%、0.34%、1.01%、0.55%、1.07%。

8.3.2　舰船实例融合

基于前一节,对于SAR图像上的每个位置(x,y),模型最终的输出包括两个部分:①由点(x,y)扩散出的预测边框$(\hat{d}_r,\hat{d}_l,\hat{d}_u,\hat{d}_b)$;②该点对应的分数$\hat{s}(x,y)$,代表当前像素位于船舶目标中心的概率。

在这一过程中,需要设置得分阈值 S_t,图像中的像素在前向计算中的得分高于 S_t 的,将会进行边框回归。在舰船目标检测任务中,对小目标的检测是最困难的,为了提高对小目标的召回率,倾向于设置较低的 S_t。显而易见地,当设置较低的 S_t 时,如果不执行适当的后处理,位于同一舰船实例内的诸多像素点将扩散出很多预测框,而其中大部分是多余的。于是,本节使用 soft – NMS 作为后处理模块以完成舰船实例融合,soft – NMS 的计算流程如表 8 – 2 所示。

soft – NMS 的计算流程中使用的衰减函数 $f(\cdot)$ 与文献[162]相同,它是如下定义的线性加权函数,即

$$f(\mathrm{iou}(F,D_i)) = \begin{cases} 1, \mathrm{iou}(F,D_i) < P_t \\ 1.0 - \mathrm{iou}(F,D_i), 其他 \end{cases} \qquad (8-7)$$

表 8 – 2　soft – NMS 算法

```
输入:
  D = {D_1,D_2,D_3,…,D_M}:初始预测边框集合;
  C = {c_1,c_2,c_3,…,c_M}:D_M 的置信度集合;
  P_t:NMS 阈值;
输出:
  D̂:边框集合
  Ĉ:置信度集合;
计算流程:
begin
D̂←{},Ĉ←{};
    while len(D) ≠0 do
    e←argmax{C}
    F←D_e,p←c_e
    D̂←D̂∪F,Ĉ←Ĉ∪p
    D←D - F,C←C - p
        for D_i in D do
              c_i←c_i ×f(iou(F,D_i))
        end
    end
return D̂,Ĉ
end
```

8.4　实例分析

基于前文的分析,本节为验证重新设计的检测模型的有效性,在相同的实验设置下进行了消融实验以及对比实验,并对各项实验结果进行了分析。

8.4.1　实验环境及参数设置

实验基于 Linux 操作系统、Tensorflow 和 Pytorch 深度学习框架、MMdetection 目

标检测框架完成。硬件平台为 Intel Xeon(Cascade Lake) Platinum 8269CY CPU@ 2.5GHz、一块 NVIDIA GeForce RTX2070 GPU(8GB 显存)和一块 NVIDIA GeForce TITAN V GPU(12GB 显存)。模型的训练阶段分批次在上述两块 GPU 上完成,而推断测试均在 NVIDIA GeForce TITAN V 单 GPU 上进行。

数据集的划分与第 7 章相同,将尾号为 1 和 9 的图像作为测试集(232 张),其余(928 张)作为训练集。对于预处理,由于 SSDD 中图像大小不一,在输入模型时,统一将图像大小调整为 512 像素 ×512 像素(SSD 的输入为 300 像素 ×300 像素、500 像素 ×500 像素),在调整大小的过程中,图像的高宽比保持不变,空白部分用 0 填充。为了更为真实地反映模型本身的性能,本章实验力求排除数据集等外部因素的影响,没有对数据集进行除上述操作外的任何数据增强。

对于训练参数设置,全部模型使用 Adam 算法进行优化,每块 GPU 的批处理大小为 4。采用了学习率衰减策略,设置常规学习率为 0.001,随后,学习率每 20 轮次衰减一半,总训练周期为 200 轮次。

对于测试参数设置,所有模型均使用预处理图像分辨率进行单尺度测试,本章所提出模型的评分阈值为 0.2,soft – NMS 阈值为 0.75,对比模型的相关参数设置均为各自的默认值。

需要指出的是,为了对评分图回归子网进行监督训练,本章在 SSDD 上完成了语义标注,并在语义标注的基础上生成边框,如图 8 – 5 所示。作为对比实验的模型也都使用了同样的标注。

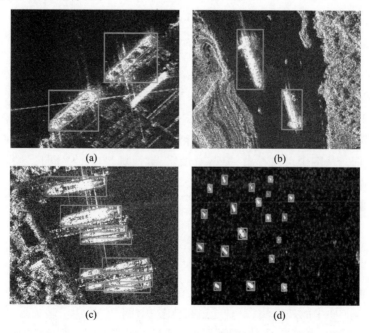

(a) (b)

(c) (d)

图 8 – 5 SSDD 加入语义标注后的舰船实例(见彩图)

8.4.2　实验结果与分析

1. 基线实验结果

图 8-6 和图 8-7 分别为训练集和验证集上的 Loss 曲线。加权损失是边框回归损失和评分图损失的加权和。从图中可以看出,损失函数在 100 轮次后收敛,然后在 125 轮次后出现了过拟合,因此选择第 120 个轮次训练完毕的模型权重。其中边框 IoU 损失收敛于 0.1285,评分图损失收敛于 0.0687。基于评分图的舰船目标检测模型在 SSDD 测试集上的实验结果见表 8-3。

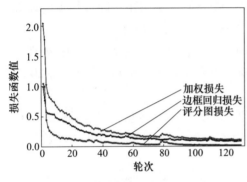

图 8-6　训练集上的 Loss 曲线

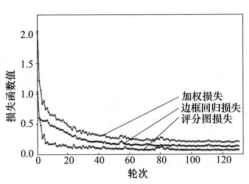

图 8-7　验证集上的 Loss 曲线

表 8-3　基线实验结果

模型	mP	mP$_{50}$	mP$_{75}$	mP$_S$	mP$_M$	mP$_L$	mR	mR$_S$	mR$_M$	mR$_L$	$T_{inf.}$	N
Proposed	0.681	0.940	0.830	0.633	0.757	0.732	0.676	0.630	0.749	0.712	8	0.93

从实验结果可以看出,本章提出的检测模型在 SSDD 上取得了很高的精度。由于模型仅包含 0.93M 参数量,在 NVIDIA GeForce TITAN V 上推断单张 512×512 分辨率 SAR 图像的速度达到了 8ms。图 8-8 为模型前向推断的可视化示例,从左至右的各列分别为输入 SAR 图像、真实标注的评分图、模型预测的评分图、真实边框、预测边框。从图中可以看出,模型对近岸、远海场景中的不同尺寸目标都实现了高质量的检测。

2. 消融实验结果

本节讨论两个方面的变量对所提出的检测模型的影响。

1)不同骨干网络配置的影响

为了评估不同骨干网络配置的影响,从三个角度进行了消融实验:一是使用 U-Net 的标准结构和参数,主要是增加了层数和卷积核的数量;二是在骨干网络中增加源于 ResNet 中的残差块;三是通过扩张卷积代替常规卷积来扩展感受野。本轮实验中的上述三类操作分别探索了网络的深度与通道数、残差机制以及感受野对模型性能的影响,而这三类操作在目标检测模型中被广泛使用,因此,本节所设计的消融实验具有较强的参考价值。不同骨干网络配置的消融实验结果见表 8-4,标题行中的(1)代表残差块,(2)代表扩张卷积。

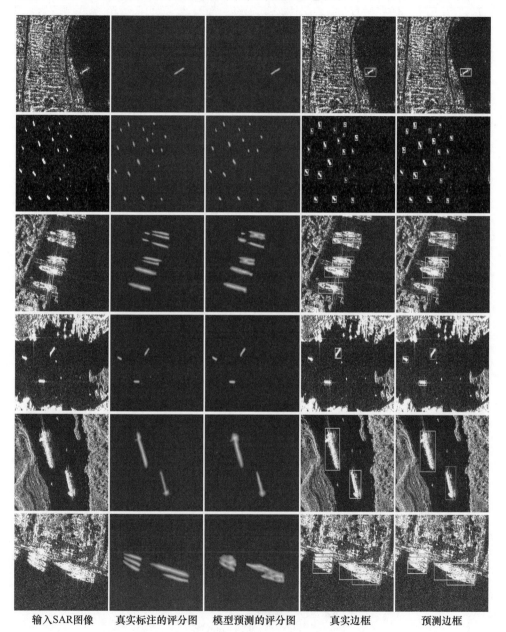

| 输入SAR图像 | 真实标注的评分图 | 模型预测的评分图 | 真实边框 | 预测边框 |

图 8-8　几类模型前向推断的可视化示例(见彩图)

表 8 - 4 消融实验结果

骨干网络	(1)	(2)	mP	mP_{50}	mP_{75}	mP_S	mP_M	mP_L	mR	mR_S	mR_M	mR_L	N
标准 U - Net			0.682	0.941	**0.831**	**0.636**	0.759	0.704	0.674	**0.631**	0.747	**0.720**	30.78
U - Net - SAR	✓		**0.686**	**0.950**	0.820	0.629	**0.782**	0.717	0.663	0.629	**0.770**	0.699	13.43
U - Net - SAR		✓	0.590	0.815	0.720	0.549	0.657	0.635	0.587	0.605	0.719	0.683	9.90
U - Net - SAR			0.681	0.940	0.830	0.633	0.757	**0.732**	**0.676**	0.630	0.749	0.712	**0.93**

通过实验结果可以观察到:①相比于标准的 U - Net 骨干网络,U - Net - SAR 骨干网络具有和其基本相同的检测精度(- 0.001mP、0.002mR),然而整个模型的参数量不到其 1/30;②在 U - Net - SAR 骨干网络中增加残差块之后,由于不同的网络层借助残差机制跨层连接,提高了模型的学习能力,因此在检测准确率上发生了较小的提高(0.005mP),但是,这是以高计算资源需求和模型复杂度增加为代价的。相比于基线模型,基于加入残差块的 U - Net - SAR 的模型需要 10 倍以上的参数量,降低了实际应用的价值;③在具有复杂的后向散射现象以及以小目标为主的 SAR 图像中,扩张卷积对检测舰船无效,甚至起到了反效果,在增加了约 10 倍参数量的同时,检测精度反而降低很多(- 0.091mP、 - 0.089mR)。

2)不同评分阈值和 soft - NMS 阈值的影响

显然,减小评分阈值 S_t 会在前向推断阶段引入更多预测边框,而过小的 S_t 将导致小目标更容易漏检。改变 soft - NMS 阈值 P_t 将直接影响最终边界框的数量和质量。为了分析 S_t 和 P_t 的详细影响,图 8 - 9 和图 8 - 10 绘制了不同 S_t 和 P_t 下的 mP 和 mR 分布。结果表明,最佳的 S_t 和 P_t 分别为 0.20、0.75,相应的 mP 为 0.681、mR 为 0.676。

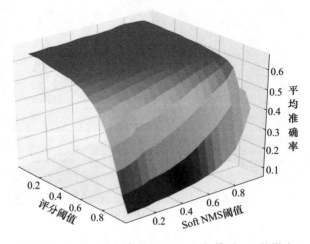

图 8 - 9 不同评分阈值和 soft - NMS 阈值对 mP 的影响

由图 8 – 9 和图 8 – 10 可以看出,对于同一模型,无法同时在 mP 和 mR 上都取得最佳,一方的升高以另一方的下降为代价。同时,mP 和 mR 在 $S_t < 0.5$ 时,无论 P_t 怎么改变,mP 和 mR 的值都不会显著变化,表明本章所提出的模型对超参数具有较高的稳健性。

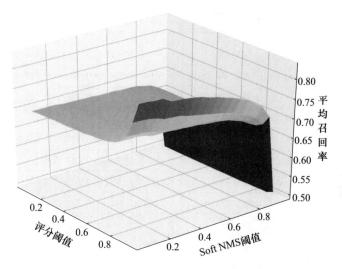

图 8 – 10　不同评分阈值和 soft – NMS 阈值对 mR 的影响

3. 对比实验结果

由于本章所使用的数据集在标注上发生了改变,为了更全面、准确地横向比较模型间的性能,本节进行了更为充分的对比实验。作为对比的模型均基于 Pytorch 深度框架和 MMdetection 目标检测框架实现,且都选择第 120 轮次训练完毕的权重。对比实验结果见表 8 – 5 和表 8 – 6。

表 8 – 5　对比实验结果(第 1 部分)

模型	骨干网络	mP	mP_{50}	mP_{75}	mP_S	mP_M	mP_L
YOLOv3	DarkNet – 53	0.614	0.952	0.701	0.611	0.631	0.401
SSD@ 300 × 300	VGG – 16	0.647	0.962	0.760	**0.639**	0.682	0.734
SSD@ 500 × 500	VGG – 16	0.678	**0.963**	0.820	0.667	0.720	0.728
FCOS	ResNet – 50 + FPN	0.626	0.934	0.749	0.611	0.687	0.552
FCOS	ResNet – 101 + FPN	0.626	0.932	0.733	0.610	0.692	0.664
ATSS	ResNet – 50 + FPN	0.618	0.912	0.715	0.606	0.681	**0.750**
ATSS	ResNet – 101 + FPN	0.617	0.919	0.714	0.606	0.675	0.661
RetinaNet	ResNet – 50 + FPN	0.617	0.925	0.707	0.606	0.674	0.707
RetinaNet	ResNet – 101 + FPN	0.610	0.923	0.700	0.607	0.650	0.493
RetinaNet	ResNeXt – 101 + 64 × 4d + FPN	0.623	0.915	0.729	0.619	0.661	0.692

续表

模型	骨干网络	mP	mP_{50}	mP_{75}	mP_S	mP_M	mP_L
Faster R – CNN	ResNet – 50 + FPN	0.584	0.810	0.708	0.548	0.698	0.673
	ResNet – 101 + FPN	0.571	0.791	0.692	0.531	0.698	0.612
	ResNeXt – 101 + 64×4d + FPN	0.593	0.811	0.707	0.542	0.744	0.682
Cascade R – CNN	ResNet – 50 + FPN	0.586	0.810	0.704	0.552	0.693	0.683
	ResNet – 101 + FPN	0.594	0.820	0.713	0.559	0.712	0.648
	ResNeXt – 101 + 64×4d + FPN	0.616	0.840	0.740	0.572	**0.757**	0.698
Faster R – CNN	ResNet – 50 + FPN	0.584	0.810	0.708	0.548	0.698	0.673
	ResNet – 101 + FPN	0.571	0.791	0.692	0.531	0.698	0.612
	ResNeXt – 101 + 64×4d + FPN	0.593	0.811	0.707	0.542	0.744	0.682
Mask R – CNN	ResNet – 50 + FPN	0.610	0.850	0.733	0.579	0.707	0.663
	ResNet – 101 + FPN	0.609	0.850	0.746	0.586	0.695	0.706
Cascade Mask R – CNN	ResNet – 50 + FPN	0.636	0.880	0.771	0.612	0.713	0.686
	ResNet – 101 + FPN	0.621	0.860	0.749	0.599	0.694	0.720
Mask Scoring R – CNN	ResNet – 50 + FPN	0.620	0.850	0.755	0.591	0.715	0.601
	ResNet – 101 + FPN	0.613	0.841	0.731	0.582	0.710	0.657
Proposed	U – Net – SAR	**0.681**	0.940	**0.830**	0.633	**0.757**	0.732

表 8 – 6 对比实验结果(第 2 部分)

模型	骨干网络	mR	mR_S	mR_M	mR_L	$T_{inf.}$	N
YOLOv3	DarkNet – 53	0.681	0.680	0.691	0.400	60.7	61.5
SSD@ 300×300	VGG – 16	0.713	0.696	0.763	0.800	30.6	23.7
SSD@ 500×500	VGG – 16	**0.730**	**0.714**	0.778	**0.850**	41.2	24.4
FCOS	ResNet – 50 + FPN	0.687	0.666	0.751	0.700	74.9	32.3
	ResNet – 101 + FPN	0.687	0.664	0.758	0.750	86.1	51.3
ATSS	ResNet – 50 + FPN	0.676	0.656	0.736	0.750	82.1	32.3
	ResNet – 101 + FPN	0.674	0.656	0.729	0.750	98.2	51.3
RetinaNet	ResNet – 50 + FPN	0.675	0.650	0.750	0.800	68.5	38.0
	ResNet – 101 + FPN	0.672	0.654	0.728	0.650	90.3	57.0
	ResNeXt – 101 + 64×4d + FPN	0.680	0.661	0.738	0.750	133.8	95.9
Faster R – CNN	ResNet – 50 + FPN	0.627	0.582	0.760	0.800	31.2	41.3
	ResNet – 101 + FPN	0.611	0.565	0.751	0.750	40.5	60.3
	ResNeXt – 101 + 64×4d + FPN	0.629	0.576	0.790	0.750	61.7	99.2

续表

模型	骨干网络	mR	mR_S	mR_M	mR_L	$T_{inf.}$	N
	ResNet – 50 + FPN	0.630	0.587	0.761	0.700	84.4	69.4
Cascade R – CNN	ResNet – 101 + FPN	0.636	0.591	0.771	0.850	102.0	88.4
	ResNeXt – 101 + 64×4d + FPN	0.652	0.602	**0.802**	0.800	162.6	127.3
Mask R – CNN	ResNet – 50 + FPN	0.655	0.614	0.779	0.700	34.0	44.0
	ResNet – 101 + FPN	0.659	0.624	0.766	0.800	43.6	63.0
Cascade Mask R – CNN	ResNet – 50 + FPN	0.679	0.647	0.774	0.800	105.3	77.3
	ResNet – 101 + FPN	0.666	0.636	0.758	0.800	113.7	96.3
Mask Scoring R – CNN	ResNet – 50 + FPN	0.659	0.623	0.772	0.602	32.4	60.3
	ResNet – 101 + FPN	0.651	0.615	0.759	0.750	41.7	79.3
Proposed	U – Net – SAR	0.676	0.630	0.749	0.712	**8.0**	**0.93**

从表 8 – 5 和表 8 – 6 可以看出,基于评分图的检测模型在对比实验中取得了最佳的 mP。尽管在 mR 上与最佳模型相比略有差距(– 0.054),但得益于简洁的结构与极低的参数量,基于评分图的检测模型在推断速度上具有显著的优势。其与代表性模型的推断速度对比如图 8 – 11 所示。此外,从原理出发,本章提出的模型可以方便地扩展至语义、实例分割任务,因而在模型精度、检测速度优势的基础上,进一步增加了应用价值。

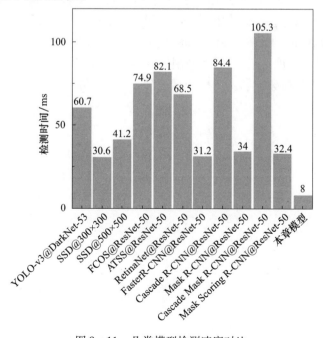

图 8 – 11　几类模型检测速度对比

8.5 小 结

本章基于前面研究成果，按照从整体到局部、从框架建立到算法实现的思路，在模型框架设计、评分图回归、骨干网络设计等方面进行了探索。

(1)设计针对 SAR 图像舰船目标的新检测模型框架，提出双子网并行机制，突破了 Backbone – FPN – DenseHead 的范式，使模型得以去除 FPN 以及级联多层卷积的检测头。由于节省了 FPN 和检测头中级联的卷积层的参数量，尽管使用了两个并行的子网，整个模型的参数量仍然控制在极低的水平，对 SAR 图像舰船目标检测模型框架的设计提供了思路。

(2)提出评分图以替代第 7 章使用的中心度量，并对评分图回归损失函数进行了定义。在实验过程中，评分图损失函数值在网络收敛前始终与边框损失函数值同步下降，表明评分图对模型监督学习的贡献稳定持续，为边框中心点偏移度量的选择提供了借鉴。

(3)提出基于编码器 – 解码器原理的 U – Net – SAR 骨干网络，其仅包含不到 0.47M 参数量，分别仅为 DarkNet – 19、DarkNet – 53、VGG – 16、ResNet – 50、ResNet – 101、ResNeXt – 101 的 2.37%、0.76%、0.34%、1.01%、0.55%、1.07%，对骨干网络的选择和设计提供了参考。

综上所述，本章提出的基于评分图的 SAR 图像舰船目标检测模型，突破了 Backbone – FPN – DenseHead 的范式，在 SSDD 上实现了 0.681mP 和 0.676mR 的领先精度，并且以极低的计算开销在 8ms 内完成单张 512×512 分辨率 SAR 图像的前向推断，且易于扩展至语义、实例分割任务，对于新模型框架的总体设计、算法的具体实现等方面的探索能够为 SAR 图像舰船目标检测提供有价值的理论和技术参考。

第9章 基于知识蒸馏的 SAR 图像舰船目标检测模型轻量化压缩

9.1 问题分析

第7章和第8章对于轻量化检测模型的改进以及重新设计进行了研究。虽然前两章提出的方法解决了 SAR 图像舰船目标检测中存在的部分问题,但是轻量化模型的人工设计和调优需要大量的先验知识和反复实验,却往往产生次优的性能。本章尝试在模型自动化设计思想的指导下进行 SAR 图像舰船目标检测模型轻量化压缩方法研究。模型自动化设计的代表是神经网络架构搜索(Neural Architecture Search,NAS)。但是端到端 NAS 的解空间巨大,对计算硬件的要求很高,求解的时间开销也很大。本章尝试将该问题解耦:首先,鉴于现有目标检测模型在 SAR 图像舰船目标检测中普遍存在可观的参数冗余,针对 SAR 图像舰船目标检测任务进行精度损失小、可解释性强的模型剪枝,此过程可以视为一种有限空间内的神经网络结构搜索;然后,使用知识蒸馏对剪枝后的模型进行精度上的恢复。通过上述步骤取代人工设计和调优,以快速获得针对 SAR 图像舰船目标的轻量化检测模型。

针对模型剪枝,其概念由 Denil 等学者提出,之后发展出了细粒度剪枝、向量级剪枝、内核级剪枝、组级剪枝和通道级剪枝(Filter – level Pruning)五种类型[177]。其中,通道级剪枝相比于向量级剪枝及内核级剪枝,不用针对特定的硬件环境进行额外的参数设置,更具有平台通用性;相比于细粒度剪枝,具有更高的平均性能,同时对 CNN 有更好的压缩效果。因此,本章选择通道级剪枝作为剪枝类型。在基于通道级剪枝的具体方法上,Luo[178]设计了一种通道级剪枝方法,使用了下一层的功能图来指导当前层中的通道剪枝,同时以贪心算法选择通道,从而最大限度地减少了剪枝后模型的重建错误。Liu[179]提出利用 BN 层中的可学习参数来评价通道重要性,并基于通道重要性对通道进行剪枝。这一方法不会对网络增加额外的计算开销。

针对知识蒸馏,在 Caruanaetal 等学者提出知识转移概念[180]后,Hinton 等学者将这一概念扩展为知识蒸馏[181],此后形成了知识蒸馏的一般范式,即通过设计可以反映模型间相似性的损失函数,将大型模型的暗知识转移到小型模型上,以提升小型模型的性能。其后,许多研究成果分别从损失函数的定义、添加监督的位置、注意力机制等方面对知识蒸馏进行了探索。但是,大部分针对知识蒸馏的研究都在图像分类任务上进行。对于在目标检测模型间使用知识蒸馏,Chen[182]提出在Faster R-CNN中的特征提取、RPN和输出阶段分别添加监督,以实现目标检测模型间的知识蒸馏,给本章的研究提供了启发,但是Chen针对的是基于区域候选的目标检测模型,由于本章所要研究的检测模型以轻量化为重点,因此需要探索基于边框回归的检测模型的知识蒸馏方法。

基于上述分析,本章首先使用基于BN层可学习参数的通道权重量化方法,在对模型进行稀疏化训练后,去除模型中重要性较低的通道,得到不同全局剪枝率下的小型学生模型;随后,提出基于特征学习的多阶段知识蒸馏方法,在学生模型原有损失函数的基础上,加入基于软标签的多阶段知识蒸馏损失函数,以实现暗知识由教师模型向学生模型更细粒度的转移,使学生模型更好地恢复精度;最后,进行消融实验以分析各阶段损失函数的影响,并进行对比实验,以验证本章所提出的方法相对于传统微调方法的优势。本章所提出的基于知识蒸馏的模型轻量化压缩方法整体流程如图9-1所示。

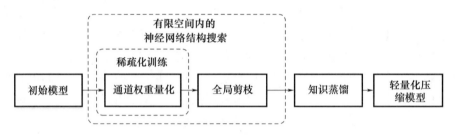

图9-1 基于知识蒸馏的检测模型轻量化压缩方法流程

9.2 基于通道权重量化的模型剪枝

通过上一节的分析,与其他剪枝方法相比,通道级剪枝在灵活性和模型性能之间取得了更好的平衡,并且可以应用于大多数典型的CNN或全连接网络。在算法的具体实现过程中,首先需要使用合理的方法对各个通道的重要性,即通道权重进行量化,并基于此对通道重要性进行排序,最后设置不同的全局剪枝率,将重要性较低的通道删除,完成模型剪枝。

9.2.1 基于BN层可学习参数的通道权重量化

对通道权重进行量化,首先需要进行合理的通道权重度量,因此,在训练过程中,除常规的损失函数之外,额外引入通道权重度量因子和稀疏性惩罚项。

　　具体地,在训练过程中,目标函数为

$$L = \sum_{(\mathcal{X},\mathcal{Y})} l(f(\mathcal{X},\theta),\mathcal{Y}) + \lambda \sum_{i,j} \mathrm{smooth} L_1(\gamma_{i,j}) \tag{9-1}$$

式中:$(\mathcal{X},\mathcal{Y})$ 表示模型的输入和输出;θ 表示可学习的参数;式中的第一项表示模型常规训练的损失函数;$\gamma_{i,j}$ 表示模型中 $c_{i,j}$(第 i 层、第 j 个通道)的权重度量因子,一一对应地与 $c_{i,j}$ 的输出相乘,作为第 $i+1$ 层的输入,这一过程类似于对第 i 层中各个通道进行"缩放"。$\mathrm{smooth} L_1(\cdot)$ 表示平滑 L_1 函数,作为稀疏性惩罚项。加入稀疏性惩罚项之后,随着模型的训练,重要性较低的通道所对应的 $\gamma_{i,j}$ 值将逐步减小,以实现模型的稀疏化。平衡参数 λ 用于调整稀疏性惩罚力度。对模型进行上述训练的过程,称为稀疏化训练。

　　大部分现代 CNN 都在卷积层之后加入了 BN 层用以加速收敛、防止过拟合以及防止梯度消失或爆炸。BN 层执行的是仿射变换(表 9-1)。

表 9-1　BN 层中的仿射变换

输入:

　$B = \{z_{\mathrm{in},1},z_{\mathrm{in},2},\cdots,z_{\mathrm{in},n}\}$:一个批次中 BN 层的输入;

　γ,β:可学习的参数;

输出:

　$\{z_{\mathrm{out},i} = \mathrm{BN}_{\gamma,\beta}(z_{\mathrm{in},i})\}$:该批次 BN 层的输出

计算流程:

begin

//计算该批次的均值

$\mu_B \leftarrow \dfrac{1}{n}\sum\limits_{i=1}^{n} z_{\mathrm{in},i}$

//计算该批次的方差

$\sigma_B^2 \leftarrow \dfrac{1}{n}\sum\limits_{i=1}^{n} (z_{\mathrm{in},i} - \mu_B)^2$

　　for i in $[1,n]$ **do**

　　　$\hat{z}_{\mathrm{in},i} \leftarrow \dfrac{z_{\mathrm{in},i} - \mu_B}{\sqrt{\sigma_B^2 + \varepsilon}}$ //ε 是防止分母为 0 的常量

　　　$z_{\mathrm{out},i} \leftarrow \gamma\, \hat{z}_{\mathrm{in},i} + \beta \equiv \mathrm{BN}_{\gamma,\beta}(z_{\mathrm{in},i})$

　　end

return $\{z_{\mathrm{out},i} = \mathrm{BN}_{\gamma,\beta}(z_{\mathrm{in},i})\}$

end

　　因此,可以直接将 BN 层仿射变换中的可学习参数 γ 作为式(9-1)中的通道权重度量因子。这种方法能够实现不向 CNN 引入任何额外计算开销的同时,对每个通道的权重进行量化。除了不引入任何额外计算开销外,将 BN 层中的可学习参数 γ 作为通道权重度量因子,主要还有以下两点原因。

　　(1)对于通道级剪枝,假设在 BN 层之前插入缩放层,则 BN 层中存在的归一化因子会抵消缩放层的缩放效果;

　　(2)对于通道级剪枝,假设在 BN 层之后插入缩放层,对于任意通道,将存在数

学意义上两个连续的缩放因子:通道权重度量因子和批处理统计因子。如果以该方法进行训练,将导致权重正则化后难以进行有效的稀疏化训练,因为其中许多通道权重度量因子都接近于零。

9.2.2　基于通道权重排序的全局剪枝

基于前一节的分析,可以将模型的全局剪枝率定义为:完成稀疏化训练后,对模型中的 γ 进行升序排序,模型剪枝率就是对 γ 进行全局排序后的比例阈值,低于这个阈值的 γ 所对应的通道将被去除。例如,设置全局剪枝率为 0.5,在稀疏化训练后,对 γ 值进行升序排序,γ 值位于前 50% 的通道可以认为重要性较低,将被去除。使用基于 BN 层可学习参数的通道权重量化,以及基于通道权重排序的全局剪枝,能够在模型剪枝的过程中尽量减少精度的下降幅度,同时体现充分的可解释性,可以视为一种有限空间内的网络结构搜索。基于通道权重排序的全局剪枝过程如图 9 - 2 所示。

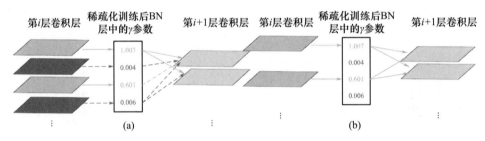

图 9 - 2　基于通道权重排序的全局剪枝
(a)通道剪枝前;(b)通道剪枝后。

9.3　基于特征学习的知识蒸馏

尽管使用上一节的方法去除的是模型中重要性较低的通道,但可以预见,模型的精度仍然会出现不同程度下降。针对剪枝后小型模型在精度上的下降,传统的方法是使用微调恢复精度,属于常规的监督学习方法,在此过程中,目标函数与常规训练一致。在恢复精度的过程中加入知识蒸馏过程,可以对小型模型添加额外的监督,使其输出的概率分布向大型模型靠近,进而使模型精度的恢复更为稳健。在知识蒸馏中,将小型模型称为学生模型,大型模型称为教师模型。常规的知识蒸馏方法通常在模型的输出层添加软标签进行监督,可以将教师模型的某一层特征图作为指示层,向学生模型传递暗知识,并在 Faster R - CNN 上实现了目标检测模型间的知识蒸馏。由于本章研究的对象主要为基于边框回归的目标检测模型,因此需要对上述研究成果进行改进。

9.3.1　知识蒸馏框架

本节提出的基于特征学习的知识蒸馏框架如图 9-3 所示,图中的红色虚线表示反向传播。同一个输入 SAR 图像样本,分别经过教师模型和学生模型,在此过程中,分别设置 1 个硬标签和 3 个软标签。具体地,将真实标注作为硬标签,硬标签加权损失为常规训练时的损失函数。软标签 1 和 2 设置在教师模型密集检测头的输出,由两部分组成:一是前景/背景二分类的逻辑输出,此处的软标签损失为 KL 散度;二是每个位置的预测边框,此处的软标签损失为 GIoU 损失。由于 FPN 已经成为当前目标检测模型普遍采用的组件,软标签 3 设置在教师模型的颈部,通过 FPN 中的多级特征图指导学生模型的特征表达,此处的软标签损失为 L_2 损失。基于特征学习的知识蒸馏将目标检测过程解耦,在模型前馈传播过程中的各个环节添加额外损失,并且分别反向传播,使暗知识由教师模型向学生模型传递的过程更加细粒度。

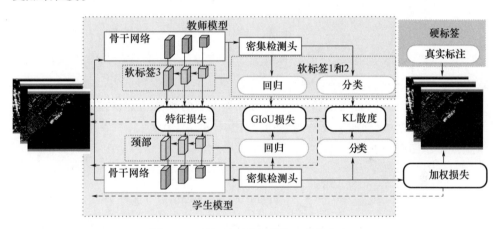

图 9-3　基于特征学习的知识蒸馏框架

9.3.2　损失函数

基于前一节的知识蒸馏框架,可以将学生模型 Θ_1 在知识蒸馏中的总体损失函数定义为

$$L_{\Theta_1} = L_{hard} + \mu L_{soft} \tag{9-2}$$

式中:L_{hard} 为模型的硬标签损失函数,即模型常规训练的损失函数;L_{soft} 为软标签损失;μ 为软硬标签的权重平衡参数。

L_{soft} 由三部分组成,即

$$L_{soft} = L_{KL} + L_{soft-GIoU} + L_{feature} \tag{9-3}$$

式中:L_{KL} 为 KL 散度;$L_{soft-GIoU}$ 为预测框 GIoU Loss;$L_{feature}$ 为特征图损失。

具体地,KL 散度常用于评价概率分布间的相似程度,即

$$L_{\text{KL}} = \frac{1}{N_{\text{anchor}}} \sum_l \sum_{(x,y)} \sum_i p_2(A_{2,(x,y),i}^l) \lg \frac{p_2(A_{2,(x,y),i}^l)}{p_1(A_{1,(x,y),i}^l)} \quad (9-4)$$

式中:N_{anchor} 为模型所有密集检测框(如锚框)的数量;$l \in [1,L]$ 为 FPN 中的特征图序号;$A_{m,(x,y),i}^l$ 为学生($m=1$)/教师($m=2$)模型在 FPN 中的特征图 F_l 上,中心坐标为 (x,y) 的第 $i \in [1,k]$ 个检测框(k 为当前特征图上每个位置铺设锚框的个数);p_1 和 p_2 分别为学生模型 Θ_1 和教师模型 Θ_2 的分类逻辑输出。

对于 $L_{\text{soft-GIoU}}$,定义为

$$L_{\text{soft-GIoU}} = \frac{1}{N_{\text{anchor}}} \sum_l \sum_{(x,y)} \sum_i l(A_{1,(x,y),i}^l, A_{2,(x,y),i}^l, B_{\text{gt}}) \quad (9-5)$$

其中,$l(A_{1,(x,y),i}^l, A_{2,(x,y),i}^l, B_{\text{gt}})$ 定义为

$$l(A_{1,(x,y),i}^l, A_{2,(x,y),i}^l, B_{\text{gt}}) = \begin{cases} 1 - \text{GIoU}(A_{1,(x,y),i}^l, A_{2,(x,y),i}^l), \\ \quad \| A_{1,(x,y),i}^l - B_{\text{gt}} \|_2^2 > \| A_{2,(x,y),i}^l - B_{\text{gt}} \|_2^2 + \mathrm{d} \\ 0, \\ \quad \text{其他} \end{cases}$$

$$(9-6)$$

式中:B_{gt} 为真实边框;d 为误差阈值。

从式(9-6)可以看出,只有当学生与教师模型的预测边框误差之差大于设定阈值时,才向学生模型添加额外的惩罚;反之,$l(A_{1,(x,y),i}^l, A_{2,(x,y),i}^l, B_{\text{gt}})$ 项为 0,不对学生模型添加额外惩罚。

对于 L_{feature},定义为

$$L_{\text{feature}} = \frac{1}{L} \sum_l \| \text{mean}(F_1^l) - \text{mean}(F_2^l) \|_2 \quad (9-7)$$

式中:F_1^l 为学生/教师模型在 FPN 中的第 l 层特征图;$\text{mean}(\cdot)$ 为在深度方向求均值;$\| \cdot \|_2$ 为 L_2 距离。

综上,基于特征学习的知识蒸馏过程中的优化算法见表 9-2(为简化说明,忽略批处理操作)。

表 9-2 基于特征学习的知识蒸馏优化算法

输入:
$D = \{X_j, Y_j\}_{j=1}^N$:训练集
α:学习率;
Θ_2:教师模型
输出:
Θ_1:学生模型
计算流程:
begin
    while Θ_1 not converged **do**

从 D 中随机选择 X_j

$t \leftarrow t+1$

// 学生模型和教师模型前向推断

$[A_1, p(A_1)]^l_{(x,y),i} \leftarrow \Theta_1(X_j)$

$[A_2, p(A_2)]^l_{i,(x,y)} \leftarrow \Theta_2(X_j)$

for l in $[1, L]$ **do**

    $l_{\text{feature}} \leftarrow \| \text{mean}(F_1) - \text{mean}(F_2) \|_2$

    $L_{\text{soft1}} = L_{\text{soft1}} + l_{\text{feature}}$

    for (x,y) in F_l **do**

        for i in $[1,k]$ **do**

            $l_{\text{KL}} \leftarrow p_2(A_2) \lg \dfrac{p_2(A_2)}{p_1(A_1)}$

            $L_{\text{soft2}} \leftarrow L_{\text{soft2}} + l_{\text{KL}}$

            if $\| A_1 - B_{\text{gt}} \|_2^2 > \| A_2 - B_{\text{gt}} \|_2^2 + d$ **then**

                $l_{\text{soft-GIoU}} \leftarrow 1 - \text{GIoU}(A_1, A_2)$

            else

                $l_{\text{soft-GIoU}} \leftarrow 0$

            end

            $L_{\text{soft3}} \leftarrow L_{\text{soft3}} + l_{\text{soft-GIoU}}$

        end

    end

end

$L_{\Theta_1} \leftarrow L_{\text{hard}} + \mu \left[\dfrac{1}{N_{\text{anchor}}}(L_{\text{soft2}} + L_{\text{soft3}}) + \dfrac{1}{L}L_{\text{soft1}} \right]$

// 计算梯度并更新模型参数

$\Theta_1 \leftarrow \Theta_1 + \alpha \dfrac{\partial L_{\Theta_1}}{\partial \Theta_1}$

end

return Θ_1

end

9.4　实例分析

9.4.1　实验环境及参数设置

为了验证本章提出的基于知识蒸馏的模型轻量化压缩方法的有效性和优势，本节在统一的实验设置下，选取基于边框回归的目标检测模型 YOLOv3 和 YOLOv4 作为典型对象进行实验。

实验基于 Linux 操作系统、Pytorch 深度学习框架。硬件平台为 Intel Xeon Gold 5320H@3.0GHz、一块 NVIDIA GeForce RTX2080Ti GPU(12GB 显存)。

数据集的划分与第 7 章相同，将尾号为 1 和 9 的图像作为测试集(232 张)，其余(928 张)作为训练集。对于预处理，由于 SSDD 中图像大小不一，在输入模型时，统一将图像大小调整为 512×512，在调整大小的过程中，图像的高宽比保持不变，空白部分用 0 填充。为了更为真实地反映模型本身的性能，本章实验力求排除数据集等外部因素的影响，没有对数据集进行除上述操作外的任何数据增强。

对于常规训练参数设置，全部模型使用 SGD 进行优化，动量设置为 0.9，权重衰减设置为 0.0001，批处理大小为 4。对于学习率，采用了衰减策略，具体地：常规学习率为 0.001，在总迭代次数的 8/12，与 11/12 时，学习率衰减为 0.0001 与 0.00001。总训练周期为 200 轮次。交并比设置为 0.5。

对于稀疏化训练参数设置，为了使模型充分稀疏化，总训练周期为 2000 轮次，设置全局平衡参数 λ 为 0.001，在整个训练过程中保持恒定，其余参数设置与常规训练一致。

对于模型压缩参数设置，分别设置全局剪枝率为 0.5、0.8、0.9，得到不同剪枝率下的小型学生模型。

对于知识蒸馏和微调参数设置，对在上一步骤中获得的剪枝率为 0.5、0.8、0.9 的学生模型，以常规训练后的原始模型作为教师模型分别进行基于特征学习的知识蒸馏，知识蒸馏的训练周期为 200 轮次，软/硬标签权重调节因子 μ 为 0.1；对于微调，直接在剪枝后获得的模型上进行，没有初始化操作，训练周期同样为 200 轮次。

9.4.2 实验结果与分析

1. 模型剪枝实验结果

对 YOLOv3 和 YOLOv4 分别进行常规训练和稀疏化训练时的 Loss 曲线和 AP 曲线如图 9-4～图 9-11 所示。

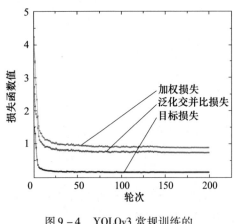

图 9-4 YOLOv3 常规训练的
训练集 Loss 曲线

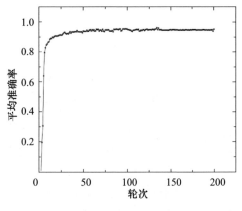

图 9-5 YOLOv3 常规训练的
验证集 AP 曲线

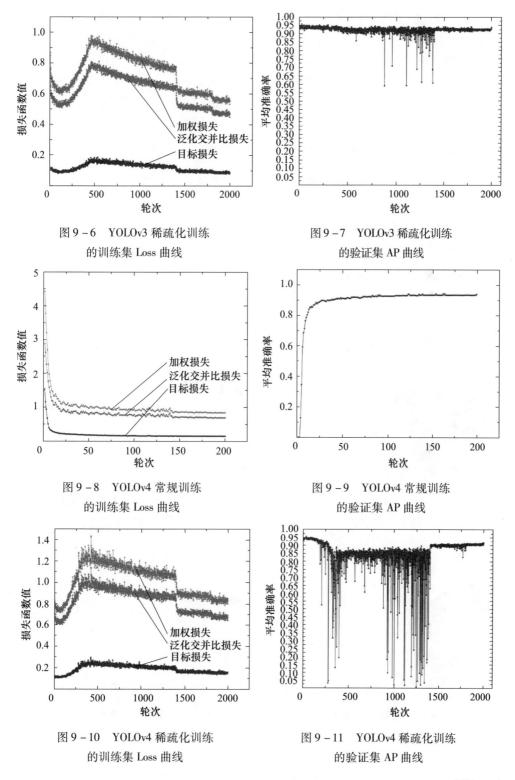

图 9 – 6　YOLOv3 稀疏化训练
的训练集 Loss 曲线

图 9 – 7　YOLOv3 稀疏化训练
的验证集 AP 曲线

图 9 – 8　YOLOv4 常规训练
的训练集 Loss 曲线

图 9 – 9　YOLOv4 常规训练
的验证集 AP 曲线

图 9 – 10　YOLOv4 稀疏化训练
的训练集 Loss 曲线

图 9 – 11　YOLOv4 稀疏化训练
的验证集 AP 曲线

从图9-4~图9-11可以看出,相比于常规训练,稀疏化训练过程中的 Loss 曲线波动较大,但模型最终都实现了收敛。对训练完毕的模型分别测试,结果见表9-3和表9-4。

表9-3 YOLOv3 常规训练与稀疏化训练后的模型性能

训练方式	mP	mP$_{50}$	mP$_{75}$	mP$_S$	mP$_M$	mP$_L$	mR	mR$_S$	mR$_M$	mR$_L$	N	$T_{inf.}$
常规训练	0.554	0.937	0.608	0.504	0.640	0.648	0.636	0.586	0.718	0.690	61.5	11.9
稀疏化训练	0.562	0.937	0.612	0.508	0.652	0.603	0.642	0.595	0.723	0.640	61.5	11.9

表9-4 YOLOv4 常规训练与稀疏化训练后的模型性能

训练方式	mP	mP$_{50}$	mP$_{75}$	mP$_S$	mP$_M$	mP$_L$	mR	mR$_S$	mR$_M$	mR$_L$	N	$T_{inf.}$
常规训练	0.566	0.938	0.623	0.504	0.665	0.702	0.643	0.589	0.729	0.730	63.9	23.7
稀疏化训练	0.540	0.914	0.580	0.491	0.619	0.641	0.620	0.573	0.696	0.685	63.9	23.7

YOLOv3 和 YOLOv4 分别进行常规训练和稀疏化训练的 γ 参数分布如图9-12~图9-15所示。

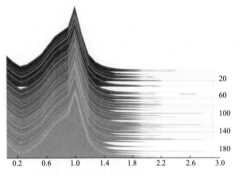

图9-12 YOLOv3 常规训练的 γ 参数分布

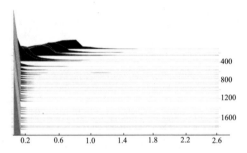

图9-13 YOLOv3 稀疏化训练的 γ 参数分布

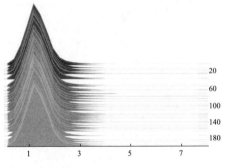

图9-14 YOLOv4 常规训练的 γ 参数分布

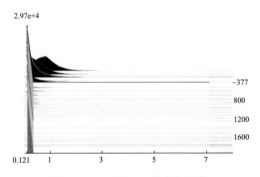

图9-15 YOLOv4 稀疏化训练的 γ 参数分布

从图中可以看出,在常规训练时,所有通道 BN 层中的可学习参数 γ 始终近似于正态分布;在训练中引入稀疏性惩罚项后,重要性较低的通道所对应的 γ 逐步被压缩到 0 附近。因此,按照剪枝率定义对模型进行全局剪枝。在本节的实验中,分别选择剪枝率 0.5、0.8、0.9 对稀疏化训练后的模型进行剪枝,并对剪枝后的小型模型进行了测试,实验结果见表 9-5 和表 9-6。

表 9-5　YOLOv3 在不同剪枝率下的模型性能

模型剪枝率	mP	mP$_{50}$	mP$_{75}$	mP$_S$	mP$_M$	mP$_L$	mR	mR$_S$	mR$_M$	mR$_L$	N	$T_{\text{inf.}}$
0	0.554	0.937	0.608	0.504	0.640	0.648	0.636	0.586	0.718	0.690	61.5	11.9
0.5	0.446	0.884	0.419	0.465	0.459	0.390	0.562	0.560	0.577	0.455	13.2	8.2
0.8	0.434	0.822	0.408	0.457	0.440	0.384	0.549	0.554	0.554	0.440	4.04	8.3
0.9	0.458	0.872	0.432	0.463	0.417	0.392	0.556	0.550	0.576	0.465	1.76	8.6

表 9-6　YOLOv4 在不同剪枝率下的模型性能

模型剪枝率	mP	mP$_{50}$	mP$_{75}$	mP$_S$	mP$_M$	mP$_L$	mR	mR$_S$	mR$_M$	mR$_L$	N	$T_{\text{inf.}}$
0	0.566	0.938	0.623	0.504	0.665	0.702	0.643	0.589	0.729	0.730	63.9	23.7
0.5	0.496	0.885	0.512	0.475	0.540	0.571	0.594	0.569	0.636	0.615	12.9	15.1
0.8	0.483	0.855	0.507	0.459	0.537	0.570	0.587	0.569	0.615	0.610	3.06	12.8
0.9	0.475	0.843	0.492	0.468	0.491	0.562	0.594	0.569	0.636	0.615	0.98	13.0
0.9	0.475	0.843	0.492	0.468	0.491	0.562	0.594	0.569	0.636	0.615	0.98	13.0

从实验结果可以看出,在各个剪枝率下,模型的精度都出现了下降。这是由于对于训练好的模型来说,网络结构和权重参数已经固定,去除其中的大比例通道,必然会对除了输入层之外的特征映射组带来改变,在一定程度上破坏了模型原有的表达能力。同时可以看出,虽然模型的精度均出现了下降,但是模型并未崩溃,尤其是在 mP$_{50}$ 上仍然保持了较高的准确率,并且,在剪枝率高于 0.5 之后,模型精度下降的趋势被控制,趋于稳定。这说明本节使用的基于通道权重量化的模型剪枝方法,所去除的确为相对不重要的通道,理论假设得到了验证。

2. 知识蒸馏实验结果

本节对在前一节获得的剪枝率为 0.5、0.8、0.9 的学生模型分别进行基于特征学习的知识蒸馏实验,以验证本章提出的方法的有效性,实验结果见表 9-7 和表 9-8。

表 9-7　YOLOv3 学生模型在不同剪枝率下知识蒸馏结果

模型剪枝率	mP	mP$_{50}$	mP$_{75}$	mP$_S$	mP$_M$	mP$_L$	mR	mR$_S$	mR$_M$	mR$_L$	N	$T_{\text{inf.}}$
0	0.554	0.937	0.608	0.504	0.640	0.648	0.636	0.586	0.718	0.690	61.5	11.9
0.5	0.572	0.934	0.665	0.519	0.666	0.594	0.641	0.593	0.729	0.610	13.2	8.2
0.8	0.569	0.929	0.648	0.515	0.658	0.605	0.644	0.596	0.731	0.630	4.04	8.3
0.9	0.563	0.937	0.610	0.518	0.644	0.606	0.645	0.600	0.723	0.650	1.76	8.6

表 9 - 8　YOLOv4 学生模型在不同剪枝率下知识蒸馏结果

模型剪枝率	mP	mP$_{50}$	mP$_{75}$	mP$_S$	mP$_M$	mP$_L$	mR	mR$_S$	mR$_M$	mR$_L$	N	$T_{inf.}$
0	0.566	0.938	0.623	0.504	0.665	0.702	0.643	0.589	0.729	0.730	63.9	23.8
0.5	0.518	0.881	0.555	0.483	0.585	0.517	0.605	0.566	0.676	0.570	12.9	15.1
0.8	0.514	0.887	0.557	0.476	0.581	0.540	0.603	0.566	0.668	0.595	3.06	12.8
0.9	0.526	0.884	0.570	0.491	0.598	0.494	0.610	0.567	0.689	0.565	0.98	13.0

　　从结果可以看出,YOLOv3 和 YOLOv4 在各剪枝率下的学生模型在精度上均得到了稳健的恢复。值得注意的是,对于 YOLOv3,知识蒸馏后的学生模型其至在精度上优于教师模型,原因主要有二:一是本章所使用的模型压缩方法实质上是一种 Dropout 操作,模型的泛化性能有可能得到提高;二是在常规训练中,硬标签是十分离散的,而多阶段软标签的加入改善了这一情况,有助于模型学习到更好的特征表达。在上述两方面原因的共同作用下,尽管去除了可观的通道数量,模型的精度反而出现了升高的现象。

3. 消融实验及对比实验结果

　　为了分析本章所提出的三个软标签监督对知识蒸馏效果的影响,本节进行了消融实验。由于知识蒸馏方法与常规的微调方法在实验设置上一致,区别在于微调方法只使用常规训练的损失函数,因此本节将微调方法作为基线。实验结果见表 9 - 9 ~ 表 9 - 14。

表 9 - 9　YOLOv3 消融实验结果(剪枝率 0.5)

方法	mP	mP$_{50}$	mP$_{75}$	mP$_S$	mP$_M$	mP$_L$	mR	mR$_S$	mR$_M$	mR$_L$
常规微调	0.537	0.948	0.543	0.500	0.618	0.437	0.647	0.605	0.732	0.550
知识蒸馏(L_{KL})	0.557	0.922	0.617	0.474	0.648	0.659	0.641	0.591	0.732	0.455
知识蒸馏 ($L_{KL} + L_{soft-GIoU}$)	0.559	0.925	0.620	0.516	0.641	0.575	0.642	0.599	0.722	0.595
知识蒸馏 ($L_{feature}$)	0.553	0.926	0.613	0.504	0.637	0.625	0.638	0.591	0.721	0.640
知识蒸馏 ($L_{KL} + L_{soft-GIoU} + L_{feature}$)	0.572	0.934	0.665	0.519	0.666	0.594	0.641	0.593	0.729	0.610

表 9 - 10　YOLOv3 消融实验结果(剪枝率 0.8)

方法	mP	mP$_{50}$	mP$_{75}$	mP$_S$	mP$_M$	mP$_L$	mR	mR$_S$	mR$_M$	mR$_L$
常规微调	0.565	0.923	0.648	0.510	0.657	0.609	0.646	0.594	0.740	0.625
知识蒸馏 (L_{KL})	0.561	0.927	0.636	0.499	0.651	0.599	0.640	0.584	0.720	0.643

续表

方法	mP	mP$_{50}$	mP$_{75}$	mP$_S$	mP$_M$	mP$_L$	mR	mR$_S$	mR$_M$	mR$_L$
知识蒸馏 ($L_{KL} + L_{soft-GIoU}$)	0.572	0.944	0.647	0.522	0.661	0.567	0.639	0.594	0.723	0.595
知识蒸馏 ($L_{feature}$)	0.557	0.932	0.603	0.514	0.632	0.599	0.636	0.592	0.712	0.645
知识蒸馏 ($L_{KL} + L_{soft-GIoU} + L_{feature}$)	0.569	0.929	0.648	0.515	0.658	0.605	0.644	0.596	0.731	0.630

表 9 – 11　YOLOv3 消融实验结果（剪枝率 0.9）

方法	mP	mP$_{50}$	mP$_{75}$	mP$_S$	mP$_M$	mP$_L$	mR	mR$_S$	mR$_M$	mR$_L$
常规微调	0.551	0.924	0.630	0.507	0.641	0.533	0.636	0.586	0.730	0.580
知识蒸馏 (L_{KL})	0.553	0.931	0.612	0.510	0.639	0.671	0.633	0.550	0.705	0.666
知识蒸馏 ($L_{KL} + L_{soft-GIoU}$)	0.555	0.927	0.609	0.512	0.637	0.579	0.637	0.592	0.716	0.620
知识蒸馏 ($L_{feature}$)	0.557	0.924	0.610	0.511	0.640	0.586	0.641	0.595	0.724	0.610
知识蒸馏 ($L_{KL} + L_{soft-GIoU} + L_{feature}$)	0.563	0.937	0.610	0.518	0.644	0.606	0.645	0.600	0.723	0.650

表 9 – 12　YOLOv4 消融实验结果（剪枝率 0.5）

方法	mP	mP$_{50}$	mP$_{75}$	mP$_S$	mP$_M$	mP$_L$	mR	mR$_S$	mR$_M$	mR$_L$
常规微调	0.511	0.854	0.568	0.470	0.580	0.613	0.607	0.546	0.686	0.693
知识蒸馏 (L_{KL})	0.509	0.858	0.567	0.464	0.572	0.618	0.614	0.553	0.695	0.703
知识蒸馏 ($L_{KL} + L_{soft-GIoU}$)	0.510	0.879	0.549	0.467	0.591	0.496	0.599	0.562	0.670	0.545
知识蒸馏 ($L_{feature}$)	0.505	0.891	0.536	0.464	0.585	0.470	0.601	0.559	0.682	0.530
知识蒸馏 ($L_{KL} + L_{soft-GIoU} + L_{feature}$)	0.518	0.881	0.555	0.483	0.585	0.517	0.605	0.566	0.676	0.570

表 9 – 13   YOLOv4 消融实验结果(剪枝率 0.8)

方法	mP	mP$_{50}$	mP$_{75}$	mP$_S$	mP$_M$	mP$_L$	mR	mR$_S$	mR$_M$	mR$_L$
常规微调	0.507	0.873	0.543	0.471	0.579	0.483	0.594	0.555	0.666	0.565
知识蒸馏 (L_{KL})	0.512	0.878	0.561	0.470	0.586	0.529	0.599	0.554	0.680	0.616
知识蒸馏 ($L_{KL} + L_{soft-GIoU}$)	0.514	0.880	0.567	0.466	0.596	0.532	0.602	0.557	0.681	0.620
知识蒸馏 ($L_{feature}$)	0.510	0.881	0.542	0.472	0.582	0.520	0.603	0.562	0.677	0.580
知识蒸馏 ($L_{KL} + L_{soft-GIoU} + L_{feature}$)	0.514	0.887	0.557	0.476	0.581	0.540	0.603	0.566	0.668	0.595

表 9 – 14   YOLOv4 消融实验结果(剪枝率 0.9)

方法	mP	mP$_{50}$	mP$_{75}$	mP$_S$	mP$_M$	mP$_L$	mR	mR$_S$	mR$_M$	mR$_L$
常规微调	0.511	0.888	0.545	0.477	0.579	0.488	0.597	0.560	0.666	0.560
知识蒸馏 (L_{KL})	0.514	0.875	0.562	0.476	0.585	0.481	0.603	0.559	0.672	0.564
知识蒸馏 ($L_{KL} + L_{soft-GIoU}$)	0.518	0.886	0.557	0.480	0.592	0.494	0.604	0.563	0.680	0.570
知识蒸馏 ($L_{feature}$)	0.519	0.886	0.554	0.483	0.592	0.497	0.602	0.561	0.681	0.545
知识蒸馏 ($L_{KL} + L_{soft-GIoU} + L_{feature}$)	0.526	0.884	0.570	0.491	0.598	0.494	0.610	0.567	0.689	0.565

从表 9 – 9 ~ 表 9 – 14 可以看出,除 YOLOv4 在剪枝率 0.5 下的学生模型,本章所提出的基于特征学习的多阶段知识蒸馏方法中所添加的各软标签监督均能有效提升学生模型的精度,且互相组合总体上能获得相较于单独使用更好的效果。对于 YOLOv4 在剪枝率 0.5 下的情况,虽然所添加的部分软标签监督并没有取得相比于微调方法的优势,但使用本章所提出的完整的知识蒸馏方法,仍然获得了相较于微调方法的确定性优势。

使用本章所提出的基于特征学习的知识蒸馏方法与微调方法对学生模型精度的恢复值见表 9 – 15 和表 9 – 16。

表 9 – 15   YOLOv3 学生模型精度恢复比较

模型剪枝率	mP		mR	
	知识蒸馏方法	微调方法	知识蒸馏方法	微调方法
0.5	+0.126	+0.091	+0.079	+0.011
0.8	+0.135	+0.131	+0.095	+0.097
0.9	+0.105	+0.093	+0.089	+0.080

表 9 - 16　YOLOv4 学生模型精度恢复比较

模型剪枝率	mP		mR	
	知识蒸馏方法	微调方法	知识蒸馏方法	微调方法
0.5	+0.022	+0.015	+0.011	+0.013
0.8	+0.031	+0.024	+0.016	+0.007
0.9	+0.051	+0.036	+0.016	+0.003

从实验结果可以看出,基于特征学习的知识蒸馏相比于传统的微调方法,都使学生模型的精度获得了更大的恢复,本章所提出方法的有效性和优势得到了验证。同时,本节还对训练过程中学生模型的收敛速度进行了研究,微调方法与本章提出的知识蒸馏方法在模型精度恢复过程中的 Loss 曲线以及 AP 曲线如图 9 - 16 ~ 图 9 - 19所示(以剪枝率为 0.9 的学生模型为例),为便于展示,仅选取前 50 轮次。

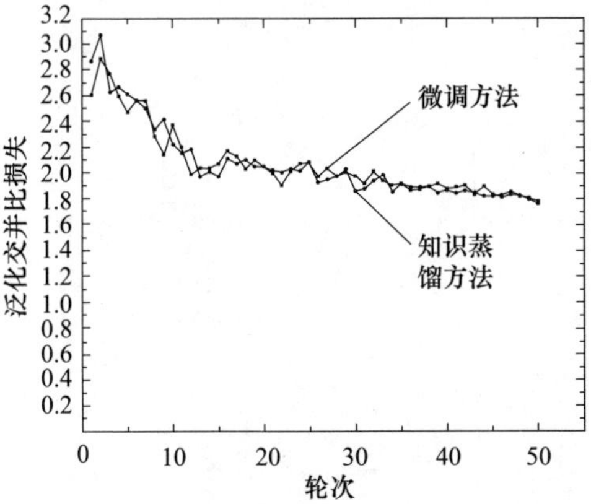

图 9 - 16　YOLOv3 的 GIoU Loss
曲线对比

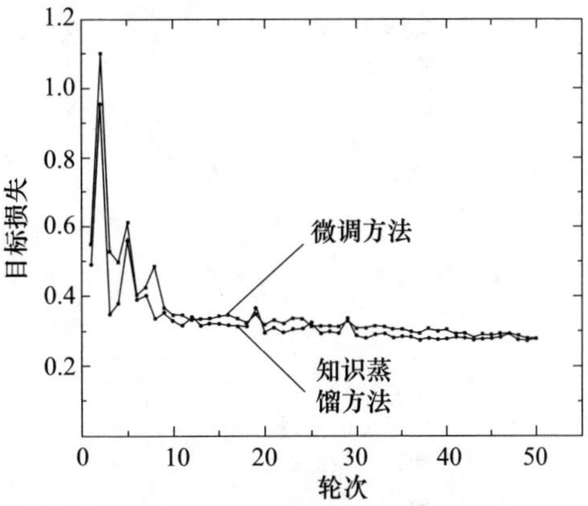

图 9 - 17　YOLOv3 的 Objectness Loss
曲线对比

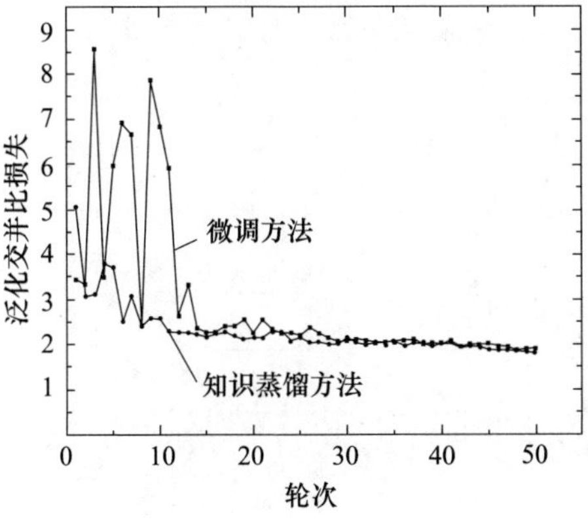

图 9 - 18　YOLOv4 的 GIoU Loss
曲线对比

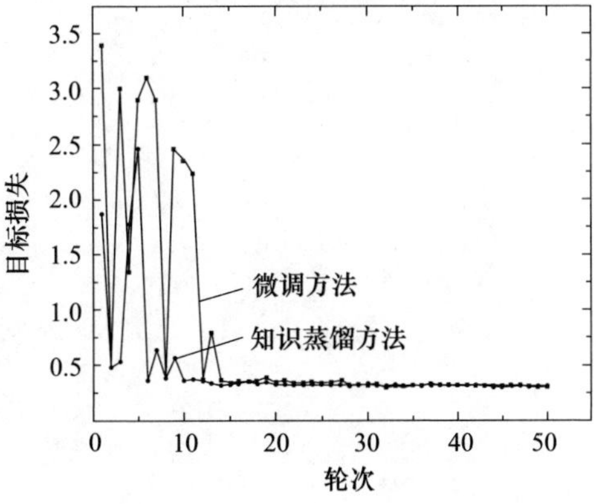

图 9 - 19　YOLOv4 的 Objectness Loss
曲线对比

从图中可以看出,加入知识蒸馏过程后,学生模型的损失函数值在精度恢复的全过程中都低于微调方法,且波动更小。这表明,基于特征学习的知识蒸馏方法不仅能够使学生模型的最终精度更高,同时也能加快学生模型的收敛,使模型精度恢复的过程更加稳健。图9-20所示为几类模型前向推断的可视化示例(以 YOLOv4 为例),经本节所提出的知识蒸馏方法恢复精度的学生模型。从图中可以看出,对于近岸、远海环境下的大、小目标,包括密集排列的情况,学生模型均能实现稳定的检测。对于图中出现的部分虚警,可以根据实际应用场景,方便地通过提高目标得分阈值改善。

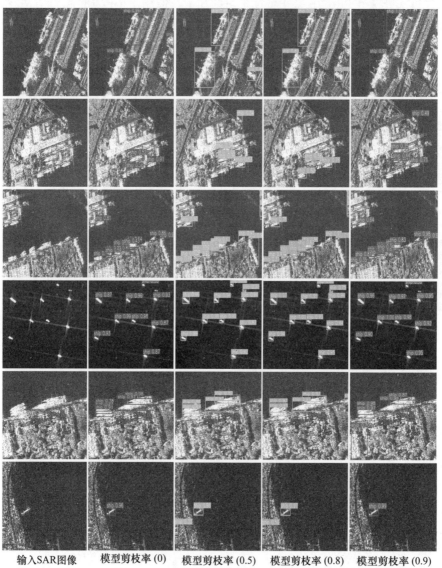

输入SAR图像　　模型剪枝率(0)　　模型剪枝率(0.5)　　模型剪枝率(0.8)　　模型剪枝率(0.9)

图9-20　几类模型前向推断的可视化示例(见彩图)

9.5　小　　结

本章首先针对现有目标检测模型往往存在参数冗余的问题,使用基于通道权重量化的模型剪枝方法,在模型完成稀疏化训练后,去除重要性较低的通道,得到小型的学生模型;随后,提出基于特征学习的多阶段知识蒸馏方法,使学生模型更细粒度地获得教师模型的暗知识,以实现高剪枝率下模型精度的稳健恢复;最后,进行了充分的消融实验和对比实验,验证了本章所提出方法的有效性和优势。

(1)使用基于通道权重量化的模型剪枝方法,对 YOLOv3、YOLOv4 分别进行了全局剪枝,剪枝率为 0.5、0.8、0.9,YOLOv3、YOLOv4 在剪枝率 0.9 下的学生模型分别仅包含 1.76M 和 0.98M 参数。与传统的人工经验剪枝方法相比,基于通道权重量化的剪枝方法所得到的学生模型在精度上的损失较低,可解释性强,能够为针对 SAR 图像舰船目标检测的模型剪枝提供技术参考。

(2)提出基于特征学习的多阶段知识蒸馏方法,分别在模型的逻辑输出和 FPN 阶段进行知识蒸馏。通过使用所提出的知识蒸馏方法对学生模型进行精度恢复,YOLOv3、YOLOv4 剪枝率为 0.9 的学生模型,精度分别达到 0.563mP 和 0.526mP,优于传统的微调方法,且模型的收敛速度更快,能够为通过剪枝获取的轻量化 SAR 图像舰船目标检测模型的精度恢复提供理论支撑。

综上,本章首先采用有限空间内的神经网络结构搜索思想,对现有目标检测模型进行可解释性强、普适性强的全局剪枝,再通过知识蒸馏方法恢复精度,以解决通用目标检测模型的参数冗余,以及轻量化 SAR 图像舰船目标检测模型的快速产出问题,能够促进通用目标检测模型在领域内的快速转化应用。因此,本章工作具有较大的理论和技术参考价值。

第10章 结束语

随着遥感卫星成像能力越来越强,数据获取量呈现出指数增长的趋势,遥感图像目标检测是遥感数据处理应用的关键问题,人工智能及深度学习的不断发展为遥感图像目标检测提供了新的方法途径,同时也面临一些新问题和挑战,本章对其中比较典型的问题进行简要分析和展望。

1. 深度学习理论与遥感领域知识的融合

遥感数据的空间位置相关性,使得图像信息可与其他数据源(如地理信息系统数据、来自社交媒体的地理标记图像等)融合,这种多源融合一方面增加了应用前景,另一方面也拓展了与非传统模式的数据融合问题。此外,遥感领域一个重要的问题是定量反演地球物理和生物化学量,遥感图像是光反射和微波散射等物理过程产生的,将遥感领域知识引入深度学习研究,利用图像背后的物理模型及相关先验知识能够有助于提升深度学习目标检测效能。自然物体上复杂的光散射机制、各种大气散射条件的变化、类内变异性、地域文化相关的差异性,使得在有限的训练样本下难以解决全球性大范围的目标检测任务。因此,有必要深入研究深度学习理论与遥感领域知识的融合方法。

2. 基于多源数据融合的遥感图像目标检测

多源异构的数据源信息融合协同使用,面临不同视角和成像模式的图像配准的问题,以及已训练网络对不同成像模式图像的迁移问题。多时相遥感图像资源丰富了遥感图像分析任务。例如,Sentinel – 1 卫星每 6 天对整个地球成像一次,这种特性带来了从单一图像的分析到时间序列图像分析问题,多源和多时相数据的配准、变化检测均是值得研究的问题。

SAR 卫星能够全天时、全天候对目标区域实施观测,光学图像具有丰富的颜色信息、可读性好,热红外图像能够提供物体的热辐射信息,高光谱图像能够提供丰富的光谱信息。在实际应用中,如何发挥 SAR 图像、光学图像、热红外图像、高光谱图像的优势,将不同图像中所得信息进行融合,提高目标检测的准确率,是一个值得深入研究的问题。

3. 遥感图像细粒度目标检测

对于实际任务中的目标检测问题,不仅要能够检测和识别所述的大类别,还面临着型号和具体任务目标精确识别的需求。细粒度目标检测仍然是一项有挑战性的任务,细粒度类别的几何特征和外形是非常相似的,所以通过关键部位的细微差别来识别细粒度图像至关重要。例如,通过构建型号模板库的方式,在检测的基础上进一步实现对目标细粒度的分类和识别。

4. 面向星上的遥感图像在轨实时目标检测

遥感图像的在轨处理是实现高实时性、持续动态对地观测的关键技术。当前领域内的研究大多处于计算机视觉范畴内,研究对象为经过校正和预处理的光学和 SAR 图像数据,以像素形式储存的图像产品。针对星上处理的实际任务场景,研究面向星上的遥感图像在轨实时目标检测技术,能够为航天遥感实时化信息服务提供技术支撑,具有很大的应用价值。

5. 基于小样本学习/迁移学习的遥感图像目标检测

目前深度学习方法的一个局限是其创造的价值多来自"从输入到输出的映射"。有监督的学习方法数据集的获取需要图像判读专家的经验和大量人工作业,而很多实际应用中难以获得这些条件,研究针对特殊任务弱监督情况下训练模型以增强模型的应用范围,如单样本和小样本的学习方法和数据增强也是重要的研究方向。

此外,当前 SAR 图像目标检测研究主要集中在舰船这一类目标上,除了因为海上行动中的迫切需求,还有一个重要原因是目前 SAR 图像智能解译领域依赖于舰船目标数据集,对于 SAR 图像多类目标检测方法研究,基础建设仍然薄弱。而完成类似于光学遥感数据集的多目标、高质量标注,需要大量的人力物力。深度学习领域的小样本学习研究成果可以大大节省样本标注的成本,在研究领域内基础建设薄弱的现状下,是一个潜在的解决方案,值得在后期的研究中进行探索实践。

参考文献

[1] 周志鑫. 卫星遥感图像解译[M]. 北京:国防工业出版社,2022.

[2] 孙家抦. 遥感原理与应用[M]. 武汉:武汉大学出版社,2013.

[3] 赵英时. 遥感应用分析原理与方法[M]. 北京:科学出版社,2013.

[4] 孙显,付琨,王宏琦. 高分辨率遥感图像理解[M]. 北京:科学出版社,2011.

[5] 黄世奇. 合成孔径雷达成像及图像处理[M]. 北京:科学出版社,2015.

[6] 章毓晋. 图像工程[M]. 4 版. 北京:清华大学出版社,2018.

[7] FORSYTH D A,PONCE J. 计算机视觉——一种现代方法[M]. 2 版. 高永强,等译. 北京:
电子工业出版社,2017.

[8] 张学工. 模式识别[M]. 3 版. 北京:清华大学出版社,2010.

[9] RUSSELL S J,NORVING P. 人工智能——一种现代的方法[M]. 3 版. 殷建平,等译. 北京:
清华大学出版社,2013.

[10] 陈述彭,周成虎. 整合信息资源,强化国家安全信息保障体系——天地一体,军民联合,整
合信息资源,应对"数字地球"战略的初步思考[J]. 地球信息科学学报,2003,5(3):1 - 3.

[11] 于德浩,龙凡,杨清雷,等. 现代军事遥感地质学发展及其展望[J]. 中国地质调查,2017,4
(3):74 - 82.

[12] 武翔,徐贺波,张晓尉. "国之眼"的蜕变——美国"第三代地理空间情报"概念五年发展历
程[J]. 现代军事,2016(1):88 - 95.

[13] 刘杰. 基于遥感卫星图像的战场监视系统[D]. 厦门:厦门大学,2011.

[14] MOODY D I,BRUMBY S P,CHARTRAND R,et al. Crop classification using temporal stacks of
multispectral satellite imagery[C]. Algorithms and Technologies for Multispectral,Hyperspectral,
and Ultraspectral Imagery XXIII. International Society for Optics and Photonics, 2017,
10198:101980G.

[15] MARCUM R A,DAVIS C H,SCOTT G J et al. Rapid broad area search and detection of Chinese
surface - to - air missile sites using deep convolutional neural networks[J]. Journal of Applied
Remote Sensing,2017,11(4):1.

[16] PRITT M,CHERN G. Satellite image classification with deep learning[C]. 2017 IEEE Applied
Imagery Pattern Recognition Workshop (AIPR). IEEE,2017:1 - 7.

[17] HSU J. Wanted:AI that can spy[J]. IEEE Spectrum,2017,54(12):12 - 13.

[18] IGLOVIKOV V,MUSHINSKIY S,OSIN V. Satellite imagery feature detection using deep convolu-
tional neural network:A kaggle competition[J]. arXiv preprint arXiv:1706. 06169,2017.

[19] 李德仁,王密,沈欣,等. 从对地观测卫星到对地观测脑[J]. 武汉大学学报(信息科学版),
2017,42(2):143 - 149.

[20] CHENG G,HAN J. A survey on object detection in optical remote sensing images[J]. ISPRS Journal of Photogrammetry and Remote Sensing,2016,117:11 – 28.

[21] EN S,PETITJEAN C,NICOLAS S,et al. Pattern localization in historical document images via template matching[C]. 2016 23rd International Conference on Pattern Recognition (ICPR). IEEE,2016:2054 – 2059.

[22] 吴其昌. 复杂场景下高分辨率遥感图像目标识别方法及应用研究[D]. 长沙:国防科学技术大学,2016.

[23] 韩现伟. 大幅面可见光遥感图像典型目标识别关键技术研究[D]. 哈尔滨:哈尔滨工业大学,2013.

[24] 刘德连,张建奇,何国经. 背景高斯化的遥感图像目标检测[J]. 光学学报,2007,27(4):638 – 642.

[25] 李晓琪. 大幅面海洋卫星遥感图像目标检测研究[D]. 深圳:深圳大学,2017.

[26] CHENG M M,ZHANG Z,LIN W Y,et al. BING:binarized normed gradients for objectness estimation at 300fps[C]. Proceedings of the IEEE conference on computer vision and pattern recognition. 2014:3286 – 3293.

[27] FELZENSZWALB P F,GIRSHICK R B,MCALLESTER D,et al. Object detection with discriminatively trained part – based models[J]. IEEE Transactions on Pattern Analysis and Machine Intelligence,2010,32(9):1627 – 1645.

[28] CAO Y S,NIU X,DOU Y. Region – based convolutional neural networks for object detection in very high resolution remote sensing images[C]. International Conference on Natural Computation. 2016.

[29] LARY D J,ALAVI A H,GANDOMI A H,et al. Machine learning in geosciences and remote sensing[J]. Geoscience Frontiers,2016,7(1):3 – 10.

[30] GOODFELLOW I,BENGIO Y,COURVILLE A. Deep learning[M]. Cambridge:MIT Press,2016.

[31] MNIH V. Machine Learning for Aerial Image Labeling[D]. Toronto:University of Toronto,2013.

[32] 夏梦,曹国,汪光亚等. 结合深度学习与条件随机场的遥感图像分类[J]. 中国图像图形学报,2017,22(9):1289 – 1301.

[33] LONG J,SHELHAMER E,DARRELL T. Fully convolutional networks for semantic segmentation[C]. Proceedings of the IEEE conference on computer vision and pattern recognition. 2015:3431 – 3440.

[34] WEI Y,WANG Z,XU M. Road structure refined CNN for road extraction in aerial image[J]. IEEE Geoscience and Remote Sensing Letters,2017,14(5):709 – 713.

[35] DIVVALA S K,EFROS A A,HEBERT M. How important are 'deformable parts' in the deformable parts model? [C]. European Conference on Computer Vision. Springer,Berlin,Heidelberg,2012:31 – 40.

[36] WU H,ZHANG H,ZHANG J,et al. Typical target detection in satellite images based on convolutional neural networks[C]. Systems, Man, and Cybernetics (SMC), 2015 IEEE International Conference on. IEEE,2015:2956 – 2961.

［37］CHEN XUEYUN,XIANG SHIMING,LIU CHENG－LIN,et al. Vehicle detection in satellite images by hybrid deep convolutional neural networks［J］. IEEE Geoscience and Remote Sensing Letters,2014,11(10):1797－1801.

［38］CHENG G,ZHOU P,HAN J. Learning rotation－invariant convolutional neural networks for object detection in VHR optical remote sensing images［J］. IEEE Transactions on Geoscience and Remote Sensing,2016,54(12):7405－7415.

［39］ZHANG F,DU B,ZHANG L,et al. Weakly supervised learning based on coupled convolutional neural networks for aircraft detection［J］. IEEE Transactions on Geoscience and Remote Sensing,2016,54(9):5553－5563.

［40］SEVO I,AVRAMOVIC A. Convolutional neural network based automatic object detection on aerial images［J］. IEEE Geoscience and Remote Sensing Letters,2016,13(5):740－744.

［41］LI Y,FU K,SUN H,et al. An aircraft detection framework based on reinforcement learning and convolutional neural networks in remote sensing images［J］. Remote Sensing,2018,10(2):243.

［42］GIRSHICK R. Fast R－CNN［C］. Proceedings of the IEEE International Conference on Computer Vision,2015:1440－1448.

［43］REN S,HE K,GIRSHICK R,et al. Faster R－CNN:Towards real－time object detection with region proposal networks［J］. IEEE Transactions on Pattern Analysis & Machine Intelligence,2017,39(6):1137－1149.

［44］HAN X,ZHONG Y,ZHANG L. An efficient and robust integrated geospatial object detection framework for high spatial resolution remote sensing imagery［J］. Remote Sensing,2017,9(7):666.

［45］LIU W,ANGUELOV D,ERHAN D,et al. SSD:Single shot multibox detector［C］. European Conference on Computer Vision (ECCV). Springer,Cham,2016:21－37.

［46］REDMON J,DIVVALA S,GIRSHICK R,et al. You only look once:Unified,real－time object detection［C］. Proceedings of the IEEE Conference on Computer Vision and Pattern Recognition (CVPR). IEEE,2016:779－788.

［47］DUDGEON D E,LACOSS R T. An overview of automatic target recognition［J］. Lincoln Laboratory Journal,1993,6(1):3－10.

［48］崔一. 基于 SAR 图像的目标检测研究［D］. 北京:清华大学,2011.

［49］陈世媛,李小将. 基于自适应非局部均值的 SAR 图像相干斑抑制［J］. 系统工程与电子技术,2018,39(12):2683－2690.

［50］BUADES A,COLL B,MOREL J. A non－local algorithm for image denoising［J］. Computer Vision and Pattern Recognition,2005(2):60－65.

［51］朱磊,水鹏朗,武爱景. 一种 SAR 图像相干斑噪声抑制新算法［J］. 西安电子科技大学学报(自然科学版),2012,39(2):80－86.

［52］YU Y,ACTON S T. Speckle reducing anisotropic diffusion［J］. IEEE Transactions on Image Processing A Publication of the IEEE Signal Processing Society,2002,11(11):1260－1270.

［53］SHAHRAM S,ROUZBEH S,MARJAN G. Iterative adaptive despeckling SAR image using anisotropic diffusion filter and Bayesian estimation denoising in wavelet domain[J]. Multimedia Tools & Applications,2018,77(23):31469 – 31486.

[54] CHIERCHIA G,COZZOLINO D,POGGI G,et al. SAR image despeckling through convolutional neural networks [C]. 2017 IEEE International Geoscience and Remoter Sensing Symposium (IGARSS),2017:5438 – 5441.

[55] WANG P,ZHANG H,PATEL V M. SAR image despeckling using a convolutional neural network [J]. IEEE Signal Processing Letters,2017,24(12):1763 – 1767.

[56] GU F,ZHANG H,WANG C. A two – component deep learning network for sar image denoising [J]. IEEE Access,2020,8:17792 – 17803.

[57] 吴一全,刘忠林. 遥感影像的海岸线自动提取方法研究进展[J]. 遥感学报,2019,23(4): 582 – 602.

[58] OTSU N. A threshold selection method from gray – level histogram[J]. IEEE Transactions on Systems Man & Cybernetics,1979,9(1):62 – 66.

[59] 刘健庄,栗文青. 灰度图像的二维 Otsu 自动阈值分割法[J]. 自动化学报,1993,19(1): 101 – 105.

[60] 陈祥,孙俊,尹奎英,等. 基于 Otsu 与海域统计特性的 SAR 图像海陆分割算法[J]. 数据采集与处理,2014,29(4):603 – 608.

[61] 李智,曲长文,周强,等. 基于 SLIC 超像素分割的 SAR 图像海陆分割算法[J]. 雷达科学与技术,2017,15(004):354 – 358.

[62] 朱鸣,杨百龙,何岷,等. 基于改进 SLIC 算法的 SAR 图像海陆分割[J]. 电光与控制,2019, 26(1):21 – 25.

[63] 庞英,刘畅. 一种改进的基于超像素的 SAR 图像海陆分割方法[J]. 国外电子测量技术, 2019,38(8):12 – 18.

[64] TIAN S R,WANG C,ZHANG H. An improved nonparametric CFAR method for ship detection in single polarization synthetic aperetuer radar imagery[C]. IEEE International Geoscience and Remote Sensing Symposium,2016:6637 – 6640.

[65] NOVAK L M,HALVERSEN S D,OWIRKA G J,et al. Effects of polarization and resolution on the performance of a SAR automatic target recognition system[J]. Lincoln Laboratory Journal,1995,8 (1):49 – 68.

[66] OLIVER C,QUEGAN S. Understanding synthetic aperture radar images[M]. Raleigh:SciTech Publishing,2004.

[67] 邢相薇. HRWS SAR 图像舰船目标监视关键技术研究[D]. 长沙:国防科技大学,2014.

[68] BRUSCH S,LEHNER S,FRITZ T,et al. Ship surveillance with terraSAR – X[J]. IEEE Transactions on Geoscience and Remote Sensing,2011,49(3):1092 – 1103.

[69] LENG X,JI K,YANG K,et al. A bilateral CFAR algorithm for ship detection in SAR images[J]. IEEE Geoscience & Remote Sensing Letters,2015,12(7):1536 – 1540.

[70] WANG C,BI F,ZHANG W,et al. An intensity – space domain CFAR method for ship detection in HR SAR images[J]. IEEE Geoscience and Remote Sensing Letters,2017,14(4):529 – 533.

[71] SCIOTTI M, PASTINA D, LOMBARDO P. Exploiting the polarimetric information for the detection of ship targets in non – homogeneous SAR images[C]. 2002 IEEE International Geoscience and Remote Sensing Symposium (IGARSS' 02) ,2002:1911 – 1913.

[72] DRAGOSEVIC M. GLRT for two moving target models in multi – aperture SAR imagery[C]. Proceedings of IET International Confefence on Radar System,2012:1 – 4.

[73] IERVOLINO P, GUIDA R. A novel ship detector based on the generalized – likelihood ratio test for SAR imagery[J]. IEEE Journal of Selected Topics in Applied Earth Observations & Remote Sensing,2017,10(8):3616 – 3630.

[74] LI T, LIU Z, XIE R, et al. An improved superpixel – level CFAR detection method for ship targets in high – resolution SAR images[J]. IEEE Journal of Selected Topics in Applied Earth Observations and Remote Sensing,2018,11(1):184 – 194.

[75] LI T, LIU Z, RAN L, et al. Target detection by exploiting superpixel – level statistical dissimilarity for SAR imagery[J]. IEEE Geoscience & Remote Sensing Letters,2018,15(4):562 – 566.

[76] PAPPAS O, ACHIM A, BULL D. Superpixel – level CFAR detectors for ship detection in SAR imagery[J]. IEEE Geoscience & Remote Sensing Letters,2018,15(9):1397 – 1401.

[77] BURL M C, OWIRKA G J, NOVAK L M. Texture discrimination in synthetic aperture radar imagery[C]. The Twenty – Third Asilomar Conference on Signals, Systems and Computers, Pacific Grove, USA,1989:399 – 404.

[78] KREITHEN D E, et al. Discriminating targets from clutter[J]. The Lincoln Laboratory Journal, 1993,6(1):3 – 10.

[79] VERBOUT S M , WEAVER A L, NOVAK L M . New image features for discriminating targets from clutter[J]. Proceedings of Spie the International Society for Optical Engineering, 1998, 3395:120 – 137.

[80] GAO G, KUANG G, ZHANG Q, et al. Fast detecting and locating groups of targets in high – resolution SAR images[J]. Pattern Recognition,2007,40(4):1378 – 1384.

[81] GAO G. An improved scheme for target discrimination in high – resolution SAR images[J]. IEEE Transactions On geoscience And Remote Sensing,2011,49(1):277 – 294.

[82] 张小强,熊博莅,匡纲要. 一种基于变化检测技术的 SAR 图像舰船目标鉴别方法[J]. 电子与信息学报,2015,37(1):63 – 70.

[83] XU S , FANG T , LI D , et al. Object classification of aerial images with bag – of – visual words [J]. IEEE Geoscience and Remote Sensing Letters,2010,7(2):366 – 370.

[84] LOWE D G. Distinctive image features from scale – invariant keypoints[J]. International Journal of Computer Vision,2004,60(2):91 – 110.

[85] FLORA D, JULIE D, YANN G, et al. SAR – SIFT: A sift – like algorithm for SAR images[J]. IEEE Transactions on Geoscience and Remote Sensing,2015,53(1):453 – 466.

[86] WANG N , WANG Y , LIU H , et al. Feature – fused SAR target discrimination using multiple convolutional neural networks[J]. IEEE Geoence & Remote Sensing Letters,2017,14(10):1695 – 1699.

[87] WANG Z, DU L, ZHANG P, et al. Visual attention – based target detection and discrimination for

high – resolution SAR images in complex scenes[J]. IEEE Transactions on Geoence and Remote Sensing,2018,56(4):1855 – 1872.

[88] CHANG Y L,ANAGAW A,CHANG L,et al. Ship detection based on YOLOv2 for SAR imagery [J]. Remote Sensing,2019,7(11):786.

[89] ZHANG X,ZHANG T,SHI J,et al. High – speed and high – accurate SAR ship detection based on a depthwise separable convolution neural network[J]. Journal of Radars,2019,8(6):841 – 851.

[90] CHEN C,HE C,HU C,et al. MSARN:A deep neural network based on an adaptive recalibration mechanism for multiscale and arbitrary – oriented SAR ship detection[J]. IEEE Access,2019,7: 159262 – 159283.

[91] WEI S,SU H,MING J,et al. Precise and robust ship detection for high – resolution SAR imagery based on HR – SDNet[J]. Remote Sensing,2020,12(1):167.

[92] JIAO J,ZHANG Y,SUN H,et al. A densely connected end – to – end neural network for multi-scale and multiscene SAR ship detection[J]. IEEE Access,2018,6:20881 – 20892.

[93] GUI Y,LI X,XUE L,et al. A Scale Transfer convolution network for small ship detection in SAR Images[C]. Proceedings of the IEEE Joint International Information Technology and Artificial Intelligence Conference (ITAIC),IEEE,2019:1845 – 1849.

[94] FU J ,SUN X ,WANG Z ,et al. An anchor – free method based on feature balancing and refine-ment network for multiscale ship detection in SAR images[J]. IEEE Transactions on Geoscience and Remote Sensing,2020:1 – 14.

[95] ZHAO J,ZHANG Z,YU W,et al. A cascade coupled convolutional neural network guided visual attention method for ship detection from SAR images[J]. IEEE Access,2018,6:50693 – 50708.

[96] ZHANG X,WANG H,XU C,et al. A lightweight feature optimizing network for ship detection in SAR image[J]. IEEE Access,2019,7:141662 – 141678.

[97] CUI Z,LI Q,CAO Z,et al. Dense attention pyramid networks for multi – scale ship detection in SAR images[J]. IEEE Transactions on Geoscience and Remote Sensing,2019,57(11):8983 – 8997.

[98] KANG M,LENG X,LIN Z,et al. A modified faster R – CNN based on CFAR algorithm for SAR ship detection [C]. International Workshop on Remote Sensing with Intelligent Processing (RSIP). IEEE,2017.

[99] AI J,TIAN R,LUO Q,et al. Multi – scale rotation – invariant haar – like feature integrated CNN – based ship detection algorithm of multiple – target environment in SAR imagery[J]. IEEE Transac-tions on Geoscience and Remote Sensing,2019,57(12):10070 – 10087.

[100] DING J,WEN L,ZHONG C,et al. Video SAR moving target indication using deep neural net-work[J]. IEEE Transactions on Geoscience and Remote Sensing,2020:1 – 11.

[101] MAO Y,YANG Y,MA Z,et al. Efficient low – cost ship detection for SAR imagery based on simplified U – Net[J]. IEEE Access,2020,8:69742 – 69753.

[102] WANG J,LU C,JIANG W. Simultaneous ship detection and orientation estimation in SAR images based on attention module and angle regression[J]. Sensors (Switzerland),2018,18(9):1 – 17.

[103] QIAN Y ,LIU Q ,ZHU H ,et al. Mask R – CNN for object detection in multitemporal SAR ima-

ges[C]. 10th International Workshop on the Analysis of Multitemporal Remote Sensing Images (MultiTemp). IEEE,2019.

[104] HE K,GIRSHICK R,DOLLÁR P. Rethinking imagenet pre – training[C]. IEEE International Conference on Computer Vision (CVPR). IEEE,2019:4918 – 4927.

[105] 张国敏. 复杂场景遥感图像目标检测方法研究[D]. 长沙:国防科学技术大学,2010.

[106] 杜鹏,谌明,苏统华. 深度学习与目标检测[M]. 北京:电子工业出版社,2020.

[107] 张强,沈娟,孔鹏,等. 基于深度神经网络技术的高分遥感图像处理及应用[M]. 北京:中国宇航出版社,2020.

[108] 邱锡鹏. 神经网络与深度学习[M/OL]. [2020 – 05 – 10]. https://nndl. github. io/.

[109] ROBBINS H,MONRO S. A stochastic approximation method[J]. The Annals of Mathematical Statistics,1951:400 – 407.

[110] KINGMA D P,BA J L. Adam:A method for stochastic optimization[J]. 3rd International Conference on Learning Representations (ICLR),2015.

[111] RADOSAVOVIC I,KOSARAJU R P,GIRSHICK R,et al. Designing network design spaces[C]. Proceedings of the IEEE/CVF Conference on Computer Vision and Pattern Recognition (CVPR). IEEE,2020:10428 – 10436.

[112] HUANG Y,CHENG Y,BAPNA A,et al. GPipe:Efficient training of giant neural networks using pipeline parallelism[C]. Advances in Neural Information Processing Systems (NIPS). Curran Associates Inc,2019:103 – 112.

[113] TAN M,LE Q V. EfficientNet:Rethinking model scaling for convolutional neural networks[C]. 36th International Conference on Machine Learning (ICML). International Machine Learning Society (IMLS),2019:10691 – 10700.

[114] GIRSHICK R,DONAHUE J,DARRELL T,et al. Rich feature hierarchies for accurate object detection and semantic segmentation[C]. Proceedings of the IEEE Conference on Computer Vision and Pattern Recognition (CVPR). IEEE,2014:580 – 587.

[115] HE K,ZHANG X,REN S,et al. Spatial pyramid pooling in deep convolutional networks for visual recognition[J]. IEEE Transactions on Pattern Analysis Intelligence,2015,37(9):1904 – 1916.

[116] ZITNICK C L,DOLLÁR P. Edge Boxes:Locating Object Proposals from Edges[C]. European Conference on Computer Vision (ECCV). Springer,Cham,2014:391 – 405.

[117] HUANG L,YANG Y,DENG Y,et al. Densebox:Unifying landmark localization with end to end object detection[J]. ArXiv Preprint ArXiv:1509. 04874,2015.

[118] YU J,JIANG Y,WANG Z,et al. Unitbox:An advanced object detection network[C]. Proceedings of the 24th ACM international conference on Multimedia. ACM,2016:516 – 520.

[119] LIN T Y ,GOYAL P ,GIRSHICK R ,et al. Focal loss for dense object detection[C]. Proceedings of the IEEE International Conference on Computer Vision (ICCV). IEEE,2017:2999 – 3007.

[120] FU C – Y,LIU W,RANGA A,et al. DSSD:Deconvolutional single shot detector[J]. ArXiv Preprint ArXiv:1701. 06659,2017.

[121] LAW H ,DENG J. CornerNet:Detecting objects as paired keypoints[C]. Proceedings of the Eu-

ropean Conference on Computer Vision (ECCV),2018:734 – 750.

[122] CHENG G. , HAN J. , ZHOU P. , GUO L.. Multi – class geospatial object detection and geographic image classification based on collection of part detectors[J]. ISPRS Journal of Photogrammetry and Remote Sensing,2014,98:119 – 132.

[123] ZHU H. , CHEN X. , DAI W. , FU K. , YE Q. , JIAO J.. Orientation robust object detection in aerial images using deep convolutional neural network[C]. IEEE International Conference on Image Processing,2015.

[124] Y. LONG, Y. GONG, Z. XIAO, Q. LIU. Accurate object localization in remote sensing images based on convolutional neural networks[J]. IEEE Transactions on Geoscience and Remote Sensing,2017,5(55):2486 – 2498.

[125] LIU Z,YUAN L,WENG L,et al. A high resolution optical satellite image dataset for ship recognition and some new baselines[C]. ICPRAM. 2017:324 – 331.

[126] MARMANIS D,WEGNER J D,GALLIANI S,et al. Semantic segmentation of aerial images with an ensemble of CNNs[J]. ISPRS Annals of the Photogrammetry,Remote Sensing and Spatial Information Sciences,2016,3:473.

[127] XIA G S,BAI X,DING J,et al. DOTA:A large – scale dataset for object detection in aerial images[J]. arXiv preprint arXiv:1711. 10398,2017.

[128] ZOU Z X,SHI Z W. Random access memories:A new paradigm for target detection in high resolution aerial remote sensing images[J]. IEEE Transactions on Image Processing,2018,27(3):1100 – 1111.

[129] LAM D,KUZMA R,MCGEE K,et al. xView:Objects in context in overhead imagery[J]. arXiv 2018 preprint arXiv:1802. 07856.

[130] LI K,WAN G,CHENG G,et al. Object detection in optical remote sensing images:a survey and a new benchmark[J]. ISPRS Journal of Photogrammetry and Remote Sensing,2020,159:296 – 307.

[131] FAIR1M:A benchmark dataset for fine – grained object recognition in high – resolution remote sensing imagery[J]. arXiv preprint arXiv:2103. 05569,2021.

[132] ROSS T D ,WORRELL S W ,VELTEN V J ,et al. Standard SAR ATR evaluation experiments using the MSTAR public release data set[J]. International Society for Optics and Photonics,1998,3370:566 – 573.

[133] LI J,QU C,SHAO J. Ship detectionin SAR images based on an improved faster R – CNN[C]. Proceedings of 2017 SAR in Big Data Era:Models,Beijing,2017:1 – 6.

[134] HUANG L,LIU B,LI B,et al. Open SAR ship:A dataset dedicated to Sentinel – 1 ship interpretation[J]. IEEE Journal of Selected Topics in Applied Earth Observations and Remote Sensing,2018,11(1):195 – 208.

[135] WANG Y ,WANG C ,ZHANG H ,et al. A SAR dataset of ship detection for deep learning under complex backgrounds[J]. Remote Sensing,2019,11(7).

[136] SUN X,WANG Z,SUN Y,et al. AIR – SARShip – 1. 0:High – resolution SAR ship detection dataset[J]. Journal of Radars,2019,8(6):852 – 862.

[137] WEI S ,ZENG X ,QU Q ,et al. HRSID:A high – resolution SAR images dataset for ship detection and instance segmentation[J]. IEEE Access,2020,8:120234 – 120254.

[138] ZHANG T ,ZHANG X ,KE X ,et al. LS – SSDD – v1. 0:A deep learning dataset dedicated to small ship detection from large – scale sentinel – 1 SAR images[J]. Remote Sensing,2020,12 (18):2997.

[139] REZATOFIGHI H,TSOI N,GWAK J,et al. Generalized intersection over union:A metric and a loss for bounding box regression[C]. IEEE Conference on Computer Vision and Pattern Recognition (CVPR). IEEE,2019:658 – 666.

[140] SHARMA A,LIU X,YANG X,et al. A patch – based convolutional neural network for remote sensing image classification[J]. Neural Networks,2017,95:19 – 28.

[141] FALK T,MAI D,BENSCH R,et al. U – Net:deep learning for cell counting,detection,and morphometry[J]. Nature methods,2019,16(1):67.

[142] HU P, RAMANAN D. Finding tiny faces [C]. Computer Vision and Pattern Recognition (CVPR),2017 IEEE Conference on. IEEE,2017:1522 – 1530.

[143] CAI Z,FAN Q,FERIS R S,et al. A unified multi – scale deep convolutional neural network for fast object detection[C]. European conference on computer vision. Springer,Cham,2016:354 – 370.

[144] REN S,HE K,GIRSHICK R,et al. Object detection networks on convolutional feature maps[J]. IEEE Transactions on Pattern Analysis and Machine Intelligence,2017,39(7):1476 – 1481.

[145] ZHU C,TAO R,LUU K,et al. Seeing small faces from robust anchor's perspective[C]. Proceedings of the IEEE Conference on Computer Vision and Pattern Recognition,2018:5127 – 5136.

[146] YANG Y,NEWSAM S. Bag – of – visual – words and spatial extensions for land – use classification[C]. Proceedings of the 18th SIGSPATIAL international conference on advances in geographic information systems. ACM,2010:270 – 279.

[147] LECUN Y,BOTTOU L,BENGIO Y,et al. Gradient – based learning applied to document recognition[J]. Proceedings of the IEEE,1998,86(11):2278 – 2324.

[148] YOSINSKI J,CLUNE J,BENGIO Y,et al. How transferable are features in deep neural networks? [C]. Advances in Neural Information Processing Systems,2014:3320 – 3328.

[149] MARMANIS D,DATCU M,ESCH T,et al. Deep learning earth observation classification using ImageNet pretrained networks[J]. IEEE Geoscience and Remote Sensing Letters,2016,13(1): 105 – 109.

[150] XIE J,HE T,ZHANG Z,et al. Bag of tricks for image classification with convolutional neural networks[J]. arXiv preprint arXiv:1812. 01187,2018.

[151] SHI X,SHAN S,KAN M,et al. Real – time rotation – invariant face detection with progressive calibration networks[C]. Proceedings of the IEEE Conference on Computer Vision and Pattern Recognition,2018:2295 – 2303.

[152] MA J,SHAO W,YE H,et al. Arbitrary – oriented scene text detection via rotation proposals [J]. IEEE Transactions on Multimedia,2018.

[153] LIU L,PAN Z,LEI B. Learning a rotation invariant detector with rotatable bounding box[J].

arXiv preprint arXiv:1711.09405,2017.

[154] JIANG Y,ZHU X,WANG X,et al. R2CNN:rotational region CNN for orientation robust scene text detection[J]. arXiv preprint arXiv:1706.09579,2017.

[155] LIU Z,HU J,WENG L,et al. Rotated region based CNN for ship detection[C]. Image Processing (ICIP),2017 IEEE International Conference on. IEEE,2017:900−904.

[156] YANG X,SUN H,FU K,et al. Automatic ship detection in remote sensing images from google earth of complex scenes based on multiscale rotation dense feature pyramid networks[J]. Remote Sensing,2018,10(1):132.

[157] REDMON J,ANGELOVA A. Real−time grasp detection using convolutional neural networks [C]. 2015 IEEE International Conference on Robotics and Automation (ICRA). IEEE,2015:1316−1322.

[158] HINTON G E,KRIZHEVSKY A,WANG S D. Transforming auto−encoders[C]. International Conference on Artificial Neural Networks. Springer,Berlin,Heidelberg,2011:44−51.

[159] LIN C H,LUCEY S. Inverse compositional spatial transformer networks[C]. Proceedings of the IEEE Conference on Computer Vision and Pattern Recognition. 2017:2568−2576.

[160] CIREŞAN D,MEIER U. Multi−column deep neural networks for offline handwritten Chinese character classification[C]. 2015 International Joint Conference on Neural Networks (IJCNN). IEEE,2015:1−6.

[161] WORRALL D E,GARBIN S J,TURMUKHAMBETOV D,et al. Harmonic networks:Deep translation and rotation equivariance[C]. Proceedings of the IEEE Conference on Computer Vision and Pattern Recognition. 2017:5028−5037.

[162] BODLA N,SINGH B,CHELLAPPA R,et al. Soft−NMS:Improving object detection with one line of code[C]. Proceedings of the IEEE International Conference on Computer Vision. 2017:5561−5569.

[163] NEZRY E,LOPES A,TOUZI R. Detection of structural and textural features for SAR images filtering[C]. Proc. of the Remote Sensing:Global Monitoring for Earth Management,1991:2169−2172.

[164] 刘书君,吴国庆,张新征,等. 基于非局部分类处理的 SAR 图像降斑[J]. 系统工程与电子技术,2016,38(3):551−556.

[165] KUAN L I,YIN J,YONG L I. Face Recognition using global gabor filter in small sample case [J]. Journal of Frontiers of Computer Science & Technology,2010,4(5):420−425.

[166] 易子麟,尹东,胡安洲,张荣. 基于非局部均值滤波的 SAR 图像去噪[J]. 电子与信息学报,2012,34(4):950−955.

[167] PARRILLI S,PODERICO M,ANGELINO C V,et al. A nonlocal SAR image denoising algorithm based on LLMMSE wavelet shrinkage[J]. IEEE Transactions on Geoence & Remote Sensing,2012,50(2):606−616.

[168] 张小华,陈佳伟,孟红云. 基于非下采样 Shearlet 和方向权值邻域窗的非局部均值 SAR 图像相干斑抑制[J]. 红外与毫米波学报,2012,31(2):159−165.

[169] 焦李成,张向荣,侯彪. 智能 SAR 图像处理与解译[M]. 北京:科学出版社,2009.

[170] ZHANG W G,ZHANG Q,YANG C S. Improved bilateral filtering for SAR image despeckling [J]. Electronic Letters,2011,47(17):286 - 288.

[171] ACHANTA R,SHAJI A,SMITH K,et al. SLIC superpixel compared to state - of - the - art superpixel methods[J]. IEEE Transactions on Pattern Analysis and Machine Intelligence,2012,34 (11):2274 - 2282.

[172] BARALDI A, PARMIGGIAN F. Single linkage region growing algorithms based on the vector degree of match[J]. IEEE Transaction on Geoscience and Remote Sensing,1996,34(1):137 - 148.

[173] 安成锦,牛照东,李志军,等. 典型 Otsu 算法阈值比较及其 SAR 图像水域分割性能分析 [J]. 电子与信息学报,2010,32(9):2215 - 2219.

[174] DUAN K,BAI S,XIE L,et al. Centernet:Keypoint triplets for object detection[C]. Proceedings of the IEEE International Conference on Computer Vision (ICCV). IEEE,2019:6569 - 6578.

[175] HE K,ZHANG X,REN S,et al. Deep residual learning for image recognition[C]. Proceedings of the IEEE Conference on Computer Vision and Pattern Recognition (CVPR). IEEE,2016:770 - 778.

[176] DAI J,LI Y,HE K,et al. R - FCN:Object detection via region - based fully convolutional networks [C]. Advances in Neural Information Processing Systems (NIPS). Curran Associates Inc. 2016.

[177] DENIL M,SHAKIBI B,DINH L,et al. Predicting parameters in deep learning[J]. Advances in Neural Information Processing Systems (NIPS),Curran Associates Inc,2013:2148 - 2156.

[178] LUO J H ,WU J ,LIN W . ThiNet:A filter level pruning method for deep neural network compression[C]. Proceedings of the IEEE International Conference on Computer Vision (ICCV). IEEE,2017:5058 - 5066.

[179] LIU Z,LI J,SHEN Z,et al. Learning efficient convolutional networks through network slimming [C]. Proceedings of the IEEE International Conference on Computer Vision (ICCV). IEEE, 2017:2736 - 2744.

[180] SUGIYAMA M,SUZUKI T,KANAMORI T. Density ratio estimation in machine learning[M]. Cambridge:Cambridge University Press,2012.

[181] HINTON G,VINYALS O,DEAN J. Distilling the knowledge in a neural network[J]. ArXiv Preprint ArXiv:1503. 02531,2015.

[182] CHEN G,CHOI W,YU X,et al. Learning efficient object detection models with knowledge distillation[C]. Advances in Neural Information Processing Systems (NIPS). Curran Associates Inc,2017:743 - 752.

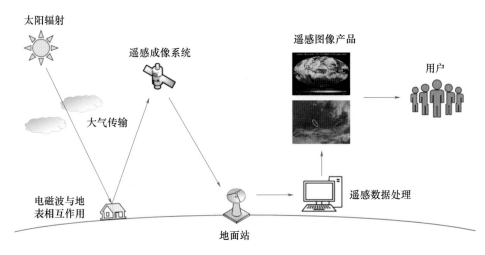

图 1-1　遥感基本过程示意图

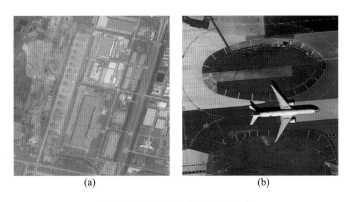

图 1-10　不同尺度下飞机目标

(a)机场全景;(b)飞机目标。

图 2-24　自然场景图像目标与 SAR 图像舰船目标边框对比

(a)自然场景图像;(b)SAR 图像。

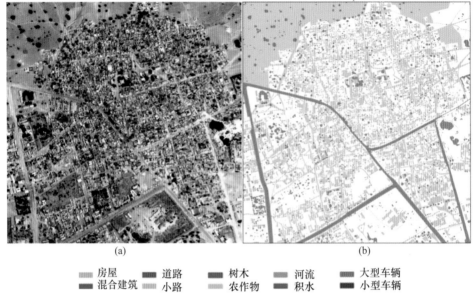

(a)   (b)

▨ 房屋　　▨ 道路　　▨ 树木　　▨ 河流　　▨ 大型车辆
▨ 混合建筑　▨ 小路　　▨ 农作物　▨ 积水　　▨ 小型车辆

图 3 – 5　DSTL 数据集标注示意图

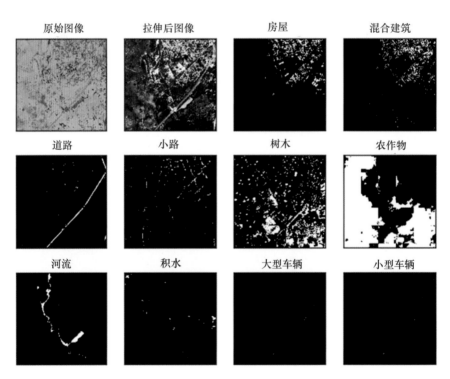

图 3 – 7　模型预测各类别掩码图示意图

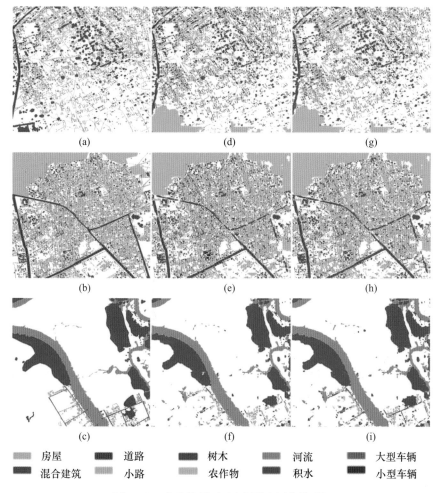

图 3 - 9　实验结果对比(自适应阈值处理)

(a)(b)(c)真实值;(d)(e)(f)经自适应阈值处理的本章方法;

(g)(h)(i)未经自适应阈值处理的本章方法。

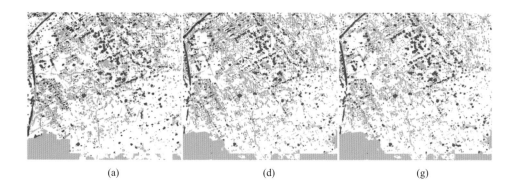

(a)　　　　　　　　　　(d)　　　　　　　　　　(g)

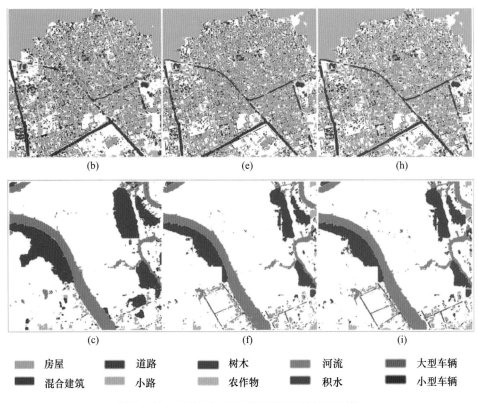

	房屋		道路		树木		河流		大型车辆
	混合建筑		小路		农作物		积水		小型车辆

图 3 – 10 实验结果对比(数据增强和自适阈值)

(a)(b)(c)图像块分类算法;(d)(e)(f)未数据增强的本章方法;(g)(h)(i)未采用数据增强和自适应阈值的本章方法。

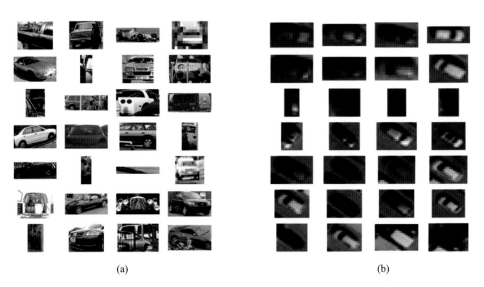

　　　　　　　(a)　　　　　　　　　　　　　　　　　　　　(b)

图 4 – 1　PASCAL VOC 数据集和 WorldView – 3 数据集中的各种车辆目标

(a)PASCAL VOC 数据集中的车辆目标;(b)WorldView – 3 数据集中的车辆目标。

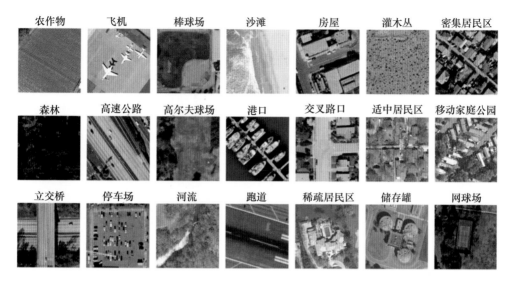

| 农作物 | 飞机 | 棒球场 | 沙滩 | 房屋 | 灌木丛 | 密集居民区 |

| 森林 | 高速公路 | 高尔夫球场 | 港口 | 交叉路口 | 适中居民区 | 移动家庭公园 |

| 立交桥 | 停车场 | 河流 | 跑道 | 稀疏居民区 | 储存罐 | 网球场 |

图 4 - 14　UC Mecerd Landuse 数据集部分图像

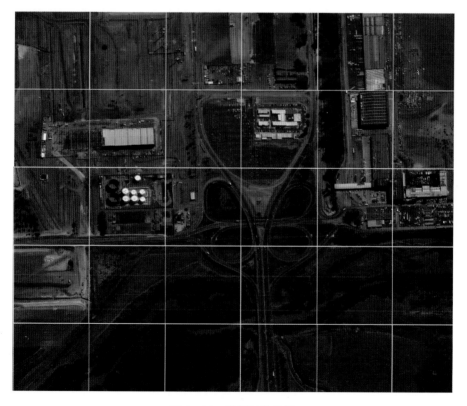

图 4 - 16　数据切分效果

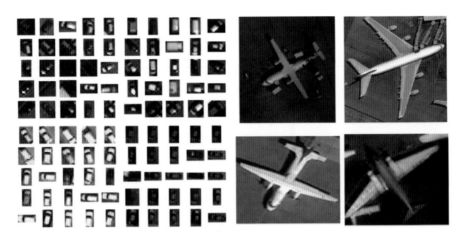

图 4 - 17　部分车辆和飞机的标注样本示意图

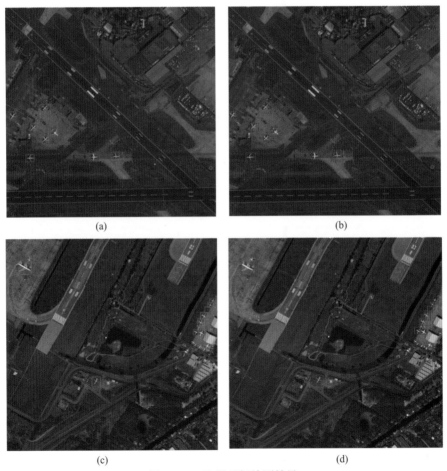

<table>
<tr><td>(a)</td><td>(b)</td></tr>
<tr><td>(c)</td><td>(d)</td></tr>
</table>

图 4 - 22　飞机目标检测结果

(a)(c)地面真实;(b)(d)检测结果。

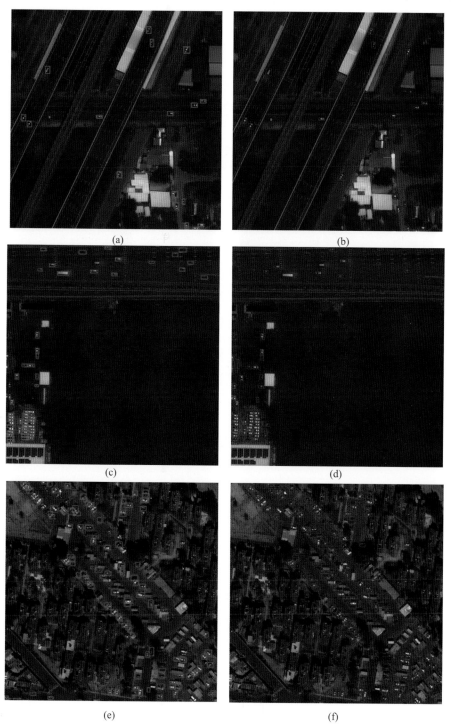

图 4 - 23　车辆目标检测结果

(a)(c)(e)地面真实;(b)(d)(f)检测结果。

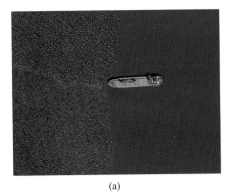 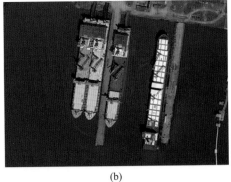

(a)   (b)

图 5-11   数据集中图像示例

(a)海面舰船目标;(b)近岸舰船目标。

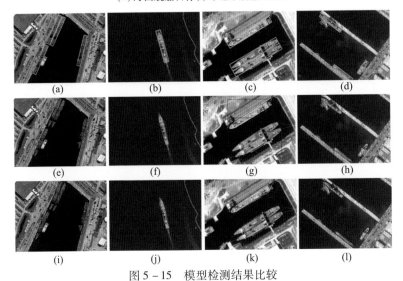

(a)   (b)   (c)   (d)

(e)   (f)   (g)   (h)

(i)   (j)   (k)   (l)

图 5-15   模型检测结果比较

(a)(b)(c)(d)地面真实标注;(e)(f)(g)(h)YOLOv3 模型;(i)(j)(k)(l)所提模型。

(a)   (b)

图 5-16   模型误检情况

(a)地面真实标注;(b)检测结果。

(a)   (b)

图 7 - 3　SAR 图像中的模糊样本示例

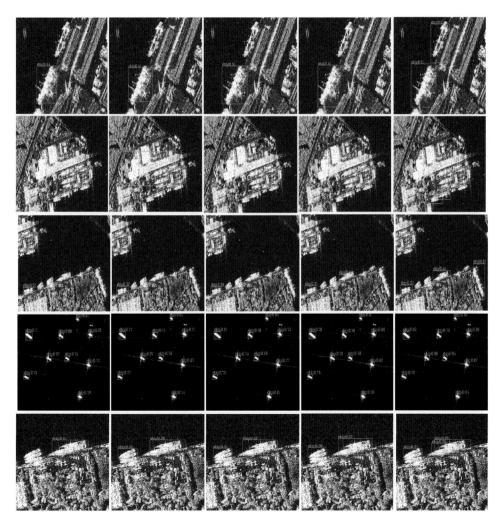

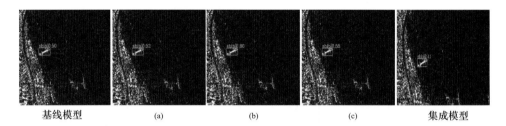

基线模型　　　　　　(a)　　　　　　　(b)　　　　　　　(c)　　　　　集成模型

图 7 - 10　基线模型与集成模型的前向推断可视化

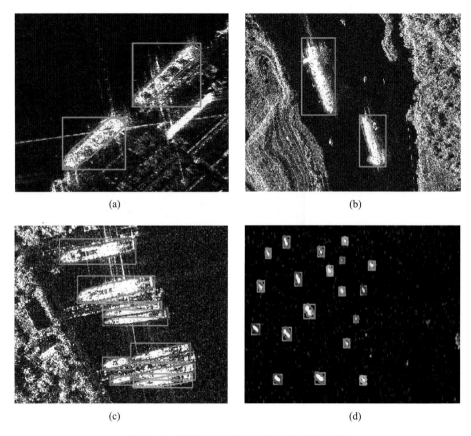

(a)　　　　　　　　　　　　　　　　　(b)

(c)　　　　　　　　　　　　　　　　　(d)

图 8 - 5　SSDD 加入语义标注后的舰船实例

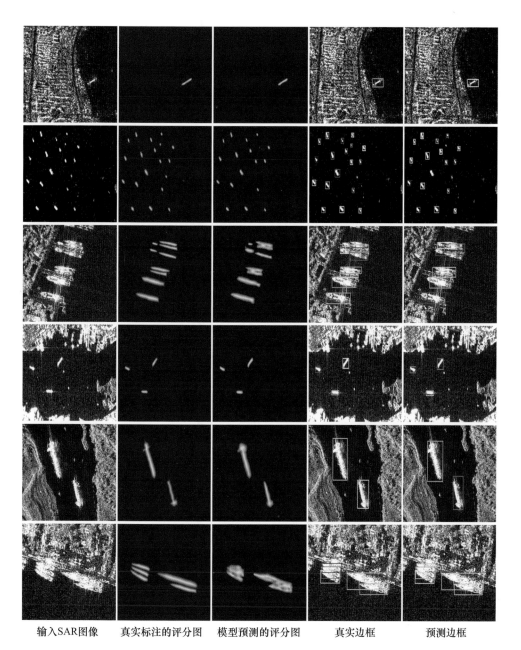

| 输入SAR图像 | 真实标注的评分图 | 模型预测的评分图 | 真实边框 | 预测边框 |

图 8-8　几类模型前向推断的可视化示例

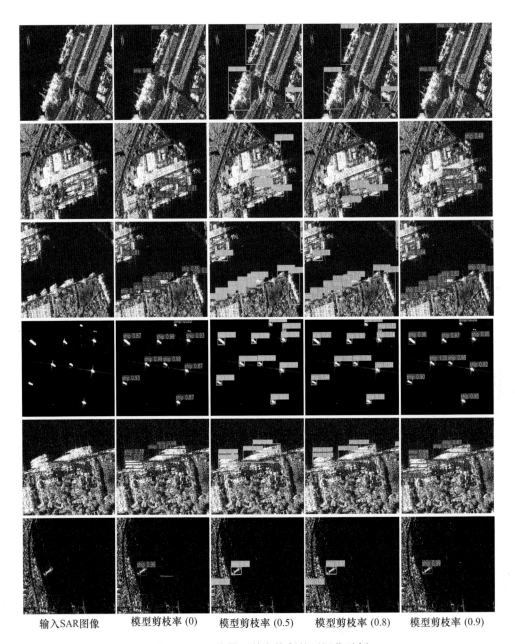

| 输入SAR图像 | 模型剪枝率 (0) | 模型剪枝率 (0.5) | 模型剪枝率 (0.8) | 模型剪枝率 (0.9) |

图 9 - 20　几类模型前向推断的可视化示例